# 学ぶ人は、変えてゆく人だ。

目の前にある問題はもちろん、

人生の問いや、

社会の課題を自ら見つけ、

挑み続けるために、人は学ぶ。

「学び」で、

少しずつ世界は変えてゆける。

いつでも、どこでも、誰でも、

学ぶことができる世の中へ。

旺文社

大学
受験 Series

# 鎌田の 化学 問題演習

理論　無機　有機

鎌田真彰
土田　薫
共著

旺文社

# はじめに

　大学受験Doシリーズ(化学)として私の著作が出版されて約20年経ちました。最初は予備校講師が読者に向かって授業をしているような参考書という企画で，別の問題集で演習に取り組むための攻略情報本という感覚で執筆し，掲載問題は最小限にしました。そこから時代に合わせて内容を少しずつ更新しましたが，ベースは大きく変えず，問題演習は他との併用で十分と考えていました。

　ところが，読者からDoシリーズに沿った形でもっと問題演習をしたいという要望が多くなり，このたび問題演習編を出すことになりました。

　私自身，他社も含めて何冊も問題集に関わってきたので，それらとまた違う個性のものにするために次のルールを決めました。

　❶　Doシリーズ(理論，無機，有機)の講義編とリンクさせる。
　❷　基本〜応用，古い名作問題から新しい問題まで最大公約数的に網羅する。
　❸　問い方にバリエーションをつける。

【❶について】

　いちおうDoシリーズ(化学)の講義編がなくても，問題集として成立させています。ただし，講義編の繰り返しになる説明を避けて，丁寧だがシンプルな解説にしたため，理解に不安を感じることがあるかもしれません。そのときはぜひ講義編の参照ページを読んでください。

【❷と❸について】

　これからの入試は思考力重視といわれています。とはいえ，時間制限のあるペーパーテストでは，「予断を持たずに出題者の声に耳を傾けて得られた情報を分析し，自分の知識を組み合わせ問題に対応する力」しか試しようがありません。

　そこで講義編の補完だけでなく，多様性に富んだ問題群の中で自らの分析能力と対応能力を鍛えられるプログラムになっています。


　また問題集としてのマンネリ化を避けるために，信頼できる共同執筆者として四谷学院の土田薫先生に協力をお願いしました。選問から解説まで丁寧で繊細な仕事をしていただいて，単独執筆よりクォリティーが上がったと感じています。編集担当の松永美登里さんにも今回もいろいろお世話になりました。

　世界的に不安な社会状況が続き，安心できそうな人やシステムにすべて任せてしまいたいという流れがますます強くなるかもしれませんが，「まず情報をできるだけ集めて状況を冷静に分析し，自分ができうる対応を考えて行動に移すこと」が，こんな時代だからこそ大切です。たかが受験勉強とはいえ，これもまたそのトレーニングの一環。そのお供として講義編とともに本書を愛用していただけると幸いです。

鎌田真彰　土田薫

# 本書の特長と使い方

　本書は，大学受験生が化学（化学基礎・化学）の全範囲を効率的に学習し，今後の入試にしっかり対応できる力を養えるように構成されています。

　特に，掲載問題は，今後出題頻度が高くなると思われる問題，類題の出題が予想される問題，実力強化に役立つ問題など，いわゆる良問だけで構成してあります。また，基礎に自信のない人は「★なし」の問題に，理解を深める学習に進みたい人は「★あり」

の問題に取り組むなど，適宜使い分けることもできます。

　なお，姉妹書「大学受験Doシリーズ　鎌田の理論化学の講義　改訂版」「大学受験Doシリーズ　福間の無機化学の講義　四訂版」「大学受験Doシリーズ　鎌田の有機化学の講義　四訂版」とともに学習すると，より効果がUPします。

姉妹書への参照ページです。本書だけでも学習することができますが，
姉妹書を学習してから本書に取りくむと，よりスムーズに学習が進みます。
　➡Do 理 P.○，➡理 P.○：「大学受験Doシリーズ　鎌田の理論化学の講義　改訂版」のp.○参照
　➡Do 無 P.○，➡無 P.○：「大学受験Doシリーズ　福間の無機化学の講義　四訂版」のp.○参照
　➡Do 有 P.○，➡有 P.○：「大学受験Doシリーズ　鎌田の有機化学の講義　四訂版」のp.○参照

解答と解説を見つけやすくするため，
別冊（解答と解説）への参照ページを示しました。

学習効果が高い良問（今後出題頻度が高くなると思われる問題，
類題の出題が予想される問題，実力強化に役立つ問題など）だけで
構成されています。

★なし：学習のプロセスの中で，初めにやっておいたほうが良い問題です。
　　　　解けるようになるまで繰り返してください。
★あり：基礎を深く理解していないと解きづらい問題です。1週目は飛ばしても
　　　　かまいません。次のステップ（理解を深める学習）に進みたい人は，
　　　　チャレンジしてください。

※本書では効率よく学習できるように，必要に応じて，問題文を適宜改題しています。

# 目次

## 第1編 理論化学

第1編

# 理論化学

化学式や数値で表された世界と、
自分のイメージが合致するまで
何度も練習しましょう

## 01 有効数字と単位・原子・物質量

➡ Do 理 P.8〜29
➡解答・解説P.6

### 1 有効数字

➡ 理 P.9

化学分析で得られる測定値を使った計算では，有効数字を考慮しなければならない。3つの測定値29.6，9.1，0.148が得られたとき，これら3つの測定値の和はいくらか。次のうちから1つ選べ。

① 40　② 39　③ 38　④ 38.7　⑤ 38.8　⑥ 38.9　⑦ 38.84　⑧ 38.85
⑨ 38.848　⑩ 38.8480

（東京理科大）

### 2 原子(1)

➡ 理 P.12〜16

原子は，正の電荷をもつ原子核とその周りを運動する負の電荷をもつ電子からなる。原子核は正の電荷をもついくつかの ア と，電荷をもたないいくつかの イ で構成される。1個の原子には ア と同じ数の電子が含まれているため，原子全体では電気的に ウ である。

原子核に含まれる ア の数は，元素によって異なり，これをその原子の エ という。エ は同じでも質量数の異なる原子が存在するものがあり，これを互いに オ という。オ の中には放射線を放って他の原子にかわるものがあり，これを カ という。

天然に存在する炭素には，$^{12}C$ と $^{13}C$ の他に， カ である $^{14}C$ がごくわずかに含まれる。宇宙からの放射線によって大気中では $^{14}C$ が絶えず生じている。生じた $^{14}C$ は一定の割合で壊変する。大気中では $^{14}C$ の生じる量と壊れる量がつり合っているため， a 。植物は光合成において，$^{14}C$ を含む二酸化炭素をとり込むため， b 。しかし，植物が枯れると外界からの $^{14}C$ のとり込みがなくなるため， c 。

問1　文中の ア 〜 カ に適切な語句を答えよ。

★問2　文中の a 〜 c について，次のうちから適切なものを選び，番号で答えよ。ただし，同じ番号を何度使用してもよい。

① $^{14}C$ の割合は増加する。
② $^{14}C$ の割合は一定である。
③ $^{14}C$ の割合は減少する。

（熊本大）

### 3 原子(2)

➡ 理 P.12,13

次の文中の □ に当てはまるものの組み合わせとして最適なものを，あとの①〜⑧から1つ選べ。

亜鉛Znは原子番号30の元素であり，質量数70のZnの原子核には30個の ア が含ま

れている。また，ビスマス Bi は原子番号 83 の元素であり，質量数 209 の Bi の原子核には　イ　個の中性子が含まれている。2004 年，日本の理化学研究所は，質量数 70 の Zn の原子核と質量数 209 の Bi の原子核を反応させて，ニホニウム Nh の原子核を生成することに成功した。この反応の前後で陽子の総数は変わらないので，Nh の原子番号は　ウ　である。

| | ア | イ | ウ |
|---|---|---|---|
| ① | 陽子 | 83 | 113 |
| ② | 陽子 | 83 | 156 |
| ③ | 陽子 | 126 | 113 |
| ④ | 陽子 | 126 | 156 |
| ⑤ | 中性子 | 83 | 113 |
| ⑥ | 中性子 | 83 | 156 |
| ⑦ | 中性子 | 126 | 113 |
| ⑧ | 中性子 | 126 | 156 |

(東京都市大)

## 4 放射性同位体　　　　→理 P.15, 16

〔I〕 同位体の中には放射線を放出し，壊変することで他の原子へ変化するものがある。放出する放射線の種類と，放出後の原子の原子番号および質量数の変化量を，表1にまとめる。

　表中の（ ア ）～（ カ ）に適切な語句または数字を答えよ。

| 放射線の種類 | 原子番号の変化量 | 質量数の変化量 |
|---|---|---|
| （ ア ） | （ イ ） | − 4 |
| $\beta$ 線 | （ ウ ） | （ エ ） |
| （ オ ） | 0 | （ カ ） |

表1　放射線の種類と原子番号および質量数の変化量　　　(金沢大)

★〔II〕 放射性同位体である $^{212}$Pb は，$\alpha$ 壊変と $\beta$ 壊変をそれぞれ何回起こすと，安定な $^{208}$Pb に変化するか。当てはまる数が順に並んでいるものを1つ選べ。

① 0, 4　② 1, 0　③ 1, 2　④ 1, 4　⑤ 2, 2　⑥ 2, 4　⑦ 2, 8　⑧ 3, 6
⑨ 3, 8　⑩ 3, 10

(北里大)

## 5 同位体と原子量　　　　→理 P.18～20

問1　$^{12}_{6}$C 原子1個の質量を 12.0 とすると，塩素には，相対質量が 35.0 の $^{35}_{17}$Cl と 37.0 の $^{37}_{17}$Cl が存在する。自然界の Cl の原子量は 35.5 であり，$^{35}_{17}$Cl と $^{37}_{17}$Cl の存在比を求めよ。

★問2　自然界の炭素原子には $^{12}_{6}$C，$^{13}_{6}$C，$^{14}_{6}$C，酸素原子には $^{16}_{8}$O，$^{17}_{8}$O，$^{18}_{8}$O が存在する。自然界に存在する二酸化炭素の分子は何種類存在するか，また，質量数の和が 48 の二酸化炭素分子は何種類存在するかを答えよ。

(香川大)

## 6 アボガドロ定数の測定

→ 理 P.24

〔Ⅰ〕　放射性同位体であるラジウム Ra(原子番号88)は $\alpha$ 粒子を放出して壊変する。おのおのの $\alpha$ 粒子はヘリウム原子を放出する。

　いま, 1.00g のラジウムは1秒間に $3.4 \times 10^{10}$ 個のヘリウム原子を放出するとする。1.00g のラジウムを $1.2 \times 10^{10}$ 分間放置すると, ヘリウムが標準状態(0℃, 1013hPa)で 866cm$^3$ 生成した。これよりアボガドロ定数を有効数字2桁で求めよ。標準状態の気体のモル体積を 22.4L/mol とする。

(静岡大)

〔Ⅱ〕　ステアリン酸のベンゼン溶液($1.0 \times 10^{-3}$mol/L)0.10mL を水面上に滴下したところベンゼンは急速に蒸発し, ステアリン酸は水面上にすき間のない均一な単分子膜を形成した。この膜の面積は $1.20 \times 10^{-2}$m$^2$ であった。ステアリン酸1分子が水面上で占める面積を $2.0 \times 10^{-19}$m$^2$ として, これよりアボガドロ定数を有効数字2桁で求めよ。

(千葉大)

## 7 新しいモルの定義

→ 理 P.24, 25

次の文章を読み, あとの問いに答えよ。

2019年5月20日に国際単位系(SI)である質量と物質量の基本単位(それぞれキログラムとモル)が再定義された。キログラム(kg)の従来の定義では, 「国際キログラム原器(イリジウム Ir と白金 Pt からなる合金の分銅)の重さを1kg とする」とされていた。また, (a)モル(mol)の従来の定義では, 「質量数12の炭素 $^{12}$C 0.012kg の中に含まれる粒子の数(つまりアボガドロ定数)を1mol とする」とされていた。これに対し, (b)新しいモルの定義では「1mol は正確に $6.02214076 \times 10^{23}$ 個の構成粒子を含み, この値がアボガドロ定数 ($N_A$)〔/mol〕となる」となった。この $N_A$ の値は, 質量数28のケイ素 $^{28}$Si の結晶をもちいた実験により算出された。このような基本単位の再定義には, 日本の産業技術総合研究所が大きく貢献した。

問　モルの従来の定義と新しい定義についての下線部ⓐやⓑの内容と, 質量数, 原子量, 相対質量などに関連する次の①～④のうち, 誤っているものをすべて選び, 記号で答えよ。

①　従来の定義や新しい定義において, 質量数1の水素 $^1$H の相対質量は1よりもわずかに大きい値である。

②　水素の原子量は, $^1$H の相対質量と同じである。

③　新しい定義の導入によって, $^{12}$C のモル質量は g/mol の単位で12(整数値)となった。

④　従来の定義では, 国際キログラム原器の重さが変化すると, アボガドロ定数も変化してしまう恐れがあった。

(名古屋大)

## 8 物質量（1）

→ 理 P.24〜27

　水素に関連して，次の問いに答えよ。原子量は $H = 1.0$，$C = 12.0$，$O = 16.0$ とし，有効数字2桁で答えよ。

問1　1気圧での水素の沸点は $-253℃$ であり，この温度での液体水素の密度は $0.0708 g/cm^3$ である。$-253℃$ の液体水素 $1.0 L$ 中の水素分子の物質量は何 mol か。

問2　水素は，パルミチン酸などの高級脂肪酸中にも存在している。パルミチン酸 $C_{16}H_{32}O_2$ の融点は約 $63℃$ であり，この温度での液体のパルミチン酸の密度は $0.85 g/cm^3$ である。$63℃$ の液体のパルミチン酸 $1.0 L$ 中に含まれている水素原子の質量は何 g か。

(富山県立大)

## 9 物質量（2）

→ 理 P.24〜27

　鉄 $5.641 g$ を酸素で酸化して酸化鉄（Ⅲ）$8.065 g$ を得た。酸素の原子量を $16.00$ とし，鉄はすべて酸化鉄（Ⅲ）に変化したものとする。

問1　この反応に使われた酸素の体積は，標準状態（$0℃$，$1.013 × 10^5 Pa$）の体積に換算すると何 L になるか，有効数字2桁で答えよ。ただし，標準状態の気体のモル体積を $22.4 L/mol$ とする。

問2　鉄の原子量はいくらか，有効数字3桁で答えよ。

(大阪市立大)

## 10 物質量（3）

問1 → 理 P.19　問2 → 理 P.27

　次の問いに有効数字3桁で答えよ。ただし，標準状態（$0℃$，$1.013 × 10^5 Pa$）の気体のモル体積は $22.4 L/mol$ とする。

★問1　$^{12}C$，$^{13}C$ と $^{16}O$，$^{17}O$，$^{18}O$ の相対原子質量と存在比を次の表1のように仮定する。表1から得られる原子量を用いて $CO_2$ の分子量を計算せよ。

| 元素 | 相対原子質量 | 存在比〔%〕 |
|---|---|---|
| $^{12}C$ | 12.0 | 80.0 |
| $^{13}C$ | 13.0 | 20.0 |
| $^{16}O$ | 16.0 | 70.0 |
| $^{17}O$ | 17.0 | 20.0 |
| $^{18}O$ | 18.0 | 10.0 |

（注）表の数値は天然の存在比と異なる
表1

★問2　問1の $CO_2$ が，標準状態において $112 L$ の体積であったとき，$^{13}C$ を含む分子は何 g になるか。

(宮崎大)

## 02 電子配置と周期表・イオン化エネルギーと電子親和力

→Do 理 P.30〜48
→解答・解説P.8

### 11 電子配置（1）

→ 理P.30〜40

　原子の電子殻は原子核に近いものからK殻，L殻，M殻，N殻などがある。それぞれの電子殻には，さらにエネルギーの異なる電子軌道（副殻）があり，1つのs軌道，3つのp軌道，5つのd軌道，7つのf軌道などがある。1つの電子軌道には最大で2個の電子が入る。K殻はs軌道のみ，L殻にはs軌道とp軌道，M殻にはs軌道，p軌道，d軌道があり，N殻にはs軌道，p軌道，d軌道，f軌道がある。これらのことから，K殻，L殻，M殻，N殻などのそれぞれの電子殻に入る電子の最大数が定まっていることがわかる。L殻に入る電子の最大数は ア 個，N殻に入る電子の最大数は イ 個である。内側から$n$番目の電子殻（K殻は$n=1$，L殻は$n=2$）に入る電子の最大数を$n$を用いて表すと ウ となる。

　一般に電子は内側の電子殻から順に配置されてゆくが，(a)元素によってはM殻のd軌道よりも先にN殻のs軌道に入るものがある。(b)第4周期の遷移元素の原子の場合，N殻に1個または2個の電子があり，M殻には，5つのd軌道をひとまとめにして数えると，1個以上10個以下の電子がある。

問1　 ア 〜 ウ に適当な数値や数式を答えよ。

問2　第4周期1族の元素の原子は下線部(a)の性質をもつ。この原子のM殻とN殻にある電子数を答えよ。

★問3　下線部(b)の性質をもつ第4周期の遷移元素の原子で，N殻に2個，M殻のd軌道に2個の電子をもつ遷移元素は何か。元素記号で答えよ。

★問4　第4周期10族の元素の原子（N殻の電子は2個）は，K殻，L殻，M殻にそれぞれ何個の電子をもつか。また，この元素名を元素記号で答えよ。　　　　　　　（早稲田大（教育））

### 12 電子配置（2）

→ 理P.30〜32

　Feの原子番号は26である。$Fe_2O_3$において，鉄イオンのK殻，L殻，M殻に含まれる電子数をそれぞれ記せ。　　　　　　　　　　　　　　　　　　　　　　　（東京大）

### 13 電子配置とイオン化エネルギー

→ 理P.41〜44,50

問1　次の文中の□□□にあてはまる適切な語句を答えよ。

　原子がイオンになるときや，原子どうしが結合するときに重要な役割を果たす，最も外側の電子殻にある電子を ア という。ただし， イ のもつ電子配置は安定なため，その最外殻の電子は化学変化に関係せず， ア とはみなされない。 ア の数が同じ元素は，お互いによく似た化学的性質を示し，その数は原子番号とともに周期的に変化するので，元素の化学的性質は原子番号とともに周期的に変化する。

問2　問1の下線部のような周期的に変化を示す化学的性質の例として第一イオン化エネルギーを挙げることができる。アルカリ金属の第一イオン化エネルギーが小さい理由を40字以内で説明せよ。

(神戸大)

## ★ 14 電子の軌道

→ 理 P.36〜40, 69〜72

　一般の原子では，電子は ア 殻， イ 殻， ウ 殻などとよばれる電子殻に入っている。 ア 殻は，1つの1s軌道からなり， イ 殻は，1つの2s軌道と3つの2p軌道からなり， ウ 殻は，1つの3s軌道，3つの3p軌道，5つの3d軌道からなる。例えば， a 原子の軌道には，1s軌道に エ 個，2s軌道に オ 個と2p軌道に カ 個，および3s軌道に キ 個の合計11個の電子が入っている。また， b 原子の軌道には合計8個， c 原子の軌道には合計20個の電子が入っている。

An electron is in one of <u>two spin states</u>. Only two electrons can exist in one orbital※, and these electrons must have opposite spins. When there are multiple orbitals of the same energy level, every orbital of the same energy level is singly occupied before any orbital is doubly occupied. All of the electrons in singly occupied orbitals have the same spin.

　メタン，アンモニア，水の分子中では，C，N，およびO原子の2s軌道と3つの2p軌道は混じり合って，4つの等しい軌道（$sp^3$混成軌道）になり，$sp^3$混成軌道にある不対電子がH原子の不対電子と共有結合をつくる。非共有電子対は結合相手がないため他の電子対との反発がやや大きい。

※orbital：軌道

問1　 ア 〜 キ にあてはまる電子殻の名前，もしくは電子の個数，また， a 〜 c にあてはまる元素記号を答えよ。

問2　He原子の電子が占有する軌道を表1に示す。He原子の例に従って， a 原子および b 原子は基底状態で，どのように電子が軌道に入っているかを記せ。

| He原子(例) | a 原子 | | | | b 原子 | | |
|---|---|---|---|---|---|---|---|
| ⇅ | □ | □ | □□□ | □ | □ | □ | □□□ |
| 1s | 1s | 2s | 2p | 3s | 1s | 2s | 2p |

表1　He原子， a 原子および b 原子の電子状態
英文中の下線部"two spin states"は，↑および↓で示される。

問3　メタン分子中の2個のH−C結合がなす角（∠H−C−H），アンモニア分子中の2個のH−N結合がなす角（∠H−N−H），および水分子中の2個のH−O結合がなす角（∠H−O−H）を大きい順に並べよ。

(東京工業大(生命理工学部，後期))

　図1の(a)～(d)は，原子番号1～20の原子の(ア)原子量，(イ)価電子の数，(ウ)イオン化エネルギー，(エ)原子半径のいずれかをグラフで表したものである。(a)～(d)のグラフはそれぞれ(ア)～(エ)のどれに相当するか。正しい組み合わせを下の[解答群]①～⑧から1つ選べ。

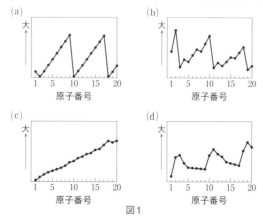

図1

[解答群]

|     | ① | ② | ③ | ④ | ⑤ | ⑥ | ⑦ | ⑧ |
|-----|-----|-----|-----|-----|-----|-----|-----|-----|
| (a) | (ア) | (ア) | (イ) | (イ) | (ウ) | (ウ) | (エ) | (エ) |
| (b) | (イ) | (ウ) | (ウ) | (エ) | (エ) | (ア) | (ア) | (ウ) |
| (c) | (ウ) | (エ) | (ア) | (ウ) | (ア) | (エ) | (イ) | (ア) |
| (d) | (エ) | (イ) | (エ) | (ア) | (イ) | (イ) | (ウ) | (イ) |

(中央大)

**16** イオン半径　→ 理P.47

　同じ電子配置であるCl⁻，K⁺，Ca²⁺のイオン半径の大小を以下の(例)にならって等号もしくは不等号を用いて答えよ。また，同じ電子配置のイオンのイオン半径が異なる理由を40～80字程度で説明せよ。
(例)　$Al^{3+} < Cu^+ = Zn^{2+}$

(福島大)

　メンデレーエフ（19世紀のロシアの化学者）は，すべての元素について，その当時知られていた原子量をもとに，小さいものから順番に並べていくと，同じような性質をもった元素が，同じ列に配列できることに気がついた。次に示した表1は，このようにしてメンデレーエフが分類した周期表の一部を改訂したものである。下の問1〜5に答えよ。

| | I族 | II族 | III族 | IV族 | V族 | VI族 | VII族 | VIII族 |
|---|---|---|---|---|---|---|---|---|
| 1 | H=1 | | | | | | | |
| 2 | Li=7 | Be=9.4 | B=11 | C=12 | N=14 | O=16 | F=19 | |
| 3 | Na=23 | Mg=24 | Al=27.3 | Si=28 | P=31 | S=32 | Cl=35.5 | |
| 4 | K=39 | Ca=40 | __=44 | Ti=48 | V=51 | Cr=52 | Mn=55 | Fe=56, Co=59<br>Ni=59, Cu=63 |
| 5 | (Cu=63) | Zn=65 | __=68 | E=□ | As=75 | Se=78 | Br=80 | |
| 6 | Rb=85 | Sr=87 | ?Yt=88 | Zr=90 | Nb=94 | Mo=96 | __=100 | Ru=104, Rh=104<br>Pd=106, Ag=108 |
| 7 | (Ag=108) | Cd=112 | In=113 | Sn=118 | Sb=122 | Te=128 | I=127 | |
| 8 | Cs=133 | Ba=137 | ?Di=138 | ?Ce=140 | — | — | — | |

（注）　？および__の空欄はメンデレーエフが当時まだ発見されていなかった元素を予測したものである。また，一部の元素記号は現在の元素記号と異なる。

表1　メンデレーエフの周期表の一部

問1　元素の周期性から考えると，表1の網かけで示した未知の元素Eの最外殻電子の予想される数は何個か。

問2　メンデレーエフは，化学的性質が類似している元素は同じ「族」に分類でき，未知の元素の化学的性質を予測できると考えた。メンデレーエフが予測した元素Eの酸化物および塩化物の一般式を書け。なお，例として酸化物の場合は，$E_2O_3$のように書け。

★問3　メンデレーエフは，元素Eの原子量を，前後の数値の連続性から類推した。予想される元素Eの原子量と，その計算過程を書け。ただし，計算方法により算出される原子量はいくつか考えられるが，その内の1つだけでよい。

問4　メンデレーエフの周期表では，まったく抜け落ちている「族」がある。抜け落ちた理由としては，それらの元素が気体であることに加えて，もう1つの理由がある。考えられる理由を，15字以内で書け。

問5　原子量の順番から考えると，テルル（Te）とヨウ素（I）の順番は逆転している。しかし，メンデレーエフは，元素の化学的な性質の類似性から，テルルはVI族，ヨウ素はVII族に配列されると考えた。現在では，この配列が正しかったことがわかっている。原子量の順番が逆転している理由を15字以内で説明せよ。

（中央大）

## 03 化学結合と電気陰性度・共有結合と分子・金属結合と金属・イオン結合・分子間で働く引力

→ **Do** 理 P.50～89
→解答・解説P.11

### 18 価電子・電子対

→ 理 P.50, 51, 56～60

次の問1～3に答えよ。解答は，下の[解答群]⑦～⑨から，それぞれ1つ選べ。ただし，同じ記号を何度選んでもよい。

問1　次の(a)～(c)の原子1個に含まれる価電子の数を多い順に並べると，どのような順序になるか。

　(a)　O　　(b)　F　　(c)　Ne

問2　次の(a)～(c)の分子またはイオン1個中に含まれる共有電子対の数が，多いものから順に並べると，どのような順序になるか。

　(a)　$H_2O_2$　　(b)　$CH_3OH$　　(c)　$NH_4^+$

問3　次の(a)～(c)の分子またはイオン1個中に含まれる非共有電子対の数を多い順に並べると，どのような順序になるか。

　(a)　$CO_2$　　(b)　$CN^-$　　(c)　$OH^-$

[解答群]　⑦　(a)＞(b)＞(c)　　⑦　(a)＞(c)＞(b)　　⑦　(b)＞(a)＞(c)
　　　　　⑦　(b)＞(c)＞(a)　　⑦　(c)＞(a)＞(b)　　⑦　(c)＞(b)＞(a)

（千葉工業大）

### 19 イオン化エネルギー・電子親和力・電気陰性度

→ 理 P.53

〔I〕　次の文章を読み，文中のア～カについて，｜｜内の適切な語句を選び，その番号を答えよ。

　電気陰性度はイオン化エネルギーならびに電子親和力とも関係している。原子のイオン化エネルギーは，原子が電子を｜ア：①得て，②失って｜イオンに変わる反応の際に｜イ：①必要な，②放出する｜エネルギーである。電子親和力は，原子が電子を｜ウ：①得て，②失って｜イオンに変わる反応の際に｜エ：①必要な，②放出する｜エネルギーである。よって，イオン化エネルギーが｜オ：①大きく，②小さく｜，電子親和力が｜カ：①大きい，②小さい｜元素ほど電気陰性度は大きくなる傾向がある。

（京都大）

★〔II〕　2つの異なる原子からつくられる共有結合において，それぞれの原子が共有電子対を引きつける強さの指標を電気陰性度とよび，電気陰性度に差のある2つの原子からなる結合は極性をもつ。ポーリングは，原子AとBのつくる結合A–Bの極性の大きさと結合エネルギーの相関に注目した。ここで，原子AとBがつくり得る3種類の結合A–A，B–BおよびA–Bについて，結合エネルギーがそれぞれ$D(A–A)$，$D(B–B)$，$D(A–B)$であるとする。極性をもつ結合A–Bでは，部分的なイオン性による安定化があるため，結合エネルギーが大きくなるとポーリングは考えた。その考えによれば，結

合A-Bの極性が大きいほど，(1)式に示す$D(A-B)$と，$D(A-A)$および$D(B-B)$の平均値との差$\Delta$は大きくなる。そこで，AとBの電気陰性度をそれぞれ$x_A$および$x_B$とし，その差を(2)式によって定量化した。

$$\Delta = D(A-B) - \frac{D(A-A) + D(B-B)}{2} \ [\text{kJ/mol}] \quad \cdots (1)$$

$$(x_A - x_B)^2 = \frac{\Delta}{96} \qquad\qquad \cdots (2)$$

例えば，$H_2$，$Cl_2$およびHClの結合エネルギーは，それぞれ432kJ/mol，239kJ/mol および あ kJ/molであることから，$|x_H - x_{Cl}| = 0.98$ となる。ここで，$x_H = 2.05$ とすると，$x_{Cl} =$ い となる。

問1　 あ にあてはまる値を有効数字2桁で答えよ。

問2　 い にあてはまる値を小数第2位まで求めよ。

(北海道大)

## 20 電気陰性度と化学結合　→ 理 P.53

次の文章を読み，文中の ア ～ ウ に入る最も適切な領域を，図1中の三角形内の領域①，②，③，④から選び，それぞれ記号で答えよ。

電気陰性度$\chi$は，化合物中の原子が電子を引きつける強さを表す。貴ガスを除く単体および異なる2つの元素からなる化合物において，その化学結合は，図1に示す元素間の電気陰性度の差$\Delta\chi$と平均の電気陰性度$\chi_{平均}$にもとづく

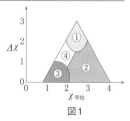

図1

三角形（ケテラーの三角形とよばれる）の中の①〜④の領域におよそ分類される。図1中の三角形内の領域 ア は金属結合を，領域 イ は共有結合をそれぞれ形成する領域である。また，イオン結合が支配的な領域は ウ である。

(東北大)

## 21 分子　→ 理 P.59〜63, 83〜89

水分子中では，水素原子と酸素原子がそれぞれ不対電子を出しあって ア 電子対をつくり， ア 結合している。(a)水分子中の酸素原子は イ 電子対をもち，これを水素イオンに提供して ア 結合を形成し，オキソニウムイオンとなる。このようにしてできる ア 結合を，特に ウ 結合という。

一般に，異なる原子間で ア 結合が形成されると，電子対はどちらか一方の原子のほうに，より引きつけられる。この電子対を引きつける強さを示す尺度を原子の エ といい，結合している原子間に電荷の偏りがあることを結合に極性があるという。(b)分子中の結合に極性があっても，分子全体では極性が打ち消しあって，極性をもたない分子もある。

分子の間には オ とよばれる弱い引力が働き，分子どうしが互いに集合しようとする傾向がある。一般には分子量が大きくなると オ が強くなり沸点が高くなる。

問1　文中の ア ～ オ に当てはまる最も適当な語句を記せ。

問2　下線部(a)について，オキソニウムイオンの電子式を，(例)にならって記せ。
(例)　H:H
問3　下線部(b)に対応する分子の例を，次の①〜⑥から2つ選び，その番号を記せ。また，それぞれの構造式も記せ。
　① 塩化水素　② メタン　③ アンモニア　④ 二酸化炭素　⑤ メタノール
　⑥ ジクロロメタン
問4　プロパンとエタノールは同程度の分子量をもつにもかかわらず，エタノールの沸点のほうが異常に高い。この理由を50字以内で記せ。
　　　　　　　　　　　　　　　　　　　　　　　　　　　　　　　　　　　　　(群馬大)

## 22 分子の極性

$H_2$や$N_2$では2個の原子の不対電子が原子間で電子対をつくることによって ア 結合が形成される。同じ原子からなる二原子分子の結合には極性がないが，HClのように異なる原子間で化学結合が生成するときには，電子対の一部がどちらかの原子に引き寄せられて極性を生じる。2原子間の結合の極性の程度を表すために，図1に示すように電荷$\delta+$と$\delta-$が距離$L$離れて存在すると考えて，$\mu = L \cdot \delta \cdot e$ という量を定義し，$\delta+$から$\delta-$に向いた矢印で示すことにする。ここで$e$は，電子の電荷の大きさ$(1.61 \times 10^{-19}C)$である。

図1

実測された$\mu$が$L \cdot e$と一致する場合は $\delta = 1$，また$\mu$が0であれば $\delta = 0$である。一般には$\delta$が大きくなるにつれて イ 結合の性質が大きくなる。

表2には，いくつかの分子の化学結合の長さ$L$と$\mu$の値を示す。これらは二原子分子として存在する希薄な気体の状態で測定されたものである。ここに示すように，$\mu$の値は物質に依存し化学結合における$\delta$の値が異なる。

| 化合物 | $L [10^{-10}m]$ | $\mu [10^{-30}C \cdot m]$ | $\delta$ |
|---|---|---|---|
| LiF | 1.56 | 21.1 | 0.85 |
| NaCl | 2.36 | 30.0 | 0.79 |
| HF | 0.917 | 6.09 | $\delta_1$ |
| HCl | 1.27 | 3.70 | $\delta_2$ |
| HBr | 1.41 | 2.76 | $\delta_3$ |
| HI | 1.61 | 1.50 | $\delta_4$ |

表2

3原子以上からなる分子全体の極性は，個々の化学結合の極性と分子の形から決定される。二酸化炭素では2つの酸素原子と炭素原子が$O=C=O$のように一直線上に並ぶので，炭素原子と酸素原子の結合には極性はあるが分子全体としては極性を生じない。このような分子は ウ とよばれる。一方，水分子は酸素原子を頂点とする折れ曲がった構造をとるので，分子全体として極性を有する。

問1　文中の□に入る語句を記せ。
問2　$\delta$の値の大小を決める原子の重要な性質を記せ。
★問3　表2に示したハロゲン化水素化合物は，それぞれ異なる$\delta$の値をもつ。この中で，最大の$\delta$と最小の$\delta$をもつ化合物名を，それぞれの$\delta$の値とともに答えよ。$\delta$は有効数字2桁で求めよ。
問4　次の分子の中で，全体として極性をもつものを化学式ですべて記せ。
　エチレン，アセチレン，アンモニア，四塩化炭素，三フッ化ホウ素，メタノール，クロロメタン
　　　　　　　　　　　　　　　　　　　　　　　　　　　　　　　　　　　　　(大阪大)

## 04 結晶・金属の結晶・イオン結晶・共有結合の結晶・分子結晶

→ **Do** 理 P.90〜113
→解答・解説P.13

### 23 結晶の分類

→ 理 P.90〜113　無 P.16

物質の結晶は主に結合の種類によって4つに分類される。　ア　結合や　イ　の力よりもはるかに弱い力が　ウ　の間に働くことにより規則正しく配列してできるのが　ウ　結晶であり，電気を通さないものが多い。一方，　エ　の単体では，原子の価電子は離れやすく，特定の原子に固定されず自由に動き回ることができるため，電気をよく通す結晶ができる。このような自由電子が結晶を構成するすべての原子間に共有されてできる結合を　エ　結合という。また，構成粒子どうしが静電気的な引力で引き合う　ア　結合でできる結晶は，固体では電気を通さないが，融解すると電気を通すようになる。

|  | ア 結晶 | イ の結晶 | ウ 結晶 | エ 結晶 |
|---|---|---|---|---|
| 構成粒子 | ア | 原子 | ウ | 原子（自由電子を含む） |
| 機械的性質 | かたくもろい | 非常にかたい | やわらかい | 展性・延性がある |
| 電気の伝導性 | 融解すると通す | 通さないものが多い | 通さないものが多い | よく通す |
| 融点・沸点 | 高い | きわめて高い | 低い | さまざまな値 |
| 結合の種類 | ア 結合 | イ | ウ 間力による結合 | エ 結合 |
| 物質の例 | オ | カ | キ | ク |

表1　結晶の分類

問1　　ア　〜　エ　に適切な語句を記せ。

問2　それぞれの結晶の例として次の@〜@の物質が挙げられる。

@ 二酸化ケイ素　　ⓑ 塩化ナトリウム　　ⓒ ドライアイス　　ⓓ ナトリウム

(1)　物質@〜@から単体を選び，記号で記せ。

(2)　物質@〜@をそれぞれ化学式で記せ。

(3)　　オ　〜　ク　に当てはまる物質を@〜@から選び，それぞれ記号で記せ。

（法政大）

### 24 格子内原子数と組成式

→ 理 P.91

3種類の元素R，M，Xからなり，右の図1に示す単位格子の結晶構造（ペロブスカイト構造）をもつ物質の組成式は，次の①〜⑤のうちのどれか。

① $R_2MX$　　② $R_3MX$　　③ $R_2MX_2$　　④ $R_3MX_2$

⑤ $RMX_3$

（立教大）

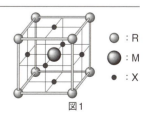

○ ：R
● ：M
・ ：X

図1

## 25 金属結晶(1)

→ 理 P.90, 99

問1 ナトリウムは，原子が規則正しく配列した金属結晶を形成する。その結晶格子は，体心立方格子である。単位格子の一辺の長さ$a$を，ナトリウム原子の半径$r$を用いて表せ。ただし，原子を球と仮定し，結晶内では最近接の原子は互いに接触しているものとする。

★問2 金属結晶中のある原子に着目し，その原子に最も近く位置している原子を最近接原子，2番目に近く位置している原子を第2近接原子，3番目に近く位置している原子を第3近接原子とよぶこととする。体心立方格子の場合，最近接原子の数は8で，その原子までの距離は$2r$である。同様に，体心立方格子での第2，第3近接原子の数と距離をそれぞれ答えよ。ただし，距離は原子の中心間の距離で示し，原子の半径$r$を使って表すこととする。

(京都教育大)

## 26 金属結晶(2)

→ 理 P.90〜96

鉄の結晶構造は，常温では体心立方格子であるが，910〜1400℃では面心立方格子へと変化する。このとき，体心立方格子の単位格子中に含まれる鉄原子数は　a　で，配位数は　b　であり，面心立方格子の単位格子中に含まれる鉄原子数は　c　で，配位数は　d　である。

問1 　a　〜　d　に当てはまる数として最も適切なものを，次の⑦〜⑰から1つずつ選べ。

⑦ 2　　④ 4　　⑦ 6　　④ 8　　⑦ 10　　⑰ 12

問2 鉄の原子半径を$r$〔cm〕とすると，体心立方格子における単位格子の一辺の長さ$a$〔cm〕，面心立方格子における単位格子の一辺の長さ$b$〔cm〕は，それぞれどのような式で表されるか。最も適切なものを，次の⑦〜⑰から1つずつ選べ。

⑦ $\dfrac{\sqrt{2}}{4}r$　　④ $\dfrac{\sqrt{3}}{4}r$　　⑦ $\dfrac{3\sqrt{3}}{4}r$　　④ $\dfrac{4\sqrt{2}}{3}r$　　⑦ $\dfrac{4\sqrt{3}}{3}r$　　⑰ $2\sqrt{2}r$

問3 鉄の結晶構造が，体心立方格子から面心立方格子へと変化すると，密度は何倍に変化するか。最も近い値を，次の⑦〜⑰から1つ選べ。ただし，鉄の原子半径$r$は一定であるとし，必要であれば，$\sqrt{6}=2.45$を用いよ。

⑦ 1.01　　④ 1.03　　⑦ 1.05　　④ 1.07　　⑦ 1.09　　⑰ 1.11

(千葉工業大)

## ★ 27 最密構造

→ 理 P.94〜96

家庭用品として使われるアルミニウム箔は，高純度の金属アルミニウムを，ローラーで圧延してつくられる。

金属アルミニウムは，圧延しても最密に並んだ球形のアルミニウム原子の層が重なった構造をなしているとし，箔の厚さを$1.7 \times 10^{-3}$cmとするとき，これはアルミニウム原子層の何層に相当するか。アルミニウムの原子半径 $= 1.43 \times 10^{-8}$〔cm〕，$\sqrt{2}=1.41$，$\sqrt{3}=1.73$とし，有効数字2桁で求めよ。

(東京大)

## 28 イオン結晶・共有結合の結晶

→ 理 P.100〜107

結晶構造に関する次の問いに答えよ。必要ならば，$\sqrt{2}=1.414$, $\sqrt{3}=1.732$, $\sqrt{5}=2.236$ を用いよ。

問1　NaCl型構造とCsCl型構造において，陽イオンおよび陰イオンがそれぞれ半径 $r_+$ および $r_-$ の球であると仮定したとき，陽イオンと陰イオンが接し，かつ互いに最も近い距離にある陰イオンどうしも接するのは，$\dfrac{r_+}{r_-}$ の値がいくらのときか。解答は小数第3位を四捨五入して答えよ。

問2　ケイ素(Si)結晶はダイヤモンド型構造をとり，図1に示すような単位格子をもつ。図中の $\theta$ は結合角を表し，109.5°である。

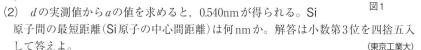

図1

(1)　単位格子の一辺の長さ $a$〔nm〕を，Si結晶の密度 $d$〔g/cm³〕，アボガドロ定数 $N_A$〔/mol〕，Siのモル質量 $M$〔g/mol〕を用いて表せ。

(2)　$d$ の実測値から $a$ の値を求めると，0.540nmが得られる。Si原子間の最短距離(Si原子の中心間距離)は何nmか。解答は小数第3位を四捨五入して答えよ。

(東京工業大)

## 29 イオン結晶

→ 理 P.100〜102

イオン結晶をつくる代表的なものにNaClがある。その単位格子は図1-aで表される。隣り合う陽イオンと陰イオンの間の距離はすべて等しく，また，陽イオンどうし，陰イオンどうしも等距離にある。しかし，陽イオンの価数と陰イオンの価数が等しくない化合物の結晶では，イオンの配置は異なる。例えば，$CaF_2$ はNaClと同様に立方格子となるが(図1-b)，一方のイオン(A)の配置がNaClと同じであるのに対して，もう一方のイオン(B)は，単位格子の $\dfrac{1}{8}$ の立方体の中心に位置している。あとの問いに答えよ。
$F=19.0$，$Ca=40.0$，アボガドロ定数 $=6.0\times10^{23}$〔/mol〕とする。

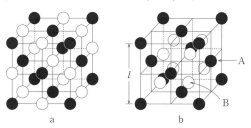

図1　NaClの単位格子(a)とCaF₂の単位格子(b)
ただし，図中の球の大きさはイオンの実際の大きさを表すものではない。

問1　図1-bの $CaF_2$ の構造中で，$F^-$ はA，Bのいずれか。
問2　単位格子の一辺を $5.5\times10^{-8}$cm とすると，$CaF_2$ の密度〔g/cm³〕はいくらになるか。有効数字2桁で答えよ。

(北海道大)

## 30 チタンの酸化物の結晶格子

→ 理P.91, 92

チタンの酸化物にはいろいろな化合物がある。そのうちの1つの結晶構造を図1に示す。結晶格子は直方体であり，小さな黒球がチタン原子，大きな白球が酸素原子を表す。Ti(1)，O(1)，O(2)，Ti(2)という文字で印をつけた4個の原子は一直線上にある。

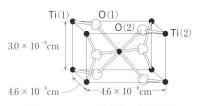

図1 あるチタン酸化物の結晶構造

問1　この化合物の化学式を$Ti_xO_y$としたとき，$\dfrac{y}{x}$はいくらになるか答えよ。

問2　この化合物の1cm³あたりの質量〔g/cm³〕を有効数字2桁で答えよ。チタンと酸素の原子量を48と16，アボガドロ定数を$6.0 \times 10^{23}$/molとする。

★問3　直方体の中心にあるチタン原子は，6個の酸素原子によってとり囲まれている。Ti(1)という文字で印をつけたチタン原子は，何個の酸素原子によってとり囲まれているか。

(神戸大)

## 31 二酸化炭素の分子結晶

→ 理P.111

$CO_2$の結晶（ドライアイス）は，一辺が0.56nmの立方体の単位格子からなり，炭素原子は立方体の頂点と各面の中心（面心）にある。また，$CO_2$分子内の酸素原子の中心間の距離は0.23nmである。$CO_2$の結晶中で最も近い炭素原子の中心間の距離は，$CO_2$分子内の炭素原子と酸素原子の中心間の距離の何倍となっているか，有効数字2桁で求めよ。$\sqrt{2} = 1.41$，$\sqrt{3} = 1.73$とする。

(東京大)

## 32 黒鉛

→ 理P.108

炭素の結晶にはダイヤモンドや黒鉛などが存在する。これらを互いに ア という。黒鉛は図1に示すような層状の結晶構造をもつ。この結晶の層内の最近接炭素原子間距離は0.142nmで，炭素原子どうしは強い力で結ばれており，この結合を共有結合という。また，層と層は弱い力で結ばれており，この力を イ という。

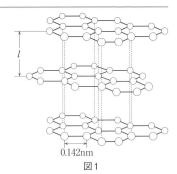

0.142nm

図1

問1　文中の □ に適切な語句を答えよ。

★問2　黒鉛の密度を2.0g/cm³として，図1の層間距離$l$〔nm〕を有効数字2桁で求めよ。炭素の原子量＝12，アボガドロ定数$6.0 \times 10^{23}$/molとする。また，1nm＝$10^{-9}$m，$\sqrt{3} = 1.73$である。

(京都大)

# 第3章 基本的な化学反応と物質量計算

## 05 化学反応式と物質量計算の基本・水溶液の性質と濃度

→Do 理 P.116～129
➡解答・解説P.19

### 33 化学反応式と物質量(1)

➜ 理 P.116～119

エタン$C_2H_6$ 10.0gを，40.0gの酸素$O_2$とともに，密閉した容器で完全燃焼させた。反応が完全に終了したときの説明として，正しい記述をすべて選べ。原子量はH＝1.00，C＝12.0，O＝16.0とする。

ⓐ 酸素はすべて消費された。
ⓑ エタンが2.67g残っていた。
ⓒ 二酸化炭素が14.7g生成した。
ⓓ 一酸化炭素が14.7g生成した。
ⓔ 容器内のすべての物質の質量を合計すると，50.0gであった。　(鹿児島大)

### 34 化学反応式と物質量(2)

➜ 理 P.123

メタノールが混入したエタノールを完全に燃焼したところ，二酸化炭素6.60gと水4.14gが生成した。この混合物に含まれるメタノールの割合を質量百分率で求めよ。ただし，各元素の原子量はH＝1.0，C＝12，O＝16とする。解答は有効数字2桁で答えよ。

(東京工業大)

### 35 化学反応式と物質量(3)

➜ 理 P.119　無 P.170

次の(1)～(3)の3段階の反応を利用すると，$FeS_2$から硫酸をつくることができる。

$$4FeS_2 + 11O_2 \longrightarrow 2Fe_2O_3 + 8SO_2 \quad \cdots(1)$$
$$2SO_2 + O_2 \longrightarrow 2SO_3 \quad \cdots(2)$$
$$SO_3 + H_2O \longrightarrow H_2SO_4 \quad \cdots(3)$$

問1　$FeS_2$ 1.0molから理論上，$H_2SO_4$は何molできるか。次の㋐～㋔から，最も近い数値を1つ選べ。

㋐ 0.50　㋑ 1.0　㋒ 2.0　㋓ 3.0　㋔ 4.0

問2　硫酸をつくるのに$FeS_2$ 12kgを用いると，質量パーセント濃度98％，密度1.8g/cm$^3$の濃硫酸を理論上，何Lつくることができるか。次の㋐～㋔から，最も近い数値を1つ選べ。ただし，$FeS_2$の式量は120，$H_2SO_4$の分子量は98.0とする。

㋐ 9.80　㋑ 11.1　㋒ 12.0　㋓ 14.8　㋔ 24.6

(千葉工業大)

**36** 溶解　　　　　　　　　　　　　　　　　　　　　　　　→ 理 P.124, 125

　イオン結晶の塩化ナトリウムは，ヘキサンのような　A　のない溶媒には溶けにくいが，
　A　のある溶媒の水には溶けやすい。塩化ナトリウムの結晶を水に加えると，結晶表面
から電離して，ナトリウムイオンと塩化物イオンが生じる。ナトリウムイオンに，水分
子中の負に帯電した酸素原子が，電気的に引きつけられ結合する。一方，塩化物イオン
には，正に帯電した水素原子が結合する。このように水溶液中でイオンなどが水分子と
結合する現象を　B　という。

問1　文中の□□□に適当な語句を答えよ。
問2　下線部に関して，次の(a)〜(d)の性質に該当する物質をそれぞれ下の⑦〜⑦から
　すべて選べ。
　(a)　水によく溶けるが，電離しない。　　(b)　水にもヘキサンにも溶けにくい。
　(c)　ヘキサンによく溶けるが，水にほとんど溶けない。
　(d)　共有結合で結びついた分子であるが，水に溶けて電離する。
　　⑦　ナフタレン　　⑦　硫酸バリウム　　⑦　塩化銀　　⑦　塩化水素
　　⑦　エタノール　　⑦　グルコース　　⑦　ヨウ素　　⑦　硫酸銅(Ⅱ)　　　（大分大）

**37** 濃度(1)　　　　　　　　　　　　　　　　　　　　　　→ 理 P.125〜127

　溶液の中に含まれている溶質の量をその溶液の濃度といい，質量パーセント濃度やモ
ル濃度がよく使われる。次の問1〜3に答えよ。原子量は $Cl = 35.5$，$H = 1.0$ とする。
問1　市販されている質量パーセント濃度20%の$HCl$水溶液1.0Lに含まれる$HCl$の物質
　量はいくらか。なお，この水溶液の密度は1.1g/mLとし，有効数字2桁で求めよ。
問2　この市販の20%$HCl$の水溶液を希釈してモル濃度が0.10mol/Lである$HCl$水溶液
　を300mLつくりたい。市販の20%$HCl$の水溶液は何mL必要か。有効数字2桁で求めよ。
問3　この希釈操作を行うときに用いる器具の組み合わせとして，次のⓐ〜ⓒから最も
　適切なものを記号で選べ。

　　ⓐ
　　メスピペットと三角フラスコ　　ホールピペットとメスフラスコ

　　ⓒ
　　ビーカーとメスシリンダー

（公立鳥取環境大）

**38** 濃度(2)　　　　　　　　　　　　　　　　　　　　　　→ 理 P.125, 126

　質量パーセント濃度32.0%のメタノール$CH_3OH$水溶液の密度は0.950g/cm$^3$である。
この水溶液の(1)モル濃度(体積モル濃度)〔mol/L〕と(2)質量モル濃度〔mol/kg〕を求め，
有効数字3桁で答えよ。原子量は$H = 1.00$，$C = 12.0$，$O = 16.0$とする。　（立命館大）

# 06 酸塩基反応と物質量の計算

**Do** 理 P.130〜151
→解答・解説P.21

## ★ 39 酸と塩基に関する正誤問題

→ 理 P.130〜150

次の①〜⑨の記述は酸と塩基に関するものである。この中から，記述内容が正しいものを2つ選び，そのすべての番号を記せ。3つ以上記した場合は，そのすべてが不正解となるので，注意すること。

① pH＝9の水溶液の水素イオン濃度は pH＝6の水溶液の水素イオン濃度の$10^3$倍である。

② 炭酸水素ナトリウムおよび硝酸アンモニウムの各水溶液は，いずれも塩基性を示す。

③ 塩化鉄(Ⅲ)の水溶液は酸性を示すが，この酸性の原因は共存する塩化物イオンにある。

④ 1.0mol/Lのアンモニア水1.0L中に水酸化物イオン OH⁻ が$4.0 \times 10^{-3}$mol存在するとすると，このアンモニア水1.0Lを1.0mol/Lの塩酸で完全に中和するには，$4.0 \times 10^{-3}$Lの塩酸を加えればよい。

⑤ 酢酸を水酸化ナトリウム水溶液で中和滴定する際の指示薬としては，メチルオレンジが最適である。

⑥ フェノールフタレインを指示薬として，炭酸ナトリウムを塩酸の標準溶液で中和滴定するには，次のようにすればよい。まず，炭酸ナトリウム水溶液に少量の指示薬を加えた後，常温で，溶液が赤色から無色になるまで塩酸で滴定する。次いで，この溶液を弱く煮沸すると，再び赤色となるので，冷却後，無色になるまで再度滴定する。この操作を繰り返し，煮沸しても赤色にならなくなった点を終点とする。

⑦ ブレンステッドの酸・塩基の定義では，次の式のように，酸と塩基は常に対応関係にある。

この対となる酸と塩基を互いに共役関係にあるというが，一般に，酸(Ⅰ)が強ければ強いほど，それに共役な塩基(Ⅰ)も強く，塩基(Ⅱ)が強ければ強いほど，それに共役な酸(Ⅱ)も強い。

⑧ 0.10mol/Lのギ酸水溶液50mLと0.10mol/Lの水酸化ナトリウム水溶液25mLとの混合溶液に，少量の酸または塩基を加えても，そのpHはほとんど変わらない。

⑨ 塩酸は完全電離するので，25℃における$1.0 \times 10^{-3}$mol/Lの塩酸のpHは3となる。しかし，$1.0 \times 10^{-7}$mol/Lの塩酸のpHは7にはならず，それよりわずかに小さい。この理由は，塩酸の濃度が$1.0 \times 10^{-6}$mol/L以下になると，H−Cl間の結合がわずかに強くなり，電離がおさえられるためである。

(近畿大)

市販されている食酢中の酢酸含量を調べるため，次の中和滴定の**実験A，B**を行った。食酢中の酸はすべて酢酸であると仮定して，あとの問いに答えよ。

**実験A**：0.630gのシュウ酸二水和物$H_2C_2O_4 \cdot 2H_2O$（式量126）をビーカー中で少量の純水に溶かした後，この水溶液とビーカーの洗液を a に入れ，純水を加えて正確に100mLにした。このシュウ酸水溶液を b で正確に10.0mLはかりとって三角フラスコに入れ， c 溶液を2〜3滴加えた。この三角フラスコ中の溶液を d に入れた水酸化ナトリウム水溶液で滴定したところ，12.5mL滴下したところで三角フラスコ中の溶液が淡い赤色になった。

**実験B**：市販の食酢を純水で正確に10倍に薄めた溶液を10.0mLはかりとり，**実験A**と同様の操作により**実験A**で用いた水酸化ナトリウム水溶液で滴定したところ，8.75mL滴下したところで中和が完了した。

**問1** 文中の□□に適当な実験器具名あるいは指示薬名を記せ。

**問2** 実験AおよびBで起こる中和反応の化学反応式をそれぞれ記せ。

**問3** 実験Aで用いたシュウ酸水溶液および水酸化ナトリウム水溶液のモル濃度を有効数字3桁で求めよ。

**問4** 10倍に薄めた食酢中の酢酸のモル濃度を有効数字3桁で求めよ。

**問5** 市販の食酢（10倍に薄める前のもの）の中に含まれる酢酸（分子量60.0）の質量パーセント濃度を四捨五入して小数点以下第1位まで求めよ。ただし，食酢の密度は1.0g/cm$^3$とする。

(弘前大)

## ★ **41** 空気中の成分の中和滴定による定量 ➡ 理 P.142, 143

標準状態で10.0Lの空気中で，$1.00 \times 10^{-2}$mol/Lの(a)水酸化バリウム水溶液50.0mLをよく振ると沈殿が生じた。この沈殿を一度ろ過し，(b)残ったろ液を$1.00 \times 10^{-1}$mol/Lの塩酸で滴定したところ，中和するのに6.50mLを要した。ただし，水酸化バリウム水溶液と振り混ぜる前後での気体の圧力変化はないものとし，ろ過によるろ液の損失はないものとする。また，ろ過や滴定中に起きる空気中の気体との反応は，無視できるものとする。

**問1** この反応で下線部(a)の水溶液に吸収される気体の名称を答えよ。

**問2** 下線部(b)の中和滴定に使用する指示薬として適切なものを，次のⓐ〜ⓒから選び，記号で答えよ。

ⓐ メチルオレンジ

ⓘ フェノールフタレイン

ⓒ メチルオレンジとフェノールフタレインのいずれでもよい

**問3** 空気中における，問1の気体の体積百分率〔%〕を有効数字3桁で答えよ。

(宮崎大)

　電解質の水溶液には，電離したイオンが存在し，電気伝導性がある。水溶液中のイオンの種類や濃度に変化があれば，電気伝導性も変化する。溶液中の電気伝導性を表す指標として，電気伝導率が用いられる。水素イオンおよび水酸化物イオンの電気伝導率は他のイオンに比べて非常に大きい。したがって，電気伝導率を測定すれば，指示薬を使わなくても中和点を知ることができる。

　0.010mol/Lの水酸化ナトリウム水溶液に電極を入れて，電気伝導率を測定しながら0.010mol/Lの塩酸を加えていったところ，図1の曲線aを得た。塩酸を加える前の水酸化ナトリウム水溶液の電気伝導率は，　1　と　2　の濃度によって決まる。ここに塩酸が加えられると，はじめに存在した　2　は　3　で中和され，　4　が増える。　2　が減ることにより電気伝導率は減少し，中和点で最小になる。中和点を過ぎると，　3　と　4　が増え，電気伝導率は増大する。

　図1の曲線bは，塩酸の代わりに酢酸を用いて同様の実験を行った結果である。酢酸は弱酸であるため，塩酸の場合と異なり，中和点を過ぎても電気伝導率は増大しない。これは緩衝作用によるものである。

　複数の種類のイオンが存在する希薄溶液の電気伝導率$C$は，各イオンの1mol/Lあたりの電気伝導率$C_{イオン}$と各イオンの濃度の積の和で表される。例えば，$A^+$，$B^+$，$X^-$，$Y^-$からなる電解質溶液の電気伝導率$C$は，

$$C = C_{A^+}[A^+] + C_{B^+}[B^+] + C_{X^-}[X^-] + C_{Y^-}[Y^-] \quad \cdots(1)$$

と考えてよい。

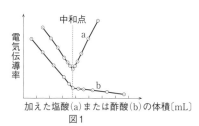

図1

問1　文中の□□にあてはまる最も適切なイオンをイオン式で記せ。

問2　図1のaの中和点で存在するイオンのうち，濃度の高い2種類をイオン式で記せ。

問3　図1のbの中和点で存在するイオンのうち，濃度の高い2種類をイオン式で記せ。

問4　下線部の緩衝作用を，イオン反応式と酢酸の電離平衡を用いて説明せよ。

問5　0.010mol/Lの水酸化ナトリウム水溶液10mLに0.010mol/Lの塩酸または酢酸を10mL加えたときの電気伝導率は，それぞれ加える前の電気伝導率の何倍になるか。有効数字2桁で答えよ。ただし，イオン1mol/Lあたりの電気伝導率の相対比として，$C_{H^+} : C_{OH^-} : C_{Cl^-} : C_{Na^+} : C_{CH_3COO^-} = 100 : 57 : 22 : 14 : 12$ の値を用いよ。また，純水の電気伝導率は考慮しなくてよい。

（日本女子大）

## 43 逆滴定によるアンモニアの定量

→理P.146, 147

　タンパク質は窒素を含む高分子化合物であり，肉類や豆類に多く含まれる。タンパク質を含む試料を濃硫酸中で分解すると，タンパク質中の窒素は硫酸アンモニウムに変換される。この反応を利用した食品中のタンパク質定量法が広く用いられている。乾燥牛肉中のタンパク質の質量含有率〔%〕を求めるために，次の操作1〜3を行った。なお，乾燥牛肉中の窒素はすべてタンパク質由来とし，原子量はN＝14とする。

操作1：丸底フラスコに乾燥牛肉2.0gをはかり取り，濃硫酸10mLと触媒(硫酸カリウムと硫酸銅(Ⅱ)を9：1で混合したもの)0.5gを加え，6時間放置した。その後，溶液が淡青色になるまでガスバーナーで加熱した。

操作2：操作1で得られた試料溶液を正確に水で100mLに希釈した。

操作3：　①希釈した試料溶液10mLに30%水酸化ナトリウム溶液10mLを添加して加熱したところアンモニアが発生した。②発生したアンモニアを0.050mol/L硫酸水溶液20mLで捕集した。捕集後の溶液を0.050mol/L水酸化ナトリウム水溶液で滴定したところ，18mLを要した。なお，発生したアンモニアはすべて0.050mol/L硫酸水溶液に捕集されたものとする。

問1　下線部①の操作で，アンモニアが発生する反応を化学反応式で示せ。

問2　下線部②のアンモニアが硫酸水溶液に捕集されるときの変化を化学反応式で示せ。

問3　タンパク質が窒素を16%含有するものとして，乾燥牛肉中のタンパク質の質量含有率〔%〕を有効数字2桁で答えよ。

(鹿児島大)

## 44 NaOHとNa₂CO₃の混合物の定量

→理P.148〜150

　水酸化ナトリウムNaOHと炭酸ナトリウムNa₂CO₃の混合水溶液25mLを，$5.00 \times 10^{-2}$ mol/L塩酸HClを使って中和滴定したところ，図1の滴定曲線が得られた。

　第一中和点はフェノールフタレインで判別することができ，塩酸20.0mLを滴下したところで水溶液が あ 色から い 色へと変化した。第二中和点を判別するために混合水溶液にメチルオレンジを加えてさらに $V$〔mL〕の$5.00 \times 10^{-2}$mol/L塩酸を滴下したところ，水溶液が黄色から う 色へと変化した。第一中和点から第二中和点までに起こる反応は次のように表される。

え ＋ HCl ⟶ お ＋ H₂O ＋ か ↑

問1　文中の あ 〜 う にあてはまる適切な語句を答えよ。

問2　文中の え 〜 か に入る適切な化学式を答えよ。

問3　図1の滴定操作の途中に気体となった か と，図1のAの溶液に大過剰の濃塩酸を加えて気体となった か の体積の合計は標準状態で5.6mLであった。下線部の混合水溶液のNaOHおよびNa₂CO₃のモル濃度を，それぞれ有効数字2桁で答えよ。なお，標準状態の気体のモル体積は22.4L/molとする。

(北海道大)

# 07 酸化還元反応と物質量の計算

▶Do 理 P.152～167
➡解答・解説P.25

## 45 酸化還元の定義・半反応式

➡ 理 P.152～159

　ある物質を構成する特定の原子が電子を失ったとき，　ア　されたといい，逆に電子を受けとったときには　イ　されたという。こうした原子や物質の電子の授受を明確にするため，酸化数という数値が用いられる。例えば，ナトリウム（単体）の原子の酸化数は　ウ　であるが，塩素（気体）と反応すると酸化数は　エ　となり，一方，塩素原子の酸化数は−1となる。よって，ナトリウム（単体）は，その作用から　オ　剤とよばれる。また，次亜塩素酸イオン中の塩素原子の酸化数は　カ　である。

　過マンガン酸カリウムや，①二クロム酸カリウムは代表的な酸化剤である。例えば，過マンガン酸カリウムは水によく溶け，過マンガン酸イオンを生じる。このイオンは硫酸で酸性にした水溶液中で強い酸化作用を示し，電子の授受によって$Mn^{2+}$となる。②一方，塩基性および中性条件下では，酸化マンガン（Ⅳ）を生じる。

問1　文中の　　　　に，適切な語句あるいは数値を答えよ。

問2　下線部①に示した二クロム酸イオンに塩基を加えると，黄色のイオンに変化する。このイオンのイオン式を示せ。

問3　下線部②について，この変化をイオン反応式で示せ。

（香川大）

## 46 酸化数

➡ 理 P.153, 154

　エタノールは酒類に含まれるアルコールであり，酸化反応により構造が変化して酢酸となる。

<br>

```
    H  H  ← 炭素原子A                 H  O  ← 炭素原子B
    |  |                             |  ‖
  H-C--C--O-H        ⇒            H--C--C--O-H
    |  |                             |
    H  H                             H
   エタノール                        酢酸
```

　エタノール分子中の炭素原子Aの酸化数と，酢酸分子中の炭素原子Bの酸化数は，それぞれいくつか。最も適当なものを，次の①～⑨から1つずつ選べ。ただし，同じものを繰り返し選んでもよい。

① +1　　② +2　　③ +3　　④ +4　　⑤ 0　　⑥ −1　　⑦ −2　　⑧ −3　　⑨ −4

（大学入学共通テスト試行調査）

**47 酸化還元反応**　　　　　　　　　　　　　　→ 理 P.152〜159, 無 P.44〜52

次の操作①〜⑥で起こる反応のうち，酸化還元反応を1つまたは2つ選べ。

① 酸素中で放電する。
② 臭化銀を塗布したフィルムに光を当てる。
③ 硫化鉄（Ⅱ）に希塩酸を加える。
④ アセトンにヨウ素と水酸化ナトリウム水溶液を加える。
⑤ エタノールと酢酸の混合物に少量の硫酸を加えて加熱する。
⑥ 飽和食塩水に十分にアンモニアを吸収させた後，二酸化炭素を通じる。　（東京工業大）

**48 酸化還元滴定(1)**　　　　　　　　　　　　　→ 理 P.163, 164

過マンガン酸イオンと過酸化水素との反応を利用し，消毒薬として広く用いられているオキシドールに含まれる過酸化水素の量を決定した。

まず，0.0500mol/Lのシュウ酸水溶液10.0mLをコニカルビーカーにとり，6.00mol/L硫酸10.0mLを加え，純水で約50mLに希釈し，十分な反応速度を得るため適度に加熱した。これに濃度未知の過マンガン酸カリウム水溶液を滴下したところ，8.00mLを滴下した時点で過マンガン酸カリウム水溶液の薄い色がついて消えなくなった。この滴下量から，過マンガン酸カリウム水溶液の濃度を決定した。

続いて，オキシドール10.0mLをメスフラスコにとり，純水で100mLに希釈した。この水溶液10.0mLをコニカルビーカーにとり，上記同様に硫酸を加え純水で希釈した後，濃度を決定した過マンガン酸カリウム水溶液を滴下したところ，16.0mLを滴下した時点で薄い色がついて消えなくなった。

問1　用いた過マンガン酸カリウム水溶液の濃度〔mol/L〕を有効数字3桁で求めよ。

問2　オキシドールを100mLに希釈した後の水溶液10.0mLに含まれる過酸化水素の物質量〔mol〕を求めよ。また，希釈前のオキシドール500mLに含まれる過酸化水素の質量〔g〕を求めよ。いずれも有効数字3桁で答えよ。原子量は H = 1.00，O = 16.0とする。

（富山大）

**49 酸化還元滴定(2)**　　　　　　　　　　　　　→ 理 P.163, 164

濃度未知の二クロム酸カリウム水溶液（A液），濃度未知の硫酸鉄（Ⅱ）アンモニウム水溶液（B液），濃度が $c$〔mol/L〕（0.02mol/Lに近い）の過マンガン酸カリウム水溶液（C液）がある。ただし，これらの溶液は硫酸で酸性にしている。まずB液を10mLとりC液で滴定すると終点までに $a$〔mL〕要した。この反応は次のように書ける。

$$5Fe^{2+} + MnO_4^- + 8H^+ \longrightarrow 5Fe^{3+} + Mn^{2+} + 4H_2O \quad \cdots(1)$$

次に，別にA液10mLをとり，これにB液20mLを加えた。加え終わるまでに二クロム酸イオンによる色は完全に消えた。この反応は次のように書ける。

$$\boxed{ア} + nFe^{2+} + 14H^+ \longrightarrow \boxed{イ} + nFe^{3+} + 7H_2O \quad \cdots(2)$$

この溶液中に残っている $Fe^{2+}$ の量を知るために，この溶液をC液で滴定すると終点

までに $b$〔mL〕要した。以上の結果からA液中の二クロム酸イオンの濃度が求まる。

問1 文中の□を埋めよ。

問2 イオン反応式(2)の係数 $n$ に数字を入れよ。

問3 B液の $Fe^{2+}$ の濃度〔mol/L〕を $a$, $c$ を用いて表せ。

問4 A液の二クロム酸イオンの濃度〔mol/L〕を $a$, $b$, $c$ を用いて表せ。 （関西学院大）

## ★ 50 CODの測定　→ 理 P.163, 164

　河川や湖沼の水質を表す指標の1つである化学的酸素要求量(COD)を，近くの川の水について測定するとしよう。CODは，水中に含まれる還元性物質(主に有機物質)を酸化するのに必要な酸素の量であり，その量が多いほど水質が悪いということになる。

　まず，近くの川に行き，密栓できるポリタンクに十分な量の水を汲んだ。これを実験室にもち帰り，COD測定を行うことにした。測定には，過マンガン酸カリウム $KMnO_4$ の酸化還元を利用する。CODの値は1Lの試料水中の還元性物質を酸化するのに必要な酸素のmg数(単位はmg/L)である。測定は以下の操作で行う。

操作Ⅰ：採取した川の水(試料水)100.00mLを三角フラスコにとり，これに固体硫酸銀($Ag_2SO_4$)を1.00gと6.00mol/Lの硫酸($H_2SO_4$)を10.00mL加える。

操作Ⅱ：操作Ⅰで得られた溶液に $5.00 \times 10^{-3}$ mol/L(予め決定していた濃度)の過マンガン酸カリウム水溶液10.00mLを加える。

操作Ⅲ：操作Ⅱの溶液を，フラスコごと沸騰水中につけ，30分間加熱する。

操作Ⅳ：加熱後の操作Ⅲの溶液に，$1.25 \times 10^{-2}$ mol/Lのシュウ酸ナトリウム水溶液($Na_2C_2O_4$)10.00mLを加える。

操作Ⅴ：操作Ⅳの溶液を60℃に加熱し，$5.00 \times 10^{-3}$ mol/Lの過マンガン酸カリウム水溶液(操作Ⅱと同じもの)を，過マンガン酸カリウムの赤紫色が消えなくなるまで(すなわち過マンガン酸カリウムが消費されなくなるまで)滴下する。

　操作Ⅰから操作Ⅴまでの操作を5回繰り返す。そうしたところ，操作Ⅴで加えた過マンガン酸カリウムの水溶液の体積の平均は3.22mLであった。

問1 この試料水のCOD〔mg/L〕を有効数字3桁で求めよ。原子量は $O = 16.0$ とする。

問2 操作Ⅰで硫酸銀を試料水に加える理由を25字以内で述べよ。 （和歌山大）

## 51 ヨウ素滴定(1)　→ 理 P.166

　オゾンを過剰のヨウ化カリウム水溶液に加えたところ，完全に反応してヨウ素 $I_2$ と酸素 $O_2$ が生成した。これにデンプンを加えて青紫色に呈色させ，0.10mol/Lのチオ硫酸ナトリウムで滴定していくと，次の化学反応式で表される反応が起こり，20.0mL加えたところで無色になった。

$$I_2 + 2Na_2S_2O_3 \longrightarrow 2NaI + Na_2S_4O_6$$

もとのオゾンの物質量〔mol〕を計算し，有効数字2桁で記せ。 （立命館大）

　硫化水素と二酸化硫黄を含むある一定量の混合気体を0.050mol/Lのヨウ素水溶液100mLと反応させた後，残存するヨウ素量を求めるため0.10mol/Lのチオ硫酸ナトリウム$Na_2S_2O_3$水溶液で滴定したところ，滴定に要したチオ硫酸ナトリウム水溶液は20mLであった。

　一方，同体積の混合気体をあらかじめ酢酸鉛(II)水溶液と反応させ，硫化水素のみを完全にとり除いた後，0.050mol/Lのヨウ素水溶液100mLと反応させた。この溶液中に残存するヨウ素量を求めるため0.10mol/Lのチオ硫酸ナトリウム水溶液で滴定したところ，滴定に要したチオ硫酸ナトリウム水溶液は75mLであった。

　なお，ヨウ素とチオ硫酸ナトリウムは次式のように，物質量比1:2で反応する。

$$I_2 + 2Na_2S_2O_3 \longrightarrow 2NaI + Na_2S_4O_6$$

**問1**　この混合気体中に含まれていた硫化水素と二酸化硫黄の総物質量〔mol〕を有効数字2桁で求めよ。

**問2**　この混合気体中に含まれていた二酸化硫黄の物質量〔mol〕を有効数字2桁で求め，その数値を答えよ。

**問3**　この混合気体中に含まれていた二酸化硫黄の物質量〔mol〕に対する硫化水素の物質量〔mol〕の比を有効数字2桁で求めよ。　　　　　　　　　　　　　　　　　　(東北大)

## **53** 溶存酸素の定量　　　　　　　　　　　　　　　　　　　　**→ 理P.166**

　水に溶けている溶存酸素とよばれる酸素の量を，以下の方法で求めた。

　溶存酸素量を求めたい水(試料水)100mLに，塩化マンガン(II)水溶液と塩基性ヨウ化ナトリウムを適量加えると水酸化マンガン(II)$Mn(OH)_2$の白色沈殿が生じた。この溶液をよく混合すると，沈殿した水酸化マンガン(II)が試料水中のすべての溶存酸素と反応して，褐色沈殿のオキシ水酸化マンガン$MnO(OH)_2$に変化した。次にこの溶液に硫酸を加えて酸性にすると，(1)式で示す反応が起こり，褐色沈殿は完全に溶解し，ヨウ素が遊離した。

$$MnO(OH)_2 + 2I^- + 4H^+ \longrightarrow Mn^{2+} + I_2 + 3H_2O \quad \cdots(1)$$

　最後にこの溶液を三角フラスコに移し，遊離したヨウ素をデンプンを指示薬として$4.0 \times 10^{-2}$mol/Lチオ硫酸ナトリウム水溶液で滴定すると，(2)式で示す反応が起こり，必要なチオ硫酸ナトリウム水溶液は2.5mLであった。

$$2Na_2S_2O_3 + I_2 \longrightarrow 2NaI + Na_2S_4O_6 \quad \cdots(2)$$

**問1**　下線部について，この反応を化学反応式で書け。

**問2**　この試料水の1.0Lあたりに溶けている酸素$O_2$は何mgになるか，有効数字2桁で答えよ。なお，各試薬に含まれる溶存酸素については無視できるものとし，原子量は$O=16$とする。

　　　　　　　　　　　　　　　　　　　　　　　　　　　　　　　　　(岡山県立大)

# 第4章

# 化学反応とエネルギー

## 08 熱化学・化学反応と光エネルギー

→Do 理 P.170〜186
→解答・解説P.30

### 54 反応熱と熱化学方程式

→理 P.170〜174

化学反応などにともなって，放出されたり吸収されたりする熱量を反応熱という。反応熱は反応の種類によってさまざまな名称でよばれている。例えば，溶質1molを多量の溶媒に溶かしたときに発生または吸収する熱量である ア や，酸と塩基が中和して イ が1mol生成するときに発生する熱量である中和熱がある。その他に，化合物1molがその成分元素の最安定の単体から生成するときに発生または吸収する熱量である生成熱や， ウ である燃焼熱も反応熱の例である。

問1 文中の ア および イ に入る適切な語句をそれぞれ答えよ。ただし，ここでの酸と塩基はアレニウスの定義に従うものとする。

問2 下線部の生成熱の説明にならって，文中の ウ に入る燃焼熱の説明を簡潔に答えよ。

問3 下線部について，次の(1)〜(3)を表す熱化学方程式をそれぞれ答えよ。ただし，温度25℃，圧力$1.013 \times 10^5$Paのもとでの反応とし，原子量はC = 12とする。

(1) プロパンが完全燃焼する反応。ただし，燃焼熱を2219kJ/molとする。

(2) 窒素と酸素から一酸化窒素が生成する反応。ただし，一酸化窒素の生成熱を－90.3kJ/molとする。

(3) 黒鉛(グラファイト)が完全燃焼する反応。ただし，黒鉛24gが完全燃焼すると788kJの熱が発生する。

(静岡大)

### 55 ヘスの法則を用いた反応熱の計算(1)

→理 P.175〜178

アセチレンの燃焼反応は，次の熱化学方程式で表される。

$$C_2H_2 + \frac{5}{2}O_2 = 2CO_2 + H_2O(液) + 1309kJ$$

$CO_2$および$H_2O$(気)の生成熱は，それぞれ394kJ/molおよび242kJ/mol，また水の蒸発熱は44kJ/molである。以上から，アセチレンの生成熱を計算するといくらになるか。次の①〜⑥から，最も適当な数値を1つ選べ。

① 323　② 279　③ 235　④ －235　⑤ －279　⑥ －323

(センター試験)

## 56 ヘスの法則を用いた反応熱の計算(2)

　共有結合を切断してばらばらの原子にするのに必要なエネルギーを，その共有結合の結合エネルギーという。結合エネルギーは，結合1molあたりの熱量で示される。ケイ素の結晶におけるSi−Si結合の結合エネルギーは225kJ/mol，酸素分子の結合エネルギーは490kJ/mol，二酸化ケイ素(結晶)の生成熱は860kJ/molである。二酸化ケイ素のSi−O結合の結合エネルギー$E$〔kJ/mol〕を求めるためのエネルギー図を示せ。また，その結合エネルギーの値を有効数字3桁で求めよ。

(大阪府立大)

## ★ 57 ヘスの法則を用いた反応熱の計算(3)

　塩化ナトリウムの結晶において，結晶を構成する$Na^+$と$Cl^-$を完全に切り離してばらばらにするのに必要なエネルギーを，塩化ナトリウムの格子エネルギーという。

　次の熱化学方程式のうち必要なものを用いて，塩化ナトリウムの格子エネルギー〔kJ/mol〕を求めよ。ただし，塩化ナトリウムの水に対する溶解熱を$-4$kJ/molとする。

$Na(固) + \dfrac{1}{2}Cl_2(気) = NaCl(固) + 412kJ$　…(1)　$NaCl(固)$の生成熱

$Na(固) = Na(気) - 109kJ$　…(2)　$Na(固)$の昇華熱

$Cl_2(気) = 2Cl(気) - 244kJ$　…(3)　$Cl-Cl(気)$の結合エネルギー

$Na(気) = Na^+(気) + e^- - 498kJ$　…(4)　$Na(気)$の第一イオン化エネルギー

$Na^+(気) + aq = Na^+aq + 405kJ$　…(5)　$Na^+(気)$の水和熱

$Cl^-(気) + aq = Cl^-aq + 374kJ$　…(6)　$Cl^-(気)$の水和熱

(式中のaqは，多量の水を意味する。)

(東京大)

## 58 中和熱の測定実験

　0.050mol/Lの水酸化ナトリウム水溶液100mLを容器に入れ，かくはんしながら0.10mol/Lの塩酸をすばやく混合し，温度変化を測定した。実験を開始したときの室温および水溶液の温度は25℃であった。

　この実験において，中和点における水溶液の温度上昇が0.33℃であるとき，塩酸と水酸化ナトリウム水溶液の中和熱〔J/mol〕を有効数字2桁で求めよ。用いた容器の熱容量は240J/Kで，水溶液の比熱と密度はそれぞれ4.2J/(K・g)および1.0g/cm³とする。ただし，用いた容器から外界への熱損失は無視できる。物質の温度を1K上昇させるのに必要な熱量をその物質の熱容量〔J/K〕，また単位質量あたりの熱容量を比熱〔J/(K・g)〕という。

(東京大)

　発泡ポリスチレン製の容器に水46.0gを入れ，よくかき混ぜながら尿素（分子量60）
4.0gを加えてすべて溶解させた。このとき，液温の変化を調べたところ，図1のような
結果が得られた。①点Aで尿素が溶解を開始し，点Bですべての尿素が溶解した。この
間，液温は低下した。②点Bから点Cの間では，液温は時間に対して一定の割合で上昇
した。容器周囲の温度は20.0℃，点A，B，C，D，Eの温度はそれぞれ，20.0℃，15.8
℃，16.4℃，15.2℃，15.5℃であった。

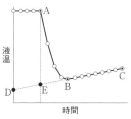

図1　尿素の水への溶解における液温の変化

問1　下線部①，②に関して，図1中の点Aから点Bの間，および点Bから点Cの間で
　　それぞれ起こっていることとして，適切な記述を次の㋐～㋔からすべて選び，記号で
　　答えよ。同じ記号を繰り返し選んでもよい。
　　㋐　液の周囲への熱の放出
　　㋑　液の周囲からの熱の吸収
　　㋒　尿素の水への溶解による発熱
　　㋓　尿素の水への溶解による吸熱
　　㋔　中和による発熱
問2　この実験結果から尿素の水への溶解熱を求めると何kJ/molとなるか。発熱の場
　　合は＋，吸熱の場合は－の符号を付けて，有効数字2桁で答えよ。ただし，液の比熱
　　を4.20J/(g・K)とする。

（岡山大）

★ **60** ルミノール反応      → 理 P.182

　ルミノールという分子は，塩基性条件下，鉄などの金属を触媒として，過酸化水素と
酸化還元反応をする。ルミノール反応（検査）とよばれているこの反応で観察される特徴
的な現象を答えよ。また，その現象と化学エネルギーとの関係を説明せよ。

（埼玉大）

酸化チタン($IV$)は安定であり，それ自体は分解せずに光触媒として作用することが知られている。例えば，図1に示すように，希硫酸に浸した酸化チタン($IV$)電極Aと白金電極Bを抵抗で接続し，酸化チタン($IV$)表面に紫外光(紫外線)を照射すると電流が流れる。そのとき，<u>酸化チタン($IV$)電極Aでは酸素が，白金電極Bでは水素が発生する</u>(本多・藤嶋効果)。

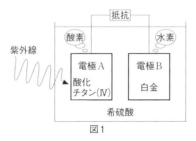

図1

問1　下線部について，電極Aおよび電極Bでは酸素および水素のみがそれぞれ発生した。このときの電極Aおよび電極Bでの反応を，電子$e^-$を含むイオン反応式で書け。

問2　図1の回路の電極Aに紫外光を3時間13分照射すると，電極Bから水素が発生した。発生した水素の量は標準状態($0℃$，$1.013 \times 10^5 Pa$)での体積に換算すると2.00mLであった。このとき回路に流れた電流〔mA〕を有効数字2桁で求めよ。ファラデー定数を$9.65 \times 10^4 C/mol$，標準状態の気体のモル体積を22.4L/molとする。ただし，紫外光照射開始と同時に電流が流れ，照射中の電流は一定であり，照射終了と同時に電流は流れなくなったものとする。

(東北大)

**62** 光合成とエネルギー → 理 P.185

光合成に関する次の問いに答えよ。原子量はH = 1.0，C = 12，O = 16とする。

問1　植物が光合成によって二酸化炭素と水からグルコースと酸素を生成する反応の熱化学方程式を書くと，次式のようになる。式中の反応熱$Q_0$を整数値で求めよ。ただし，炭素(黒鉛)の燃焼熱を394kJ/mol，水素の燃焼熱を286kJ/mol，固体のグルコース($C_6H_{12}O_6$)の生成熱を1273kJ/molとする。また，水素の燃焼で生じる水は液体であるとする。

$$6CO_2(気) + 6H_2O(液) = C_6H_{12}O_6(固) + 6O_2(気) + Q_0〔kJ〕$$

★問2　ある場所では，1年間に照射される太陽光のエネルギーは面積$1m^2$あたり$5.0 \times 10^6 kJ$である。また，この場所で，ある植物が1年間に$1m^2$あたり1.8kgのグルコースを生成する。この場合に，太陽光のエネルギーがグルコースの生成に利用される効率を$Q_0$の値を用いて概算し，次の⑦～⑦から最も近いものを1つ選べ。

⑦ 0.3%　　⑦ 0.6%　　⑦ 1.0%　　⑤ 3.0%　　⑦ 6.0%

(東北大)

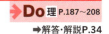

# 09 電池・電気分解

## 63 金属のイオン化傾向と電池

➡ 理 P.187〜191

試験管にとった硝酸銀水溶液に銅板を浸し，しばらく放置すると銀が銅板に析出するとともに，溶液の色は ア から イ になる。このことから，水溶液中では，銅のほうが銀より陽イオンになりやすく， ウ されやすいことがわかる。

金属元素の単体が，水または水溶液中で陽イオンとなる性質の強さを，その金属の エ という。金属の単体が陽イオンになるとき， オ を他の物質に与えるので エ の大きい金属ほど， ウ されやすい。

2種類の金属を電解質水溶液に浸して導線でつなぐと， エ の大きなほうの金属が カ 極となり， エ の小さなほうの金属が キ 極となって，電流が流れる。

図1のように，中央を素焼きの板で仕切った同じ大きさの容器A，B，Cを用意し，それぞれ次のような水溶液を満たし，金属板を浸した。なお，電解質の濃度はすべて1.0mol/Lとする。

1) 容器Aの片側には硫酸亜鉛水溶液を，もう一方の側には硫酸銅(Ⅱ)水溶液を入れ，亜鉛板①および銅板②をそれぞれ浸す。
2) 容器Bの両側に硫酸銅(Ⅱ)水溶液を入れ，白金板③，④をそれぞれ浸す。
3) 容器Cの片側には硝酸銅(Ⅱ)水溶液を，もう一方の側には硝酸銀水溶液を入れ，銅板⑤および銀板⑥をそれぞれ浸す。これらの金属板のうち②と③，④と⑤，⑥と①とを導線で結ぶと回路に電流が流れ，質量の変化する金属板や表面から気体の発生する金属板があった。

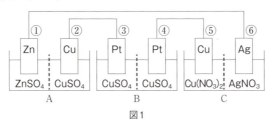

図1

問1 文中の □ に適切な語句を入れよ。

★問2 金属板②と③を結ぶ導線に流れる電流の方向は，②→③あるいは③→②のいずれであるかを答えよ。

★問3 金属板①，④および⑥で進行する化学反応をイオン反応式で示せ。

★問4 気体の発生する金属板の番号を答えよ。

(京都大)

## 64 鉛蓄電池

次の文章を読み，□□に入る最も適当な語句または＋，－の記号を答えよ。

鉛蓄電池は，自動車のバッテリーに用いられる代表的な二次電池であり，負極活物質に鉛，正極活物質に酸化鉛(Ⅳ)，電解質に希硫酸を用いる。放電時，負極では鉛の ア 反応が，正極では酸化鉛(Ⅳ)の イ 反応が起こり，両極の表面に硫酸鉛(Ⅱ)が生じ，電解液の硫酸濃度は低くなっていく。したがって，長時間放電すると，起電力は次第に低下する。そこで起電力を回復するために，外部の直流電源の ウ 端子を鉛蓄電池の正極に，外部の直流電源の エ 端子を鉛蓄電池の負極につなぎ，鉛蓄電池の両電極でそれぞれ放電時とは逆向きの反応を起こすことで，鉛蓄電池が充電される。

(京都薬科大)

## 65 マンガン乾電池

→ 理 P.194

マンガン乾電池では次の式に示す反応により起電力が得られる。

正極　$MnO_2 + wH_2O + xe^- \longrightarrow MnO(OH) + yOH^-$

負極　$Zn \longrightarrow Zn^{2+} + ze^-$

ただし，$MnO(OH)$ および $MnO_2$ は水に全く溶解せず，$MnO(OH)$ は正極から剝落しないものとする。また，正極，負極および電解液は重量の損失なく完全に分離できるものとする。

一方，電解液に水酸化カリウム水溶液を用いるアルカリマンガン乾電池では，負極で生じる物質が ア となって溶解するため，負極の電気抵抗を小さく保つことができる。

負極の イ は水酸化カリウム水溶液と反応し，自発的に ア と ウ を生じる。この副反応を防ぐため，アルカリマンガン乾電池では エ という工夫が施されている。

問1　正極および負極の半反応式が適切となるように，文中の $w$, $x$, $y$ および $z$ にあてはまる数を答えよ。

問2　文中の ア ～ ウ に適するものを，次の①～⑩からそれぞれ1つ選び番号で答えよ。

① $Zn$　② $ZnO$　③ $ZnCl_2$　④ $[Zn(OH)_4]^{2-}$　⑤ $[Zn(NH_3)_4]^{2+}$　⑥ $O_2$
⑦ $H^+$　⑧ $MnO_2$　⑨ $KCl$　⑩ $H_2$

★問3　文中の エ として最も適切なものを次の①～⑤から1つ選び番号で答えよ。

① 電解液に塩酸を添加しておく
② 負極に $MnO_2$ を添加しておく
③ 電解液に塩化亜鉛を十分に溶解させておく
④ 電池の内部に酸素ガスを封入しておく
⑤ 氷晶石を添加しておく

(九州大)

　リチウムイオン電池では，主に正極活物質にコバルト酸リチウム($LiCoO_2$)などの金属酸化物，負極活物質にリチウムを含む炭素が用いられている。

　標準的なリチウムイオン電池の負極では，充電時に黒鉛($C$)にリチウムイオンが入り，充電率100％(満充電)で$LiC_6$になる。また，正極では充電により$LiCoO_2$からリチウムイオンが抜け出す。満充電になるまでに正極の約半分のリチウムが出て負極に移動するが，残りの約半分は満充電でも正極に残った状態になる。正極から負極に移動するリチウムと正極内に残るリチウムが等量であるとした場合，この電池の負極と正極の反応について，それぞれ反応式で示すと次のようになる。

$$負極　6C(黒鉛) + Li^+ + e^- \underset{放電}{\overset{充電}{\rightleftharpoons}} LiC_6$$

$$正極　LiCoO_2 \underset{放電}{\overset{充電}{\rightleftharpoons}} Li_{0.5}CoO_2 + 0.5Li^+ + 0.5e^-$$

　上式では，それぞれ左辺が充電率0％，右辺が充電率100％(満充電)の状態に対応している。以上の前提に基づいて，次の問いに答えよ。ただし，ここでは原子量には$Li = 7.00$，$C = 12.0$，$O = 16.0$，$Co = 59.0$を用いよ。

問1　リチウムイオン電池を使用していたところ，充電率が50％まで減少したため，満充電になるまで充電した。この電池の充電率50％から満充電までの充電について，負極の反応式を記せ。ただし，充電率50％における負極の組成式は$LiC_{12}$($Li_{0.5}C_6$と表記してもよい)であり，満充電のときの組成式は$LiC_6$であるとする。

問2　問1で用いた電池において，負極の炭素(黒鉛)の質量が1.44gであった場合，充電率50％から満充電までの充電操作により電池に充電された電気量は何クーロン〔C〕か。整数で答えよ。ただし，ファラデー定数を$9.65 \times 10^4$C/molとする。

問3　一般的に，リチウムイオン電池は正極と負極の充電容量(蓄えることができる電気量)が正確に一致するように，それぞれの電極活物質の質量を決めてつくられている。負極として黒鉛1.44gを用いた場合，正極活物質として$LiCoO_2$を何g用いれば正極と負極の充電容量が等しくなるか。有効数字3桁で記せ。

（岡山大）

**67** 燃料電池　　　　　　　　　　　　　　　　　→ 理 P.195

　図1は太陽電池を電源とする電解槽と，そこから発生する気体を燃料として利用しようとする水素-酸素燃料電池からなる装置を模式的に示したものである。

　水素-酸素燃料電池は，水素と酸素の酸化還元反応を電極上で行うことで電気エネルギーを直接とり出すことができる電池である。図1の水素-酸素燃料電池には，電解質としてリン酸水溶液と，白金触媒を付けた多孔質のニッケル電極E，Fが入っている。

　電解槽には電解液として希硫酸500mLが入っており，電極として2枚の白金板C，Dが電解液中に挿入され，それぞれ太陽電池のA，B極に接続されている。

いま，図1の装置を用いて，電解槽から生成した気体を燃料電池に送り込み発電する実験を行った。ある時間，太陽電池に光を照射したら，その間一定の電流が流れ，電解槽で電気分解が行われた。電極C，Dから，ともに気体が発生し，発生した気体はすべて燃料電池の電極E，F側にそれぞれ送られた。燃料電池の発電とともに電極Fでは水の生成が観察された。

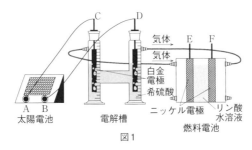

図1

次の問いでは，最も適当なものを@〜@からそれぞれ1つ選べ。

問1　負極はどの電極か。

　@　A極　　⑥　B極　　©　C極　　@　D極

問2　陰極はどの電極か。

　@　A極　　⑥　B極　　©　C極　　@　D極

問3　誤っている記述はどれか。

　@　電解槽の電解液を希硫酸にして，C，D極を銅にすると，燃料電池は発電しない。

　⑥　電解槽の電解液を硫酸銅（Ⅱ）水溶液にして，C，D極を白金にすると，燃料電池は発電しない。

　©　電解槽の電解液を希硫酸にして，C極を金，D極を炭素棒にすると，燃料電池は発電しない。

　@　電解槽の電解液を硝酸銀水溶液にして，C，D極を炭素棒にすると，燃料電池は発電しない。

（上智大）

## 68　電気分解（1）

→理P.199〜204

　電解質の水溶液（電解液）に2つの電極を浸し，外部電源（電池）で直流の電流を流すと電極表面で電解液中の物質または電極自身が化学反応を起こす。これを電気分解という。電気分解では，電池の正極につながっている電極を　ア　極，電池の負極につながっている電極を　イ　極という。　ア　極では　ウ　反応が起こり，　イ　極では　エ　反応が起こる。

　図1のように3つの電解槽Ⅰ，Ⅱ，Ⅲを接続し，それぞれに硝酸銀水溶液，塩化ナトリウム水溶液，硫酸水溶液を入れた。電解槽Ⅱの電極の間は陽イオン交換膜で仕切ってある。これに2.00Aの電流を26分10秒間流して電気分解を行ったところ，電解槽Ⅰでは**Ag**が2.16g析出した。ただし，電気分解は25℃で行い，流れた電流はすべて電気分解に使用されたものとする。また，発生する気体は水に溶解せず，副反応を起こさず，

理想気体としてとり扱えるものとする。必要ならば，25℃における水のイオン積 $K_w = 1.0 \times 10^{-14}$〔$(mol/L)^2$〕，ファラデー定数$= 9.65 \times 10^4$〔C/mol〕，$\log_{10}2 = 0.30$とせよ。

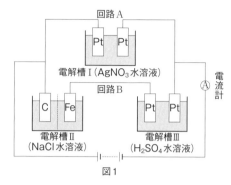

図1

問1　文中の□□□に適切な語句を答えよ。

問2　回路Aと回路Bに流れた電気量〔C〕はそれぞれいくらか。原子量は$Ag = 108$とし，有効数字3桁で答えよ。

問3　電解槽Ⅰの陽極で起こる反応と電解槽Ⅱの陰極で起こる反応を，それぞれ電子$e^-$を用いた式で示せ。

問4　電解槽Ⅲの陽極で発生した気体の体積〔mL〕は標準状態(0℃，$1.013 \times 10^5$Pa)でいくらか。標準状態での気体のモル体積を22.4L/molとし，有効数字3桁で答えよ。

問5　電解槽Ⅱの陰極側の電解液の体積を500mLとすると，電気分解後の陰極側の電解液のpHはいくらか。小数点以下第1位まで答えよ。

(神戸薬科大)

## 69 電気分解(2)

→ 理 P.200〜202

電解槽Ⅰに硫酸ニッケル(Ⅱ)水溶液を入れ，陽極にニッケル板 (A)，陰極に銅板(B)を用いて電気分解を行った。

2.6Aの電流を2970秒流したところ，電解槽Ⅰからは気体の発生は認められなかった。次の問いに有効数字2桁で答えよ。めっきは均一に行われるものとする。

問　極板Bは電気分解によってニッケルめっきされる。極板Bの全体の表面積を$100cm^2$とすると，めっきされるニッケルの厚さは何cmか。ニッケルの密度が$8.85g/cm^3$，原子量は$Ni = 58.7$，ファラデー定数は$9.65 \times 10^4$C/molとする。

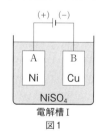

電解槽Ⅰ
図1

(千葉大)

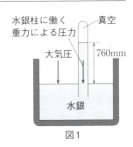

# 第5章　物質の状態

## 10 理想気体の状態方程式・混合気体・実在気体・状態変化

→ **Do** 理 P.210～241
→解答・解説P.38

### 70 気体の圧力

→ 理 P.210, 211

　気体の圧力は，気体分子が熱運動によって物体の表面に衝突するとき，単位面積あたりにかかる力として定義される。国際単位系での圧力の単位はPa(パスカル)で，1Paは$1m^2$あたりに1N(ニュートン)の力がかかっているときの圧力に相当する($1[Pa] = 1[N/m^2]$)。

　大気圧下で20℃のもと，ガラス管の一端を閉じて水銀を満たし，図1に示したように水銀槽に倒立させると，ガラス管の上端が真空となって水銀槽の水銀面から測って760mmの水銀柱が管内に残り，大気圧と水銀柱に働く重力による圧力がつり合った状態となった。水銀の密度を$1.36 \times 10^4 kg/m^3$とする。また，水銀の蒸気圧は無視できるものとする。

図1

問1　図1に示したガラス管断面の内側の面積を$S[m^2]$とするとき，760mmの水銀柱の質量$M[kg]$は，$S$を用いて次のように表すことができる。

$$M = \boxed{\phantom{00}} \times S$$

　　　$\boxed{\phantom{00}}$にあてはまる数値を有効数字3桁で求めよ。

問2　1N(ニュートン)は，質量1kgの物体に$1m/s^2$の加速度を生じさせる力の大きさであり，$1[N] = 1[kg \cdot m/s^2]$と表される。地上では，物体に$9.81m/s^2$の加速度(重力加速度)を生じさせる力(重力)が働いており，$M[kg]$の水銀柱に働く重力は，$M[kg] \times 9.81[m/s^2] = 9.81M[N]$と計算される。(1), (2)に答えよ。

(1)　水銀柱に働く重力による圧力$P[Pa]$を水銀柱の質量$M[kg]$とガラス管断面の内側の面積$S[m^2]$を用いて表した式はどれか。次の@～(f)から選べ。

　@ $\dfrac{S}{9.81M}$　　ⓑ $\dfrac{9.81M}{S}$　　ⓒ $\dfrac{S^2}{9.81M}$

　ⓓ $\dfrac{9.81M}{S^2}$　　ⓔ $9.81M \cdot S$　　(f) $9.81M \cdot S^2$

(2)　圧力$P$は何Paか，有効数字3桁で求めよ。

(東京薬科大)

## 71 理想気体の状態方程式

→ 理 P.213〜216

　　㋐「温度が一定のとき，一定物質量の気体の体積は，圧力に反比例する」という法則や，㋑「圧力が一定のとき，一定物質量の気体の体積は，絶対温度に比例する」という法則が発見された。つまり，体積を$V$〔L〕，圧力を$P$〔Pa〕，絶対温度を$T$〔K〕とすると，下線部㋐の体積と圧力の関係は$\boxed{ア}$＝一定，下線部㋑の体積と温度の関係は$\boxed{イ}$＝一定と表される。

　　絶対温度$t_1$，圧力$p_1$のもとで密封容器に入った体積$v_1$の気体の圧力を，温度を変えずに$p_2$にしたときの体積を$v'$とすると，下線部㋐の法則から$v' = \boxed{ウ}$…①と表される。次に，圧力を$p_2$に保ったまま，この密封容器に入った気体の絶対温度を$t_2$にしたときの体積を$v_2$とすると，下線部㋑の法則から$v' = \boxed{エ}$…②と表される。①式＝②式より，両式の右辺どうしは等しいので，$\boxed{ウ} = \boxed{エ}$…③であり，③式の両辺に$\boxed{オ}$をかけると$\dfrac{p_1 v_1}{t_1} = \boxed{カ}$…④と表すことができ，式の上でも「一定物質量の気体の体積は，圧力に反比例し，絶対温度に比例する」ことが理解できる。

　　理想気体においては，アボガドロの法則から標準状態（$p_3 = 1.013 \times 10^5 \mathrm{Pa}$，$t_3 = 273\mathrm{K}$）における気体の体積は，気体の種類に関係なく1molあたり$v_3 = \boxed{キ}$であるから，$\dfrac{p_3 v_3}{t_3} = \boxed{ク}$…⑤となる。この定数を気体定数といい，$R$で表す。気体定数$R$を用いると，1molの気体について⑤式は$p_3 v_3 = \boxed{ケ}$…⑥となる。

　　物質量$n$〔mol〕の気体の体積$V$は，1molあたりの気体の体積$v_3$と$V = \boxed{コ}$という関係がある。よって，体積，圧力，絶対温度，気体定数および物質量の間に，$PV = \boxed{サ}$という関係が成り立つ。これを理想気体の状態方程式という。

問1　下線部㋐および㋑の法則名をそれぞれ答えよ。

問2　$\boxed{ア}$および$\boxed{イ}$にあてはまる文字式を書け。

問3　$\boxed{ウ}$〜$\boxed{カ}$に適切な式を$v_1$，$p_1$，$t_1$，$v_2$，$p_2$，$t_2$の中から適切なものを用いて示せ。

問4　$\boxed{キ}$および$\boxed{ク}$にあてはまる数値（有効数字3桁）を，それぞれ単位を付けて答えよ。ただし，$\boxed{ク}$の単位は，$1〔\mathrm{L}〕= 1.0 \times 10^{-3}〔\mathrm{m}^3〕$として，$\mathrm{m}^3$を用いて表せ。

問5　$\boxed{ケ}$〜$\boxed{サ}$にあてはまる文字式を$n$，$R$，$T$，$v_3$，$p_3$，$t_3$の中から適切なものを用いて示せ。

（東京海洋大）

## ★ 72 理想気体の状態方程式を用いた分子量の決定（1）

→ 理 P.215

　　常温・常圧で液体である純物質Xの分子量を次の実験から求めた。

　　小さい穴をあけたアルミニウム箔でふたをした内容積100mLの容器（図1）を乾燥させ，室温（27℃）で質量をはかったところ49.900gであった。この容器に約2mLのXを入れ，

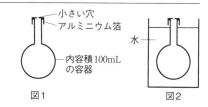

小さい穴
アルミニウム箔
水
内容積100mL
の容器

図1　　　　　図2

容器を図2のように水に浸して加熱を始めた。30分加熱すると容器内の液体が見られなくなり，容器内はXの蒸気で満たされた。このときの水温は97℃，大気圧は$1.00 \times 10^5$Paであった。容器をとり出して外側に付着した水を乾いた布でよく拭きとり，その容器を室温(27℃)まで放冷して再び質量をはかったところ50.234gであった。

　Xの蒸気を理想気体とみなし，気体定数を$8.31 \times 10^3$Pa・L/(K・mol)とする。放冷後に容器内で凝縮したXの体積は無視できるものとする。Xの蒸気圧は，27℃で$0.20 \times 10^5$Pa，97℃で$2.00 \times 10^5$Paであり，空気の平均分子量は28.8とする。

問1　下線部で物質Xの質量を測定する必要がない理由を50字以内で記せ。

問2　Xの蒸気圧を考慮せずに分子量を求め，整数値で答えよ。

問3　Xの蒸気圧を考慮して分子量を求め，整数値で答えよ。

（大阪府立大）

## ★ 73 理想気体の状態方程式を用いた分子量の決定(2)

→ 理 P.215

　図1は，分子量の測定に実際に用いられてきた装置の略図である。

　AとBは細管でつながっている。Aの部分は一定の高温$T_1$〔K〕に保たれ，それ以外の部分は室温$T_2$〔K〕である。Bは気体の体積をはかるガスビュレットで，水銀だめCを上下して，中の空気の圧力を大気圧に合わせる。

　室温では液体，$T_1$〔K〕では気体である化合物の一定量を，ガラス小球に封入し，D部からAの底に落として割る。ガラス球を割る前と，化合物が蒸発した後の，ガスビュレットの読みの差から，気体の体積増加量を測定する。

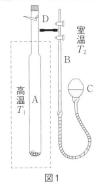

図1

問1　化合物の質量を$m$，気体の体積増加量を$v$，大気圧を$p$，気体定数を$R$として，分子量$M$を表す式を答えよ。なお，気体は理想気体とする。

問2　Cの部分に水銀ではなく水を用いた場合には，この方法を適用しうる化合物の範囲と，分子量を求める式の組み合わせとして正しいものを，次の⑦〜⑦から選び，記号で答えよ。

| 適用化合物の範囲 / 分子量を求める式 | 水銀を用いた場合と変わらない | 水に溶けない化合物にのみ適用できる |
|---|---|---|
| 水銀を用いた場合と変わらない | ⑦ | ⑤ |
| 圧力$p$から水の蒸気圧を差し引く | ⑦ | ⑦ |
| 圧力$p$に水の蒸気圧を加える | ⑦ | ⑦ |

（東京大）

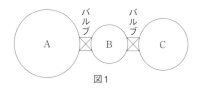

## 74 混合気体(1)

→ 理 P.220

　図1のように3つの容器A(体積4L)，B(体積1L)，C(体積2L)が閉じたバルブによって連結されている。温度27℃で容器Aには$1.0 \times 10^5$Paの水素が，容器Bには$8.0 \times 10^5$Paのヘリウムが，容器Cには$1.0 \times 10^5$Paのアセチレンが入っている。次の問いの答えとして，最も適当な数値を⑦〜㋔から1つずつ選べ。なお，気体はすべて理想気体とし，バルブの体積は無視できるものとする。また，気体定数は$8.3 \times 10^3$Pa・L/(K・mol)とする。

図1

問1　2つのバルブを開けて，3種類の気体を十分に混合させたとき，容器内のヘリウムの分圧は何Paか。ただし，温度は27℃で変わらないものとする。
　⑦ $1.4 \times 10^3$　　㋑ $2.9 \times 10^3$　　㋒ $5.7 \times 10^4$　　㋓ $1.1 \times 10^5$　　㋔ $2.3 \times 10^5$
　㋕ $4.6 \times 10^5$

問2　容器Bにヘリウムと一緒に触媒を入れておいたところ，バルブを開けたときアセチレンは水素と反応してすべてエタンに変化した。反応が完結した後の容器内の全圧は何Paか。ただし，触媒の体積は無視することができ，反応後の容器の温度は27℃とする。
　⑦ $2.9 \times 10^4$　　㋑ $5.7 \times 10^4$　　㋒ $1.1 \times 10^5$　　㋓ $1.4 \times 10^5$　　㋔ $2.9 \times 10^5$
　㋕ $5.7 \times 10^5$

(神奈川大)

## 75 混合気体(2)

→ 理 P.221

　0℃，$1.0 \times 10^5$Paで，(a)メタン$CH_4$，水素$H_2$および窒素$N_2$の混合物20mLに，空気100mLを加えて120mLとした。これに点火して$CH_4$と$H_2$を完全に燃焼させた後，再び0℃，$1.0 \times 10^5$Paにしたところ気体の全体積は95mLであった。次に，この燃焼後の気体をNaOH水溶液に通じて$CO_2$を全部吸収させたところ，(b)その体積は0℃，$1.0 \times 10^5$Paで90mLになった。ただし，反応によって生じた$H_2O$は，0℃，$1.0 \times 10^5$Paですべて液体または固体となり，その体積は0mLとみなしてよいものとし，また，空気中の$N_2$と$O_2$の体積比は4:1とする。

問1　下線部(a)の混合物中の$H_2$と$N_2$は，0℃，$1.0 \times 10^5$Paでそれぞれ何mLか。有効数字2桁で答えよ。

問2　下線部(b)の気体中に残っている$O_2$は，0℃，$1.0 \times 10^5$Paで何mLか。有効数字2桁で答えよ。

(岩手大)

## 76 実在気体

→ 理 P.228, 229

物質量が1molの水素，メタンおよび二酸化炭素について，温度 $T$ が400Kの条件で圧力 $P$〔Pa〕を変化させながら体積 $V$〔L〕を測定した。この実験結果について，圧力 $P$ を横軸に，$\dfrac{PV}{RT}$ を縦軸にとると図1のグラフのようになった。ここで，$R$ は気体定数である。

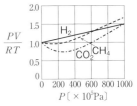

図1 気体の圧力と体積の関係を示すグラフ

問1 理想気体の場合，$P$ と $\dfrac{PV}{RT}$ の関係を図1のグラフに表すと，どのようになるか，25字程度で説明せよ。

問2 図1において，水素分子では，圧力の増加とともに $\dfrac{PV}{RT}$ が増加している。その主な理由を25字程度で説明せよ。

問3 図1において，メタンおよび二酸化炭素では，圧力の増加とともに $\dfrac{PV}{RT}$ がいったん減少し，再び増加している。$\dfrac{PV}{RT}$ がいったん減少する主な理由を25字程度で説明せよ。

問4 実在気体のふるまいを理想気体に近づけるには温度，圧力をどのようにすればよいか，理由とともに40字程度で説明せよ。

(埼玉大)

## 77 状態図

→ 理 P.232~238

物質のとる状態は温度や圧力に応じて変化するが，これは物質を構成する粒子の運動や集合状態と関係している。物質の状態に関して，問1~4に答えよ。

問1 図1は二酸化炭素の状態図であり，気体，液体，固体の3つの領域の境界線を実線で示している。境界線の交点X(温度−57℃，圧力 $5.2 \times 10^5$ Pa)においては，気体，液体，固体の3つの状態が共存できる。この点Xの名称を答えよ。

問2 気体と液体の境界線は点Y(31℃，$7.4 \times 10^6$ Pa)で途切れている。この点Yの名称を答えよ。また，点Yに関する説明で最もふさわしいものを次の①~④から1つ選び，番号で答えよ。

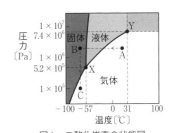

図1 二酸化炭素の状態図

① それ以上の温度や圧力では，分解反応が起こる。

② それ以上の温度や圧力では，密度変化が不連続的になる。

③ それ以上の温度や圧力では，気体と液体の区別がつかなくなる。

④ それ以上の温度や圧力では，蒸発する分子と凝縮する分子が同数となる。

問3　密閉容器に二酸化炭素を入れ，20℃，$2.0 \times 10^{6}$Paの状態にした（図1の状態A）。続いて，容器内の圧力を一定に保ったまま，$-70$℃まで冷却した（図1の状態B）。この間に起きた二酸化炭素の体積変化を表すグラフとして，最もふさわしいものを次の①～⑥から1つ選び，番号で答えよ。なお，グラフでは状態Aのときの体積を1として，体積変化を比率で表している。また，二酸化炭素は液体よりも固体の方が高密度となる。

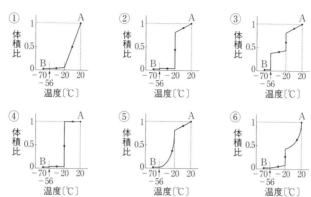

問4　問3の操作に続けて，状態Bから温度を一定に保ったままで，容器内の圧力を$1.0 \times 10^{5}$Paまで下げた（図1の状態C）。この操作の間に観察される状態変化の名称を答えよ。

(秋田大)

## 78 水の状態変化

問1 ➡ 理 P.173　問2 ➡ 理 P.233

　水は1気圧のもとでは沸点100℃，融点0℃であり，4℃のときに水の密度は最大となる。水（液）の生成熱は286kJ/mol，蒸発熱は25℃では44.0kJ/mol，100℃では40.7kJ/mol，凝固熱は6.01kJ/mol，および比熱は4.18J/(g・K)とし，また，分子量は$H_2O = 18$とする。

問1　0℃の氷90.0gを加熱して，すべてを100℃の水（気）とするのに必要な熱量〔kJ〕を有効数字3桁で求めよ。ただし，水はすべて100℃で蒸発するものとする。

問2　図1のように，両端に重りをつけた糸は氷を切断することなく上端から下端へゆっくり通り抜ける。その理由を書け。

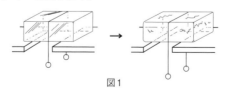

図1

(山口大)

## 79 蒸気圧

→ 理 P.234~236

水槽内に，一端が閉じた長さ13.0mのガラス管を沈め
た。ガラス管に水を満たし，口が開いている端は水に浸
したまま端が閉じた方を水面から11.0m引き上げた。こ
のとき，ガラス管内の水柱の高さは10.3mであった。た
だし，この実験はすべて標準大気圧において行った。ま
た，この実験に用いた水には気体は溶けていないものと
する。なお，必要があれば次の値を用いよ。

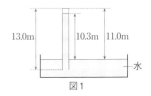

図1

標準大気圧：$1.01 \times 10^5$Pa，気体定数$R$：$8.31 \times 10^3$Pa・L/(mol・K)

問1　ガラス管上部には水の入っていない空間ができるが，その内部の圧力を測定する
　　と$3.0 \times 10^3$Paであった。その圧力はどのようにして生じたか説明せよ。

問2　ガラス管をさらに1.0m引き上げた。十分な時間が経過した後の水柱の高さを答え
　　よ。また，ガラス管内部の水の入っていない空間の圧力として最も近いものを次のⓐ
　　～ⓒから選び，記号で答えよ。選んだ理由も簡潔に説明せよ。
　　ⓐ $3.0 \times 10^3$Pa　　ⓑ $1.2 \times 10^3$Pa　　ⓒ $1.0 \times 10^5$Pa

問3　問2の状態から，水温を100℃にしたとする。ガラス管内の空間の圧力として最も
　　近いものを次のⓐ～ⓒから選び，記号で答えよ。選んだ理由も簡潔に説明せよ。ただ
　　し，ガラス管内部の水の入っていない空間の温度も100℃になっているとする。
　　ⓐ $3.0 \times 10^3$Pa　　ⓑ $1.3 \times 10^4$Pa　　ⓒ $1.0 \times 10^5$Pa

(京都府立大)

## 80 水上置換と蒸気圧

→ 理 P.234~236

試験管に入れた亜鉛と希硫酸を反応させたところ，気体Aが発生した。このAをあ
らかじめ試験管内で十分発生させてから，水上置換によってメスシリンダーに捕集し
た。その後，メスシリンダーの中と外の水面の高さをそろえたところ，25℃，大気圧
$p_{atm} = 1.010 \times 10^5$Pa において，メスシリンダーの中の気体の体積は596mLであった。

問1　メスシリンダーの中のAの圧力を$p_A$，水蒸気圧を$p_W$とするとき，$p_{atm}$，$p_A$，$p_W$の
　　間に成り立つ関係式を記せ。

問2　(1)　表1は，純物質①～⑤の各温度における蒸気圧を示している。水は①～⑤
　　のどれか，番号で答えよ。

| 純物質 | 蒸気圧〔kPa〕 | | | | | |
|---|---|---|---|---|---|---|
| | 0℃ | 25℃ | 50℃ | 75℃ | 100℃ | 125℃ |
| ① | 1.590 | 7.889 | 29.45 | 88.69 | 226.2 | 505.7 |
| ② | 0.6107 | 3.167 | 12.34 | 38.55 | 101.3 | 232.1 |
| ③ | 0.009777 | 0.08335 | 0.4629 | 1.882 | 6.059 | 16.29 |
| ④ | 24.68 | 71.22 | 170.2 | 353.0 | 655.6 | 1116 |
| ⑤ | 45.24 | 123.0 | 280.9 | 561.7 | 1013 | 1684 |

表1

(2) 表1の値を用いて，メスシリンダーに捕集されたAの物質量を有効数字3桁で求めよ。ただし，Aは理想気体とし，気体定数$R$は$8.31 \times 10^3$Pa・L/(mol・K)とする。

(広島大)

## ★ 81 混合気体と蒸気圧　　　　　　　　　　　→ 理 P.234〜236

2.0molの水素と9.0molの酸素を，容積が一定の密閉容器の中で反応させ，水蒸気を生成させた。反応前の気体の全圧は$1.1 \times 10^5$Paであった。反応による熱は容器の外に出ていき，反応前と反応後の気体の温度は同じ$T_0$〔K〕であった。反応後も容器内には気体のみが存在していたが，水素は含まれていなかった。反応後の気体をゆっくりと冷却したとき，密閉容器内壁に水が出現した。水が出現しない最低の温度は313Kであり，温度がわずかでも313Kより低いときには水が存在していた。気体はすべて理想気体であるとし，次の問いに答えよ。

問1　温度$T_0$〔K〕における反応後の気体の全圧〔Pa〕を有効数字2桁で求めよ。

問2　温度$T_0$〔K〕における反応後の酸素の分圧〔Pa〕を有効数字2桁で求めよ。

問3　313Kにおける水の蒸気圧は$7.5 \times 10^3$Paであるとして，313Kにおける密閉容器内の酸素の分圧〔Pa〕，および温度$T_0$〔K〕の値を有効数字2桁で求めよ。

問4　図1の実線は，反応後の密閉容器を冷却し，温度313Kに近づけたときの気体の圧力の変化を，313K以上の範囲で示したものである。温度が313K以下での圧力の変化の概略を図1の図中に実線で描け。なお，図1の点線は，実線を直線で延長したものである。

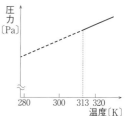

図1　気体の冷却と圧力変化

(同志社大)

## 82 気体の反応と蒸気圧　　　　　　　　　　→ 理 P.239

27℃で16.6Lの密閉容器に，0.30molのメタンと0.90molの酸素を封入した。このときの混合気体の全圧は A Paとなる。次に，この混合気体に点火して完全燃焼させたところ，反応後の27℃における二酸化炭素の分圧は B Paとなる。ただし，27℃における水の飽和蒸気圧は$4.0 \times 10^3$Paで，生じた水の体積および水への気体の溶解は無視できるものとし，気体は理想気体として，気体定数$R$は$8.3 \times 10^3$Pa・L/(mol・K)とする。

問1　文中の□□□に適する数値を，次の㋐〜㋖からそれぞれ選べ。原子量はH＝1.0，C＝12，O＝16とする。

㋐ $4.5 \times 10^3$　　㋑ $9.0 \times 10^3$　　㋒ $1.8 \times 10^4$　　㋓ $4.5 \times 10^4$　　㋔ $9.0 \times 10^4$

㋕ $1.8 \times 10^5$　　㋖ $4.5 \times 10^5$　　㋗ $9.0 \times 10^5$

問2　燃焼後の混合気体の全圧は何Paか。有効数字2桁で答えよ。

問3　燃焼後の混合気体の密度は何g/Lか。有効数字2桁で答えよ。

問4　燃焼後に液体として存在する水は何gか。有効数字2桁で答えよ。

(富山県立大)

## 83 固体の溶解度(1)

➡ 理 P.243〜246

　一般に，固体の溶解度は飽和溶液に含まれる溶媒100gあたりに溶解している溶質の質量の数値で表される。溶解度およびその温度特性は溶質と溶媒の組み合わせに特有である。

　図1に示されている物質A〜物質Eの溶解度曲線に基づき，次の問いに答えよ。

問1　物質A〜物質Eの中で再結晶に最も適していないものを選び，その記号を答えよ。また，その理由を20字程度で説明せよ。

問2　80℃で調製した物質Eの飽和溶液110gを40℃に冷却するときに析出する結晶の質量〔g〕を，有効数字2桁で答えよ。なお，析出する結晶は水和水を含まないとする。

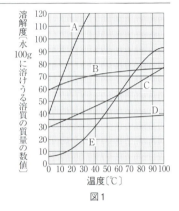

図1

（岩手大）

## 84 固体の溶解度(2)

➡ 理 P.243〜246

　60.0gの硫酸銅(Ⅱ)五水和物を60℃の水100gに溶かし，この水溶液を20℃まで冷やしたとき，何gの硫酸銅(Ⅱ)五水和物が析出するか。ただし，水に対する硫酸銅(Ⅱ)の溶解度は60℃で40.0g，20℃で20.0gである。原子量はH = 1.0，O = 16，S = 32，Cu = 64とする。

（名城大）

## 85 ヘンリーの法則(1)

➡ 理 P.249, 250

　気体の溶解度に関する以下の問いに答えよ。ただし，1.00Lの水に対し，標準状態（$1.013 \times 10^5$Pa，0℃）において，$O_2$は0.0490L，$H_2$は0.0220L溶解する。$O_2$と$H_2$は理想気体としてふるまい，いずれもヘンリーの法則に従うものとする。また，各々の気体の溶解度は混合気体でも変わらないものとする。なお，水の蒸気圧は無視し，水は凍らないものとする。各元素の原子量はH = 1.00，O = 16.0，標準状態（$1.013 \times 10^5$Pa，0℃）の気体のモル体積は22.4L/molとする。

問1　容積一定の密閉容器内に水10.0Lと$O_2$ 0.100molを入れて温度を0℃としたところ，容器内の圧力が$1.013 \times 10^5$Paとなった。このとき，水中に溶けている$O_2$は何gか。解答は小数点以下第3位を四捨五入して，右の形式により示せ。　0.□□ g

★問2　問1で調整した容器に，さらに$H_2$を0.300mol加え，温度を0℃とした。このとき，水中に溶けている$H_2$は何gか。解答は有効数字3桁目を四捨五入して，次の形式により示せ。　□.□ $\times 10^{-2}$g

（東京工業大）

## ★ 86 ヘンリーの法則(2)

→ 理P.249~252

一定量の二酸化炭素がピストンのついた容器に入っている(図1(a)~(e))。二酸化炭素の占める体積は，(a)おもりのないとき100mL，(b)おもりを1つのせたとき60mL，(c)同じ質量のおもりを2つのせたとき$x$〔mL〕であった。この容器に二酸化炭素の量は一定のまま水を加えると，気体の占める体積は，(d)おもりのないとき70mL，(e)おもりを1つ加えたとき$y$〔mL〕であった。

温度は一定とし，ボイルの法則，ヘンリーの法則が成立するものとして$x$，$y$を求めよ。ただし，水蒸気圧は無視できるものとし，小数点以下第1位を四捨五入して整数で答えよ。

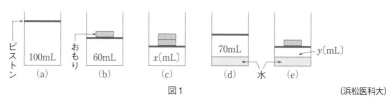

ピストン 100mL (a) おもり 60mL (b) $x$〔mL〕 (c) 70mL (d) 水 $y$〔mL〕 (e)

図1

(浜松医科大)

## ★ 87 蒸気圧降下

→ 理P.255~257

図1のように，密閉容器内に設置した2つのビーカーの一方に水溶液Xを，もう一方に水溶液Yを入れた。
水溶液X：150mLの水に0.234gの塩化ナトリウム$NaCl$が溶解した水溶液
水溶液Y：300mLの水に3.42gのスクロース$C_{12}H_{22}O_{11}$が溶解した水溶液

密閉容器
水溶液X 水溶液Y
図1

室温(20℃)で平衡状態に達するまで放置したところ，2つのビーカーの水溶液の量が変化した。

平衡状態における塩化ナトリウム水溶液の質量モル濃度〔mol/kg〕および水の増加量〔mL〕を有効数字2桁で答えよ。ただし，水の密度は1.0g/mLであり，密閉容器内に水蒸気として存在する水の量は無視できるものとする。また，塩化ナトリウムは水溶液中で完全に電離しているとし，原子量はH＝1.0，C＝12，O＝16，Na＝23，Cl＝35.5とする。

(北海道大)

## 88 溶液の沸点

→ 理P.257~259

塩化ナトリウム水溶液(約0.5mol/kg)を標準大気圧の下で，一定の熱を加えながら蒸留した。蒸留時における水溶液の温度変化の概略を示すグラフとして，最も適当なものを次の①~⑥から選べ。ただし，いずれの図においても，$t_0$は沸騰がはじまった時点で，$t_1$はおよそ半分の水が留出した時点である。

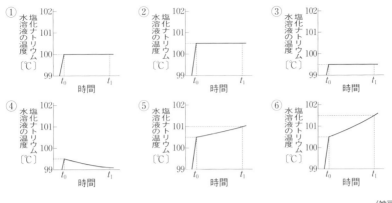

**89 凝固点降下** → 理 P.259

　3.00gの塩化カルシウムを水100gに溶かしたとき，$1.01 \times 10^5$Paにおける水溶液の凝固点〔℃〕を求めよ。計算結果は，小数点以下2桁とする。水のモル凝固点降下は1.85K・kg/mol，塩化カルシウムは水溶液中で完全に電離しているものとし，原子量はCl＝35.5，Ca＝40とする。 (慶應義塾大(薬))

**90 凝固点の測定実験** → 理 P.261～263

　次の文章を読み，あとの問1～5に答えよ。原子量はH＝1.00，C＝12.0，O＝16.0とする。

　一般に，溶液の凝固点は，純溶媒の凝固点よりも低くなる。ベンゼンの凝固点を測定する実験を行った。ベンゼンのモル凝固点降下は5.12K・kg/molである。

実験1　ベンゼン100gを$1.01 \times 10^5$Paのもとで常温からゆっくりと冷却した。そのときの溶液の温度と時間との関係を図1に示す。凝固点は5.500℃であった。

実験2　ベンゼン50.0gにナフタレンを溶解し，実験1と同様に凝固点を測定する実験を行った。そのときの溶液の温度と時間との関係を図2に示す。凝固点は5.170℃であった。

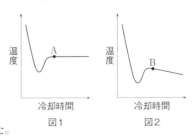

図1　　図2

実験3　ベンゼン37.0gに安息香酸0.550gを溶解し，実験1と同様に凝固点を測定する実験を行った。凝固点は5.180℃であった。

問1　実験2において溶解させたナフタレンの量〔g〕を有効数字2桁で答えよ。

問2　図1の点A付近では温度は一定であるが，図2の点B付近では時間とともに温度は下がっている。この理由を50字以内で説明せよ。

問3　実験3のベンゼン溶液中において，安息香酸は1分子の状態と2分子が会合した状態の両方が存在し，両者の間に平衡が成り立っている。

$$2C_7H_6O_2 \rightleftarrows (C_7H_6O_2)_2$$

安息香酸2分子はベンゼン溶液中でどのような状態で会合していると考えられるか，構造を右の(例)にならい記せ。なお，会合に使われている結合は点線で表すこと。

(例)

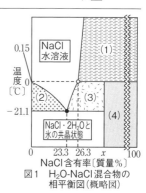

問4　実験3の凝固点から計算される安息香酸の見かけの分子量を有効数字3桁で答えよ。

問5　実験3のベンゼン溶液中において，安息香酸の何%が1分子の状態で存在しているかを有効数字2桁で答えよ。

(静岡県立大)

## ★ 91　H₂O−NaCl混合物の相平衡図

→ 理P.262, 263

H₂O−NaCl混合物は，NaCl含有率と温度によって，液体と固体が単独で存在または共存するいろいろな状態をとる。それぞれの状態は，図1に示す1気圧での相平衡図のいくつかの実線で囲まれた領域で示される。NaClの結晶は，H₂Oとの共存下において0.15℃以下では2分子の水和水（結晶水）をもつNaCl・2H₂Oが安定となり，NaCl含有率が23.3%以上のNaCl水溶液を冷却すると，NaCl・2H₂Oの溶解度が下がりその結晶が析出する。2つの曲線が交差する黒丸の点を共晶点とよび，それ以下の温度では，NaCl・2H₂Oの結晶と氷が混在した共晶状態となる。この共晶点の温度（−21.1℃，共晶温度とよばれる）が，塩化ナトリウムの作用により到達できる最も低い凝固点となる。

図1　H₂O-NaCl混合物の相平衡図（概略図）

問1　図1の(1)〜(4)の領域は，次の㋐〜㋓の共存状態にある。それぞれどの共存状態かを答えよ。

㋐　NaCl結晶とNaCl・2H₂O結晶が共存

㋑　NaCl水溶液とNaCl結晶が共存

㋒　NaCl水溶液と氷が共存

㋓　NaCl水溶液とNaCl・2H₂O結晶が共存

問2　図1の$x$で示したNaCl含有率〔質量%〕を有効数字3桁で求めよ。原子量はH = 1.0，O = 16，Na = 23，Cl = 35.5とする。

(山口大)

## 92 浸透圧（1）

すべての溶液の密度は1.00g/mL，気体定数は8.30kPa・L/(K・mol)とし，次の文中の□□にあてはまる数値を有効数字3桁で答えよ。

医療現場では，ブドウ糖や塩化ナトリウムを含む水溶液が輸液として使われることがある。5.04％（質量パーセント濃度）のブドウ糖（分子量180）を含む水溶液は，血清とほぼ同じ浸透圧を示す。この溶液のモル濃度は 1 mol/Lで，27℃での浸透圧は 2 kPaとなる。同じ浸透圧を示す塩化ナトリウム（式量58.5）水溶液を100mLつくるには，3 gの塩化ナトリウムが必要である。なお，塩化ナトリウムの電離度は1.00とする。

（東京理科大）

## 93 浸透圧（2）

次の文章を読み，文中の□□に最も適当なものを，下の語群⑦～②から，それぞれ1つ選べ。

中東諸国や離島では，海水から淡水を得るのに逆浸透圧法が使われている。この方法では，半透膜を隔てて A 圧力をかける。27℃の海水1Lから100mLの淡水をこの方法で得るためには，少なくとも約 B $\times 10^5$Paの圧力をかける必要がある。ただし，海水は3.3％の塩化ナトリウムだけを含み，すべて電離しているとする。淡水の密度は1.00g/cm$^3$，淡水を得る過程では海水の密度は1.02g/cm$^3$（27℃）で一定であるとし，気体定数$R = 8.3$ $\times 10^3$Pa・L/(mol・K)とする。また原子量はNa＝23.0，Cl＝35.5とする。

［Aの語群］ ⑦ 海水側に浸透圧よりも大きい   ④ 海水側に浸透圧よりも小さい
  ⑦ 淡水側に海水の浸透圧よりも大きい   ② 淡水側に海水の浸透圧よりも小さい
  ② 海水側にも淡水側にも海水の浸透圧に等しい

★［Bの語群］ ⑦ 8   ④ 16   ⑦ 21   ② 25   ② 32

（早稲田大（理工））

## 94 タンパク質の分子量の測定実験

図1に示すような，断面積が1.0cm$^2$のU字管の中央に半透膜を固定し，片方に純水を入れた。もう一方に，あるタンパク質0.061gを溶かした水溶液8.0mLを入れて液面の高さが同じになるようにし，27℃で長時間放置すると液面の高さの差が4.0cmになった。次の問いに答えよ。ただし，純水とタンパク質水溶液の密度を1.0g/cm$^3$と仮定し，数値は有効数字2桁で求めよ。

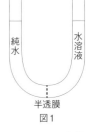

純水 水溶液
半透膜
図1

問1 純水とタンパク質水溶液のどちらの液面が高くなったか答えよ。

問2 下線部におけるタンパク質水溶液の浸透圧〔Pa〕を答えよ。ただし，これらの液体の高さが1.0cmのときの液柱の圧力を$1.0 \times 10^2$Paとする。

★問3 このタンパク質の分子量を答えよ。ただし，気体定数$R = 8.31 \times 10^3$Pa・L/(mol・K)とする。

問4 下線部におけるタンパク質水溶液の凝固点降下度を答えよ。ただし，水のモル凝固点降下 $K_f$ は1.85K・kg/molとする。

問5 このようなタンパク質水溶液を用いて分子量を決定するためには，浸透圧を測定する方法と凝固点降下度を測定する方法のどちらが適しているか答えよ。また，その判断の理由を50字程度で答えよ。 (佐賀大)

## 95 コロイド(1)

→理P.269～274

問1 表1はコロイドの分散系における分散質，分散媒の状態とその組み合わせをまとめたものである。表1中の(1)～(8)に当てはまる最も適切な語句を，あとの[語群]から選び，表1を完成させよ。

|  |  | 分散媒 | | |
|---|---|---|---|---|
|  |  | 気体 | 液体 | 固体 |
| 分散質 | 気体 |  | (1) | (2) |
|  | 液体 | (3) | (4) | (5) |
|  | 固体 | (6) | (7) | (8) |

表1

[語群] 活性炭，牛乳，霧，空気，煙，黒鉛，塩水，せっけんの泡，ゼリー，墨汁，ルビー

問2 多量の沸騰水に塩化鉄(Ⅲ)水溶液を少量加えて，水酸化鉄(Ⅲ)の水溶液を得た。
(1) この反応の化学反応式を記せ。
(2) 水酸化鉄(Ⅲ)が多数集まってできるコロイド溶液にレーザー光を当てたところ，光の通路が輝いて見えた。この現象の名称を記せ。
(3) このコロイド溶液に直流の電圧をかけたところ，コロイド粒子は陰極の方に引き寄せられて移動した。この現象の名称を記せ。
(4) (3)の実験結果より，このコロイド粒子は正・負のどちらに帯電しているか記せ。 (鳥取大)

## 96 コロイド(2)

→理P.269～274

コロイドに関する記述として下線部に誤りを含むものを，次の①～⑤から1つ選べ。
① コロイド粒子のブラウン運動は，熱運動している分散媒分子が，コロイド粒子に不規則に衝突するために起こる。
② コロイド溶液で観察できるチンダル現象は，分散質であるコロイド粒子による光の散乱が原因である。
③ デンプンは，分子量が大きく，1分子でコロイド粒子になる。
④ 乾燥した寒天の粉末は，温水に溶かすとゲルになり，これを冷却するとゾルになる。
⑤ 墨汁に加えている膠は，疎水コロイドを凝析しにくくする働きをもつ保護コロイドである。 (センター試験)

第5章 物質の状態 57

　直径が□m程度の大きさの粒子が分散した溶液をコロイド溶液という。コロイドには分散コロイドや分子コロイドなどの種類がある。

　疎水コロイドが帯びる電荷の正負は，コロイド溶液のpHによって変化する。粘土のコロイドでは，pHが低いときはコロイド粒子の表面に化学結合した一部のヒドロキシ基(-OH)が水素イオンを受けとる。一方，pHが高いときは，図1のようにその一部は電離する。

　そのため，コロイド粒子が帯びる電荷の符号はあるpHを境に逆転する。<u>粘土の一種であるカオリナイトのコロイドでは，このpHはおよそ4である。</u>

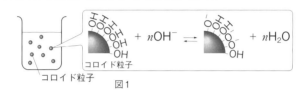

図1

問1　文中の□にあてはまる最も適切なものを次の⑦～⊆から選び，記号で答えよ。
　　⑦ $10^{-13} \sim 10^{-10}$　　④ $10^{-9} \sim 10^{-7}$　　⑦ $10^{-6} \sim 10^{-4}$　　⊆ $10^{-3} \sim 10^{-1}$

問2　下線部について，カオリナイトを純水に分散したpH＝7のコロイド溶液にそれとは別の溶液を少しずつ加えたときに，最も少ない滴下量で沈殿が生じるのは，次の⑦～⊆のどの水溶液か，記号で答えよ。なお，各物質のモル濃度はすべて同じである。
　　⑦ 塩化ナトリウム水溶液　　④ 塩化カルシウム水溶液　　⑦ 硫酸ナトリウム水溶液
　　⊆ グルコース水溶液

(北海道大)

# 反応速度と化学平衡

**12** 反応速度・化学平衡・
酸と塩基の電離平衡・溶解度積

→**Do** 理 P.278〜322
→解答・解説 P.54

**98** 反応速度(1)

→ 理 P.278〜285

過酸化水素水に少量の塩化鉄(Ⅲ)を加え，25℃に保つと，水と酸素に分解される。過酸化水素の濃度を一定時間おきに測定して調べた結果と，測定時間ごとの平均濃度と平均速度を計算した値を表1に示した。

| 経過時間〔min〕 | 0 | 1 | 4 | 6 | 9 |
|---|---|---|---|---|---|
| 濃度〔$H_2O_2$〕〔mol/L〕 | 0.542 | 0.497 | 0.384 | 0.324 | 0.250 |
| 平均濃度〔mol/L〕 | | 0.520 | (A) | 0.354 | 0.287 |
| 平均速度〔mol/(L・min)〕 | | 0.045 | (B) | 0.030 | 0.025 |

表1

問1　経過時間1分と4分の間の平均濃度(A)，平均速度(B)を求めよ。有効数字は(A)を3桁，(B)を2桁とする。

問2　次の文中の□に適当な用語，数字または式を入れよ。有効数字は2桁とする。

(1)　測定時間間隔ごとの平均速度を平均濃度で割った値を求めると以下のような値になる。

0〜1分ではその値は ア ，1〜4分では イ ，4〜6分では ウ ，6〜9分では エ となり，その単位は オ となる。これらの値($k$)と反応速度($V$)と過酸化水素の濃度〔$H_2O_2$〕との関係を表す式は カ となることがわかる。$k$は反応速度定数とよばれる。

(2)　平均速度を縦軸に，平均濃度を横軸にとってグラフに表した場合，正しいものは次の①〜⑤のうち キ となる。また反応速度定数($k$)はこのグラフの ク に相当することがわかる。

①　　　　②　　　　③　　　　④　　　　⑤

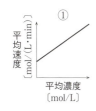

平均速度〔mol/(L・min)〕

平均濃度〔mol/L〕

(岩手大)

## 99 反応速度(2)

→ 理 P.284

$$aA + bB \longrightarrow cC$$
$$(a,\ b,\ c は係数)$$

で表される反応がある。

表1のように，AとBの濃度
を変えて，反応初期のCの生成
速度$v$を求めた。

| 実験 | [A][mol/L] | [B][mol/L] | $v$[mol/(L・s)] |
|------|-----------|-----------|-----------------|
| 1 | 1.0 | 0.40 | $3.0 \times 10^{-2}$ |
| 2 | 1.0 | 0.80 | $6.0 \times 10^{-2}$ |
| 3 | 2.0 | 0.80 | $2.4 \times 10^{-1}$ |
| 4 | 4.0 | 1.6 | $v_4$ |

表1

問1　表1の結果より反応速度定数$k$と反応物A，Bの濃度[A]，[B]を用いて，この反応の反応速度式を書け。

問2　実験1の結果を用いて，反応速度定数$k$の値を単位とともに求めよ。

問3　実験4の条件でのCの生成速度$v_4$[mol/(L・s)]の予測される値を有効数字2桁で求めよ。

問4　Cの生成速度に対する温度の影響を調べるために，温度を10K上げて実験を行ったところ，Cの生成速度が3倍に増加した。考えられる理由を分子の運動エネルギーの観点から50字以内で述べよ。

(信州大)

## 100 反応速度(3)

→ 理 P.280〜284

　化学反応における反応速度は反応物の濃度，｜ア｜，｜イ｜などによって影響を受ける。下の(1)式はアレニウスの式といい，反応速度定数の｜ア｜依存性を表している。

　(1)式の両辺の自然対数をとり，縦軸を反応速度定数の自然対数，横軸を｜ウ｜の逆数としてグラフをかくと，両者が直線関係になった。この式は，｜エ｜エネルギーの値が大きいほど，｜ア｜の変動に対する反応速度定数の変動が｜オ｜ことを表している。

　化学反応が起こるためには，分子が｜エ｜エネルギー以上のエネルギーをもって衝突する必要がある。｜ア｜が上昇すると，｜カ｜エネルギーが大きい分子の割合が増大することで，｜エ｜エネルギー以上のエネルギーをもつ分子が急激に増加し，反応する可能性のある分子は増加するので，反応速度は｜キ｜。また，化学反応に適切な｜イ｜を用いると，｜エ｜エネルギーの値が｜ク｜ことで反応が速くなる。

$$k = Ae^{-\frac{E_a}{RT}}　\cdots(1)$$

ここで，$k$：反応速度定数　　$E_a$：｜エ｜エネルギー　　$R$：気体定数
　　　　$T$：｜ウ｜　　　　　　$A$：比例定数(頻度因子)

問1　文中の｜　｜に当てはまる最も適切な語句を次の@〜①から選び，記号で答えよ。重複して選んでもよい。

@ 温度　　　ⓑ 絶対温度　　　ⓒ 圧力　　　ⓓ 触媒　　　ⓔ 結合　　　ⓕ 運動
ⓖ 活性化　　ⓗ 大きくなる　　ⓘ 小さくなる　　ⓙ 変化しない

★問2　文中の下線部の関係式を書き，傾きおよび縦軸の切片がそれぞれ何であるかを示せ。

(鹿児島大)

## ★ 101 半減期 → 理 P.287

〔Ⅰ〕 一次反応の反応速度は反応物の量$x$に比例する。この比例定数を$k$とすると，時間$t$における反応物の量は次式で与えられる。

$$x = x_0 e^{-kt} \quad (e：自然対数の底)$$

ここで，$x_0$は反応の初期($t = 0$)における反応物の量である。

**問1** 初期量$x_0$が既知であるとして，反応物の現存量から現在までの経過時間$t$を求める式を答えよ。

**問2** 反応物が初期量$x_0$のちょうど半分に減少するまでに要する時間を半減期とよび，$t\frac{1}{2}$と表す。$t\frac{1}{2}$を$k$の関数として表せ。これから，一次反応に特有の性質としてどのようなことがいえるか，30字以内で答えよ。

〔Ⅱ〕 炭素は，99％の$^{12}$Cと1％の$^{13}$Cの2種類の安定同位体のほかに，宇宙線によって絶えず生成される半減期5730年の放射性同位体$^{14}$Cをごく微量含んでいる。宇宙線によってつくられた$^{14}$Cは，すみやかに大気圏および水圏に拡散して均一な同位体分布を示す。植物はこの均一な同位体分布をもつ$CO_2$を光合成によってとり込む。とり込まれた$^{14}$Cは一次反応則に従って壊れる。

**問3** 残存する$^{14}$Cの量を測定すれば，〔Ⅰ〕に述べた原理にもとづいて，数千年前の文化財の年代が決定できるのはなぜか。30字以内で答えよ。

(大阪大)

## 102 化学平衡 → 理 P.289〜294

気体の四酸化二窒素($N_2O_4$)は無色で，気体の二酸化窒素($NO_2$)は赤褐色である。気体の$N_2O_4$が解離して気体の$NO_2$が生成する反応は可逆反応で，次の熱化学方程式で表される。気体は理想気体とし，気体定数は$8.31 \times 10^3 Pa \cdot L/(mol \cdot K)$とする。

$$N_2O_4 = 2NO_2 - 57.2kJ$$

**問1** ピストンつきの容器に3.0molの$N_2O_4$を入れ，320K，$1.0 \times 10^5 Pa$に保ったところ，気体の体積が120Lになって平衡に達した。このときの$N_2O_4$の解離度$\alpha$，および平衡定数$K$の値を有効数字2桁で求めよ。平衡定数$K$については，その単位も示せ。

**問2** 問1の平衡状態に達した後，加熱して気体の温度を上げると，気体の色はどのように変化するか。その理由とともに50字以内で述べよ。

**問3** 問1の平衡状態に達した後，温度を一定に保って気体の体積を20Lまで圧縮した。圧縮後，新たに平衡状態になったときの$N_2O_4$の解離度$\alpha$，および容器内の圧力〔Pa〕の値を有効数字2桁で求めよ。

(信州大)

## 103 反応速度と化学平衡　→理 P.292

$H_2$と$I_2$が反応して$HI$が生成する(a)式の気体反応は，可逆反応である。

$$H_2 + I_2 \rightleftharpoons 2HI \quad \cdots(a)$$

この反応において，正反応の反応速度$v_1$は$H_2$および$I_2$の濃度に比例し，逆反応の反応速度$v_2$は$HI$の濃度の2乗に比例することが知られている。

問1　(a)式の可逆反応の平衡定数$K$を，正反応の速度定数$k_1$および逆反応の速度定数$k_2$を用いて表せ。

★問2　容積一定の密閉容器に$H_2$ 30.0molと$I_2$ 20.0molを入れて高温に保ったところ，<u>平衡状態となり$HI$の物質量は36.0molとなった。</u>

(1)　容器内の温度を保ったまま$I_2$を追加したところ，新しい平衡状態となり，このときの$v_2$は，下線部の平衡状態での$v_2$の2.25倍であった。容器に追加した$I_2$の物質量は何molか。解答は小数点以下第1位を四捨五入して示せ。

(2)　(1)で，下線部の平衡状態に$I_2$を追加した直後の$v_1$は，そのときの$v_2$の何倍か。解答は小数点以下第1位を四捨五入して示せ。　　　　　　　　　(東京工業大)


## 104 平衡移動とルシャトリエの原理　→理 P.293～295

10Lの容器に0.10molの酸素と過剰量の天然の黒鉛を入れ密閉した後，750℃に加熱したところ，酸素はすべて反応し，次の平衡状態に達した。

$$CO_2 + C(黒鉛) \rightleftharpoons 2CO - 170kJ \quad \cdots(a)$$

問1　平衡に達した状態において，次の(1)～(3)の操作を行うと，(a)式の平衡はどちらに移動するか。「左」，「右」または「移動しない」で答えよ。ただし，容器の体積は10Lで一定とし，(1)，(2)では温度は750℃のまま一定とする。

(1)　一酸化炭素を加える　　(2)　アルゴンを加える　　(3)　温度を下げる

★問2　平衡に達した状態において，黒鉛を加えても(a)式の平衡は移動しない。$^{13}$Cからなる黒鉛を加えたとき，二酸化炭素に含まれる$^{13}$Cの割合は，増えるか，減るか，あるいは変わらないか，理由とともに答えよ。　　　　　　　　　(島根大)


## 105 指示薬の変色域　→理 P.301

中和滴定に用いる指示薬は，水溶液中のpHの変化にともなって色が変化する物質である。フェノールフタレイン分子を$HA$で表すと，異なった色を示す化学種$HA$と$A^-$について，水溶液中で次の電離平衡(電離定数$K = 3.0 \times 10^{-10}$ mol/L)が成り立つ。

$$HA \rightleftharpoons H^+ + A^-$$

問1　この平衡について，化学種のモル濃度を$[HA]$，$[H^+]$，$[A^-]$とし，電離定数$K$を式で示せ。

問2　容器中の水素イオン濃度が大きくなると，平衡はどちらに移動するか答えよ。

問3　指示薬の色は，[HA]と[A$^-$]の比$\left(\dfrac{[\text{HA}]}{[\text{A}^-]}\right)$が0.1以下もしくは10以上になるとき，

片方の色のみを目視できる。$\left(\dfrac{[\text{HA}]}{[\text{A}^-]}\right)$が0.1と10のときのpHを$\log_{10}3 = 0.477$として，

小数点以下第2位までそれぞれ求めよ。

問4　HAとA$^-$はそれぞれ何色を示すか答えよ。

（信州大）

## 106 強塩基の水溶液のpH

➡理 P.302～304

次の文中の＿＿にあてはまる式を答えよ。なお，水のイオン積$K_w$は
$[\text{H}^+][\text{OH}^-] = K_w〔(\text{mol/L})^2〕$とする。

モル濃度が$C〔\text{mol/L}〕$のNaOH水溶液1.0Lでは，強塩基であるNaOHは水溶液中で完全に電離していると考えられるので，NaOHから　ア　〔mol〕のOH$^-$が生じる。また，水分子の電離により生じたH$^+$およびOH$^-$はそれぞれ$s〔\text{mol}〕$とする。　ア　が$s$に比べて非常に大きい場合は，$[\text{OH}^-] = $　イ　$〔\text{mol/L}〕$とみなすことができるため，このNaOH水溶液のpHは$C$および$K_w$を用いて次の式で表すことができる。

$$\text{pH} = \boxed{\text{ウ}} \quad \cdots ④$$

一方，　ア　が$s$に比べて十分に大きくない場合は，$[\text{H}^+] = $　エ　$〔\text{mol/L}〕$，$[\text{OH}^-] = $　オ　$〔\text{mol/L}〕$となる。したがって，pHは$C$および$K_w$を用いて次の式で表すことができる。

$$\text{pH} = \boxed{\text{カ}}★$$

（東京理科大）

## 107 アンモニア水のpH

➡理 P.306

$C〔\text{mol}〕$のアンモニアを水に溶解して，1Lとした水溶液のpHを，アンモニアの電離定数$K_b$，$C$および水のイオン積$K_w$を用いて示せ。なお，アンモニアの電離度は十分小さく，また，アンモニアの溶解にともなう水の体積変化はないものとする。

（北海道大）

## ★108 硫酸の電離平衡

➡理 P.301～307

硫酸は2価の酸であり，水溶液中では次の①式および②式のように二段階で電離している。

$$\text{H}_2\text{SO}_4 \longrightarrow \text{H}^+ + \text{HSO}_4^- \quad \cdots ①$$
$$\text{HSO}_4^- \rightleftharpoons \text{H}^+ + \text{SO}_4^{2-} \quad \cdots ②$$

25℃において pH = 2.0 となる硫酸水溶液のモル濃度〔mol/L〕を有効数字2桁で求めよ。なお，25℃における②式の電離定数は$1.0 \times 10^{-2}\text{mol/L}$とし，温度にかかわらず①式の電離度は1.0とする。

（広島大）

0.200mol/Lの酢酸水溶液50.0mLに，0.100mol/Lの水酸化ナトリウム水溶液を$V$〔mL〕加えてできるpHが3.5〜5.0の緩衝液の水素イオン濃度$[\text{H}^+]$〔mol/L〕は，$V$を用いて次の(1)式で表される。ただし，水溶液の温度は25℃で一定に保たれており，25℃における酢酸の電離定数$K_a$は$2.80 \times 10^{-5}$〔mol/L〕，酢酸ナトリウムの電離度は1とする。(1)式中の□□□にあてはまる最も適切なものを，それぞれ下の①〜⑤から選び，番号で答えよ。

$$[\text{H}^+] = K_a \times \frac{\boxed{\text{ア}}}{\boxed{\text{イ}}} \quad \cdots(1)$$

① $50 + V$　　② $V$　　③ $100 + V$　　④ $50 - V$　　⑤ $100 - V$

（東京工業大）

アンモニア水溶液中では次の電離平衡反応の式が成り立ち，その平衡定数は$K_b = 4.0 \times 10^{-5}$〔mol/L〕とする。

$$\text{NH}_3 + \text{H}_2\text{O} \rightleftarrows \text{NH}_4^+ + \text{OH}^-$$

ただし，水のイオン積を $K_w = 1.0 \times 10^{-14}$〔mol²/L²〕，$\log_{10}2 = 0.30$ とする。

**問1**　塩化アンモニウムを水に溶かして，濃度0.10mol/Lの塩化アンモニウム水溶液100mLをつくった。この水溶液中での加水分解反応のイオン反応式を示せ。

**問2**　0.10mol/L塩化アンモニウム水溶液のpHとして最も近い数値を，次のⓐ〜ⓔから1つ選べ。

　ⓐ 5.0　　ⓑ 5.3　　ⓒ 5.8　　ⓓ 6.3　　ⓔ 6.8

**問3**　次の操作を行ったとき，生成する溶液が緩衝作用を示さないものを，次のⓐ〜ⓔから1つ選べ。

　ⓐ　アンモニアと塩化アンモニウムの混合水溶液に少量の塩酸を加えた。

　ⓑ　ギ酸とギ酸ナトリウムの混合水溶液に少量の水酸化ナトリウム水溶液を加えた。

　ⓒ　硫酸水素ナトリウムと硫酸ナトリウムの混合水溶液に少量の塩酸を加えた。

　ⓓ　炭酸と炭酸水素ナトリウムの混合水溶液に少量の水酸化ナトリウム水溶液を加えた。

　ⓔ　酢酸と酢酸ナトリウムの混合水溶液を水で10倍に希釈した。

（立教大）

$\text{CO}_2$を溶解させた水溶液中では，（Ⅰ）式から（Ⅲ）式に示すように，$\text{CO}_2$，炭酸$\text{H}_2\text{CO}_3$，炭酸水素イオン$\text{HCO}_3^-$および炭酸イオン$\text{CO}_3^{2-}$が化学平衡の状態にある。

$$\text{CO}_2 + \text{H}_2\text{O} \rightleftarrows \text{H}_2\text{CO}_3 \quad \cdots(\text{Ⅰ})$$
$$\text{H}_2\text{CO}_3 \rightleftarrows \text{HCO}_3^- + \text{H}^+ \quad \cdots(\text{Ⅱ})$$
$$\text{HCO}_3^- \rightleftarrows \text{CO}_3^{2-} + \text{H}^+ \quad \cdots(\text{Ⅲ})$$

水溶液中における$CO_2$, $H_2CO_3$, $HCO_3^-$, $CO_3^{2-}$, $H_2O$および$H^+$のモル濃度〔mol/L〕をそれぞれ$[CO_2]$, $[H_2CO_3]$, $[HCO_3^-]$, $[CO_3^{2-}]$, $[H_2O]$および$[H^+]$とする。また, (Ⅱ)式および(Ⅲ)式の電離定数をそれぞれ$K_{a1}$および$K_{a2}$とする。なお, (Ⅰ)式の反応では, $H_2O$の濃度変化が十分に小さいため, $[H_2CO_3]$と$[CO_2]$の比は定数$K$を用いて(Ⅳ)式のように表せる。

$$K = \frac{[H_2CO_3]}{[CO_2]} \quad \cdots (Ⅳ)$$

**問1** 水溶液中に存在する$CO_2$, $H_2CO_3$, $HCO_3^-$および$CO_3^{2-}$のモル濃度の和$C$〔mol/L〕を$K$, $K_{a1}$, $K_{a2}$, $[H^+]$および$[CO_2]$を用いて表せ。

**問2** $CO_2$を溶解させた水溶液のpHが8.0のとき, 水溶液中の$[CO_2]$, $[H_2CO_3]$, $[HCO_3^-]$および$[CO_3^{2-}]$を大きい順に並べよ。ただし, $K = 4.0 \times 10^{-3}$, $K_{a1} = 1.5 \times 10^{-4}$〔mol/L〕, $K_{a2} = 5.0 \times 10^{-11}$〔mol/L〕とする。

(名古屋大)

## 112 溶解度積　　　　→ 理 P.316〜318

クロム酸バリウム$BaCrO_4$は水にわずかに溶解して(1)式の平衡に到達する。

$$BaCrO_4(固) \rightleftarrows Ba^{2+} + CrO_4^{2-} \quad \cdots (1)$$

(1)式の平衡が成立している水溶液に$Ba^{2+}$または$CrO_4^{2-}$を加えると平衡が左に移動する。これを ア 効果という。(1)式に化学平衡の法則を適用するとき, 沈殿の量は平衡に影響を与えないので, 平衡定数$K_{sp}$は, $K_{sp} = $ イ となる。$K_{sp}$は温度が変わらなければ常に一定となる。

上の文中の□□に入る適切な用語や式を記せ。また, 0.050mol/L $K_2CrO_4$水溶液1Lに対する$BaCrO_4$の溶解度〔mol/L〕を求め, 有効数字2桁で答えよ。ただし, $BaCrO_4$の$K_{sp}$を$1.2 \times 10^{-10}$mol$^2$/L$^2$とし, $K_2CrO_4$は水溶液中ですべて電離している。

(明治薬科大)

## 113 溶解度積, Cr, Ag　　　→ 理 P.321　無 P.77, 83〜85, 97

〔Ⅰ〕 クロム酸カリウム$K_2CrO_4$水溶液に塩酸を加えると, 水溶液の色が黄色から橙赤色に変化した。

**問1** この反応をイオン反応式で示せ。

**問2** $K_2CrO_4$を構成している$Cr$の酸化数を答えよ。

〔Ⅱ〕 硝酸銀$AgNO_3$水溶液に水酸化ナトリウム水溶液を加えると, 褐色の沈殿が生じた。この褐色沈殿は水にはほとんど溶けないが, アンモニア水を過剰に加えると, 溶けて無色の水溶液となった。

**問3** 褐色沈殿が生じた反応をイオン反応式で示せ。

**問4** 過剰のアンモニア水によって, この褐色沈殿が溶けた反応をイオン反応式で示せ。

〔Ⅲ〕 $K_2CrO_4$水溶液に$AgNO_3$水溶液を加えていくと，やがて暗赤色の沈殿が生じた。さらに，$AgNO_3$水溶液を加え続けながら，銀イオンとクロム酸イオンの濃度を測定した。沈殿が生じている際の銀イオンとクロム酸イオンの濃度（○）を両対数のグラフに描くと，図1に示すように直線(A)の関係が得られた。

また，NaCl水溶液に$AgNO_3$水溶液を添加していくと，やがてAgClの白色沈殿が生じた。沈殿が生じている際の銀イオンと塩化物イオンの濃度（●）を図1のグラフに描くと，直線(B)の関係が得られた。溶液の温度は一定であった。

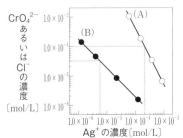

図1 沈殿が生じている際の$Ag^+$の濃度と$CrO_4^{2-}$あるいは$Cl^-$の濃度との関係（破線は数値を読みとるための補助線である）

問5 暗赤色沈殿が生じた反応をイオン反応式で示せ。

問6 この暗赤色沈殿の溶解度積$K_{sp}$を求めよ。

★問7 濃度がわからないNaCl水溶液100mLと濃度$2.0 \times 10^{-2}$mol/Lの$K_2CrO_4$水溶液100mLを混合した後，$AgNO_3$水溶液を滴下すると，はじめにAgClの白色沈殿が生じ，さらに滴下を続けると暗赤色沈殿が生じた。$AgNO_3$水溶液の滴下による混合水溶液の体積変化は無視できるとして次の問いに答えよ。

(1) 白色沈殿が生じはじめた際の銀イオンの濃度は$3.0 \times 10^{-6}$mol/Lであった。混合前のNaCl水溶液の濃度〔mol/L〕を求めよ。

(2) 暗赤色沈殿が生じはじめた際，$AgNO_3$水溶液滴下前の塩化物イオンのうち何％がAgClとして沈殿していたか求めよ。

(東京農工大)

# 第2編

# 無機化学

物質の色、状態、性質、つくり方。
忘れやすい内容が多いので、
繰り返し見直しましょう

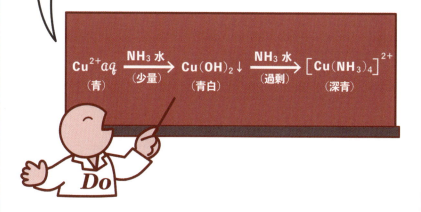

## 13 イオン分析・気体の製法と性質

Do 無 P.8〜114
→解答・解説P.64

### 114 酸化物

→ 無 P.31〜36

酸素は化学的に活性で，種々の元素と結合して酸化物を生成する。酸化物は，酸，塩基，水などとの反応の特徴から

  （ⅰ）酸性酸化物，

  （ⅱ）塩基性酸化物，

  （ⅲ）両性酸化物

に分類できる。

第4周期のある遷移金属元素は酸素と結合して酸化物Aを生成する。Aは黒色で磁石に強くひきつけられる。また，Aは酸化数が+2と酸化数が+ ア である金属イオンを イ ： ウ の割合で含む。粉末状のAを空気中，温度1000℃で加熱すると赤褐色（赤色）の酸化物Bが生成する。一方，空気中，温度200℃で長時間加熱すると黒褐色の酸化物Cが生成する。得られた酸化物BとCの質量を測定すると，どちらも出発物質Aに対し同じ割合で質量増加が観測される。酸化物Cはマグヘマイトとよばれ，磁気録音テープ用材料などに広く使用されている。

問1　次の酸化物①〜⑥を（ⅰ）〜（ⅲ）のいずれか1つに分類し，番号で記せ。

 ① $MgO$　　② $Al_2O_3$　　③ $SO_3$　　④ $P_4O_{10}$　　⑤ $Na_2O$　　⑥ $SiO_2$

問2　問1の酸化物①〜⑥に含まれる酸性酸化物の中に，水に溶解すると2価の強酸を生じる物質がある。該当する酸化物と水との反応を化学反応式で記せ。

問3　問1の酸化物①〜⑥に含まれる塩基性酸化物の中に，水とほとんど反応しないが，塩酸とは反応して，溶解する物質がある。該当する酸化物と塩酸との反応を化学反応式で記せ。

問4　文中の　　　に適切な整数値を入れよ。

★問5　酸化物A，B，Cの組成式を記せ。

（京都大）

### 115 金属の反応

→ 無 P.55〜61

7種類の金属元素（Ag, Al, Cu, Fe, Mg, Na, Pb）がある。これらの元素を，それぞれの単体の性質によって図1のように ア 〜 キ に分類した。 ア 〜 キ に該当する金属元素の元素記号を，1つずつ答えよ。

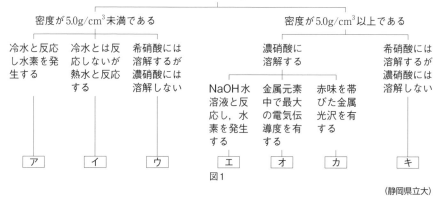

Ag, Al, Cu, Fe, Mg, Na, Pb

密度が5.0g/cm³未満である / 密度が5.0g/cm³以上である

冷水と反応し水素を発生する / 冷水とは反応しないが熱水と反応する / 希硝酸には溶解するが濃硝酸には溶解しない / 濃硝酸に溶解する / 希硝酸には溶解するが濃硝酸には溶解しない

NaOH水溶液と反応し，水素を発生する / 金属元素中で最大の電気伝導度を有する / 赤味を帯びた金属光沢を有する

| ア | イ | ウ | エ | オ | カ | キ |

図1

（静岡県立大）

## 116 水和水を含む塩の質量分析　　→ 無 P.70

水和水（結晶水）を含むシュウ酸カルシウムAを1.00g採取し，乾燥した窒素ガスを通しながら徐々に高温にしたところ，質量は図1の実線のように減少した。また，水和水を含むシュウ酸マグネシウムEの1.00gについて同様の実験を行ったところ，質量は図1の破線のように減少した。この間にシュウ酸カルシウムAは物質B，C，Dに変化し，シュウ酸マグネシウムEは物質F，Gに変化した。原子量はH＝1.0，C＝12，O＝16，Mg＝24，Ca＝40とする。

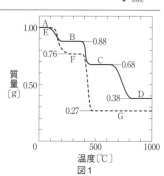

図1

問1　100℃から250℃の間は水和水の脱離が起こる。物質Aおよび物質Eの水和水の数を求め，整数で答えよ。

問2　400℃以上で存在する物質C，DおよびGの化学式を記せ。

問3　B→CおよびC→Dに変化するときに発生する気体の名称を記せ。　　（名古屋工業大）

## 117 イオンの反応（1）　　→ 無 P.74, 83

次の各金属イオン(a)〜(e)の水溶液について，下の問1，2それぞれにあてはまる場合は○を，あてはまらない場合は×を記せ。

(a) $Al^{3+}$　　(b) $Cu^{2+}$　　(c) $Zn^{2+}$　　(d) $Fe^{3+}$　　(e) $Pb^{2+}$

問1　水酸化ナトリウムの水溶液を少量加えると沈殿を生じ，過剰に加えると沈殿は溶解する。

問2　アンモニア水を少量加えると沈殿を生じ，過剰に加えると沈殿は溶解する。

（立教大）

## 118 イオンの反応（2）

→ 無 P.74〜80

$Ba^{2+}$, $Pb^{2+}$, $Zn^{2+}$, $Fe^{2+}$, $Al^{3+}$ の陽イオンのうち，いずれか1種類を含む5つの水溶液A〜Eに対して，次の実験1〜5を行った。

**実験1** 希硫酸を加えるとAとEに沈殿が生じた。

**実験2** アンモニア水を加えるとA〜Dに沈殿が生じ，さらに過剰のアンモニア水を加えるとDの沈殿が溶解した。

**実験3** 水酸化ナトリウム水溶液を加えるとA〜Dに沈殿が生じ，さらに過剰の水酸化ナトリウム水溶液を加えるとA，B，Dの沈殿が溶解した。

**実験4** 希塩酸を加えるとAに沈殿が生じた。

**実験5** Eは炎色反応を起こした。

**問1** 水溶液A〜Eに含まれる陽イオンをそれぞれ示せ。

**問2** 実験3の水溶液Bについて，

（1）沈殿の生成 と

（2）沈殿の溶解の反応

を，それぞれイオン反応式で示せ。

**問3** $Pb^{2+}$ を含む水溶液にクロム酸カリウム水溶液を加えると沈殿が生じた。この反応をイオン反応式で示せ。

**問4** 上記の5つの陽イオンのうち，$NH_3$ と錯イオンを形成する陽イオンが1つある。この陽イオンを選び，対応する錯イオンの構造を次の@〜eから選べ。

  ⓐ 正八面体   ⓑ 正六面体   ⓒ 正四面体   ⓓ 正方形   ⓔ 直線

(徳島大)

## 119 イオンの反応（3）

→ 無 P.80〜84

次の文章を読み，| ア |，| イ | に適した数値を，| a |〜| d | には適した数，語句，または化学式を答えよ。$\sqrt{2.8} = 1.67$，$\sqrt{17} = 4.12$ とし，数値は有効数字2桁で解答せよ。また，溶液をつくるときの体積変化は無視せよ。

アンモニア分子は，| a | 電子対を有しており，金属イオンと | b | を生じる。銅（Ⅱ）イオン $Cu^{2+}$ を含む水溶液に多量のアンモニア水を加えると溶液は深青色を呈するが，これは $Cu^{2+}$ が(1)式のようにアンモニアと反応して | b | を生じるためである。

$$Cu^{2+} + \boxed{c}\, NH_3 \longrightarrow \boxed{d} \quad \cdots(1)$$

また，水に溶けにくい塩もアンモニア水によく溶ける場合が多いが，これも | b | の生成による。例えば，塩化銀は水には溶けにくいが，アンモニア水にはよく溶ける。この例について考えよう。

塩化銀は飽和水溶液中で(2)式の平衡状態にある。

$$AgCl(固体) \rightleftharpoons Ag^+ + Cl^- \quad \cdots(2)$$

このとき，銀イオンのモル濃度 $[Ag^+]$ と塩化物イオンのモル濃度 $[Cl^-]$ との積は一定で，その値は(3)式であたえられる。

$$[Ag^+][Cl^-] = 2.8 \times 10^{-10}〔(mol/L)^2〕 \quad \cdots(3)$$

したがって，塩化銀の飽和水溶液1L中の$Ag^+$の量は$\boxed{ア}$molである。この溶液にアンモニアを加えると，$Ag^+$はアンモニアと反応し，(4)式の平衡が成り立つようになる。

$$Ag^+ + 2NH_3 \rightleftharpoons [Ag(NH_3)_2]^+ \quad \cdots(4)$$

この反応の平衡定数の値は，(5)式であたえられる。

$$K = \frac{[[Ag(NH_3)_2]^+]}{[Ag^+][NH_3]^2} = 1.7 \times 10^7 [(mol/L)^{-2}] \quad \cdots(5)$$

$[NH_3]$が1.0mol/Lであるように条件をととのえると，溶液中の$Ag^+$のモル濃度$[Ag^+]$と$[Ag(NH_3)_2]^+$のモル濃度$[[Ag(NH_3)_2]^+]$の和に相当した塩化銀が溶解するが，その和は，(3)式と(5)式から$\boxed{イ}$mol/Lと求めることができる。

（京都大）

## 120 錯イオンの構造　　　➡ 無 P.80

　①塩化コバルト（Ⅱ），塩化アンモニウム，アンモニア水と過酸化水素を反応させた後，塩酸を加えると，化合物Aの紫色沈殿を生じた。Aを分離，精製して分析したところ，コバルトの原子1個に対しアンモニア分子5個，塩化物イオン3個を含むイオン性の化合物であることがわかった。Aを構成する②陽イオンの構造を調べたところ，アンモニア分子と塩化物イオン合わせて6個がコバルトイオンに配位結合した八面体構造であることがわかった。③配位結合していない塩化物イオンは，化合物の水溶液に硝酸銀水溶液を加えるとBとなってほとんど完全に沈殿した。

★問1　下線部①における化合物Aの合成反応は次式で与えられる（塩酸は反応式には含まれない）。$\boxed{a}$〜$\boxed{e}$に当てはまる数値とAの化学式を答えよ。

$$\boxed{a}CoCl_2 + \boxed{b}NH_4Cl + \boxed{c}NH_3 + H_2O_2 \longrightarrow \boxed{d}A + \boxed{e}H_2O$$

問2　下線部②の陽イオンが何価のイオンであるかを答えよ。またその構造を，次の（例）にならって立体的に図示せよ。

（例）

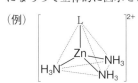

問3　下線部③において，化合物A 2.5gの水溶液に十分に硝酸銀水溶液を加えたときに得られる沈殿Bの化合物名を答え，その質量〔g〕を有効数字2桁で求めよ。原子量はH＝1.00，N＝14.0，Cl＝35.5，Co＝58.9，Ag＝107.9とする。

★問4　化合物A中のアンモニア分子2個が分子L 2個に置換した化合物について，すべての異性体の陽イオンの構造を，問2の（例）にならって立体的に図示せよ。

（東京大）

次の実験は，採水試料中の塩化物イオン濃度を測定する方法である。

**実験Ⅰ** 採取した水25mLに6mol/L硝酸を5mL加え，よくかき混ぜた後，0.100mol/L硝酸銀溶液をビュレットで徐々に加えた。その結果，①白色沈殿Aが生じた。さらに0.100mol/L硝酸銀溶液を加え，新たに沈殿が生じなくなった後，数mL過剰に加えた。その結果，最終的に加えた硝酸銀溶液の体積は15.00mLとなった。ろ過によってろ液と沈殿に分離した後，ろ紙上に残った白色沈殿を少量の水で洗浄した。

**実験Ⅱ** ろ液と沈殿を洗浄した液を集めた溶液に，鉄(Ⅲ)イオンを含む酸性水溶液を少量添加し，0.100mol/Lチオシアン酸カリウム標準溶液で滴定した。この溶液中では，チオシアン酸イオン$SCN^-$は銀イオンと難溶性の白色沈殿$AgSCN$を生じる。溶液中の銀イオンがすべて$AgSCN$となったとき，②溶液が赤橙色(血赤色)となる。この赤橙色が消えなくなったところを滴定の終点とした。このときの滴定値は5.20mLであった。

**問1** 白色沈殿Aの組成式を書け。

**問2** 実験Ⅰで最終的に生じた下線部①の質量はどれだけであったか，有効数字3桁で求めよ。原子量は$Cl = 35.5$，$Ag = 108$とする。

**問3** 白色沈殿Aを，日光に長時間当てると沈殿の色は何色に変化するか，また，このときの化学変化を化学反応式で書け。

**問4** 白色沈殿Aにチオ硫酸ナトリウムを添加すると沈殿は溶解した。このときの化学反応の反応式を書け。

**問5** 下線部②で赤橙色(血赤色)となる理由を簡潔に述べよ。

(埼玉大)

---

## **122** イオン分析 → 無 P.88〜97

次の問いにおいて，最も適するイオンを⑦〜⑦から1つずつ選べ。ただし，イオンはすべて水溶液で存在し，反応は示してあるイオンについてのみ考える。

**問1** アンモニア水を過剰に加えても，生じた沈殿が溶けずに残っている。
  ⑦ $Ca^{2+}$   ⑦ $Zn^{2+}$   ⑦ $Cu^{2+}$   ⑦ $Al^{3+}$   ⑦ $Ni^{2+}$

**問2** 硝酸を加えても沈殿しないが，硫酸を加えると沈殿が生じる。
  ⑦ $Cd^{2+}$   ⑦ $Pb^{2+}$   ⑦ $Ni^{2+}$   ⑦ $Cu^{2+}$   ⑦ $Zn^{2+}$

**問3** 過剰のアンモニア水を加えても沈殿しないが，過剰の水酸化ナトリウム溶液を加えると沈殿が生じる。
  ⑦ $Zn^{2+}$   ⑦ $Fe^{3+}$   ⑦ $Ag^+$   ⑦ $Al^{3+}$   ⑦ $Pb^{2+}$

**問4** 過剰のアンモニア水を加えても沈殿しないが，塩酸を加えると白色の沈殿が生じる。
  ⑦ $Al^{3+}$   ⑦ $Ag^+$   ⑦ $Zn^{2+}$   ⑦ $Ni^{2+}$   ⑦ $Cu^{2+}$

**問5** 硫化水素を通じると，酸性では沈殿しないが，塩基性では沈殿が生じる。
  ⑦ $Cu^{2+}$   ⑦ $Hg^{2+}$   ⑦ $Fe^{2+}$   ⑦ $Ca^{2+}$   ⑦ $Mg^{2+}$

問6　硫化水素を通じると，黒色の沈殿が生じるが，この沈殿を生じた溶液にさらにシアン化カリウム溶液を過剰に加えると溶解する。
　　㋐ $Ag^+$　　㋑ $Zn^{2+}$　　㋒ $Cd^{2+}$　　㋓ $Al^{3+}$　　㋔ $Mn^{2+}$

問7　アンモニア水を加えても沈殿しないが，硫酸ナトリウム溶液を加えると沈殿が生じる。
　　㋐ $Zn^{2+}$　　㋑ $Co^{2+}$　　㋒ $Cu^{2+}$　　㋓ $Ba^{2+}$　　㋔ $Fe^{2+}$

問8　硝酸銀溶液を加えると白色の沈殿を生じるが，この沈殿を生じた溶液にさらに過剰のアンモニア水を加えると溶解する。
　　㋐ $I^-$　　㋑ $Cl^-$　　㋒ $S^{2-}$　　㋓ $CrO_4^{2-}$　　㋔ $SO_4^{2-}$

（神奈川大）

## 123 陽イオンの系統分析(1)　　→ 無 P.94

　4種類の金属イオンを含む水溶液Aに，以下の(ⅰ)〜(ⅷ)の操作を順番に行って，各種金属イオンを分離した。なお，水溶液Aには $Mn^{2+}$ が含まれていることがわかっている。$Mn^{2+}$ 以外の3種類の金属イオンは，$Na^+$，$Al^{3+}$，$Ca^{2+}$，$Fe^{2+}$，$Cu^{2+}$，$Zn^{2+}$，$Ag^+$，$Ba^{2+}$，$Pb^{2+}$ の9種類のうちのいずれかである。

（ⅰ）　水溶液Aに塩酸を加えたが，沈殿は生じなかった。

（ⅱ）　塩酸酸性の水溶液Aに硫化水素を吹き込むと，黒色の沈殿Bが生じた。沈殿Bとそのろ液Cを分離した。

（ⅲ）　ろ液Cを煮沸した後，硝酸を加えて再び加熱した。その溶液に，塩化アンモニウムとアンモニア水を加えて塩基性にすると，白色の沈殿Dが生じた。沈殿Dとろ液Eを分離した。

（ⅳ）　塩基性のろ液Eに硫化水素を吹き込むと，淡桃色の沈殿Fが生じた。淡桃色の沈殿Fとろ液Gを分離した。

（ⅴ）　ろ液Gを煮沸して水溶液Hを得た。

（ⅵ）　水溶液Hに炭酸アンモニウム水溶液を加えると，白色の沈殿Iが生じた。沈殿Iとろ液Jを分離した。

（ⅶ）　沈殿Iに塩酸を加えて溶かし，水溶液Kを調製した。水溶液Kは炎色反応を示し，炎は黄緑色であった。

（ⅷ）　ろ液Jは炎色反応を示さなかった。

　以上の操作により，水溶液Aには $Mn^{2+}$ の他に，3種類の金属イオン ア ， イ ， ウ が含まれていることがわかった。□に適当なものを次の①〜⑨から選べ。ただし，解答の順番は問わない。

① $Na^+$　　② $Al^{3+}$　　③ $Ca^{2+}$　　④ $Fe^{2+}$　　⑤ $Cu^{2+}$　　⑥ $Zn^{2+}$　　⑦ $Ag^+$
⑧ $Ba^{2+}$　　⑨ $Pb^{2+}$

（明治大）

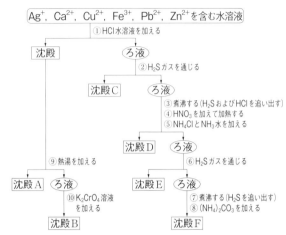

図1 金属イオンの分離実験操作

**問1** $Ag^+$, $Ca^{2+}$, $Cu^{2+}$, $Fe^{3+}$, $Pb^{2+}$, $Zn^{2+}$ の6種類の金属イオンの分離実験操作を図1に示す。沈殿A〜Fの化学式を答えよ。また沈殿A〜Fの色を表す最も適切な語句を次の[語句群]から選んで答えよ。ただし，同じ語句を複数回選んでもよい。

　　[語句群] 赤褐色，淡赤色，淡緑色，濃青色，黄色，黒色，白色，青白色

**問2** 沈殿Aは過剰な$NH_3$水に溶解して無色の溶液となった。この変化の化学反応式を答えよ。

**問3** 図1の④の操作を省略すると沈殿がほとんど生成しなかった。この実験結果をふまえ，沈殿Dを得るために$HNO_3$を加えて加熱する理由を70字以内で説明せよ。

**問4** 図1の操作⑥の$H_2S$ガスを通じることにより，分離対象の金属イオン$M^{2+}$を99.9%以上沈殿Eとして分離するためには，溶液の$S^{2-}$濃度をいくら以上にする必要があるか，有効数字1桁で答えよ。ただし，沈殿生成前の溶液には$1 \times 10^{-3}$mol/Lの金属イオン$M^{2+}$が含まれており，沈殿Eの溶解度積は $K_{sp(MS)} = 2 \times 10^{-18}$〔$(mol/L)^2$〕 とする。

**問5** 問4で求めた$S^{2-}$濃度にするためには，溶液のpHをいくら以上にする必要があるか，小数点以下1桁まで答えよ。ただし，溶液中の$H_2S$濃度は常に0.1mol/Lに保たれているものとし，その電離平衡と電離定数は以下で示されるものとする。

$$H_2S \rightleftharpoons H^+ + HS^- \qquad K_1 = \frac{[HS^-][H^+]}{[H_2S]} = 1 \times 10^{-7} 〔mol/L〕$$

$$HS^- \rightleftharpoons H^+ + S^{2-} \qquad K_2 = \frac{[S^{2-}][H^+]}{[HS^-]} = 2 \times 10^{-14} 〔mol/L〕$$

（富山大）

## 125 陰イオンの分析　→ 無 P.96, 97

　4種類のナトリウム塩をほぼ等濃度で含む弱アルカリ性の試料水溶液がある。この水溶液中の陰イオンを検出するために，図1に示す分離操作を行った。含まれる陰イオンは次のいずれかである。

陰イオン：$NO_3^-$，$F^-$，$Cl^-$，$Br^-$，$I^-$，$CO_3^{2-}$，$C_2O_4^{2-}$

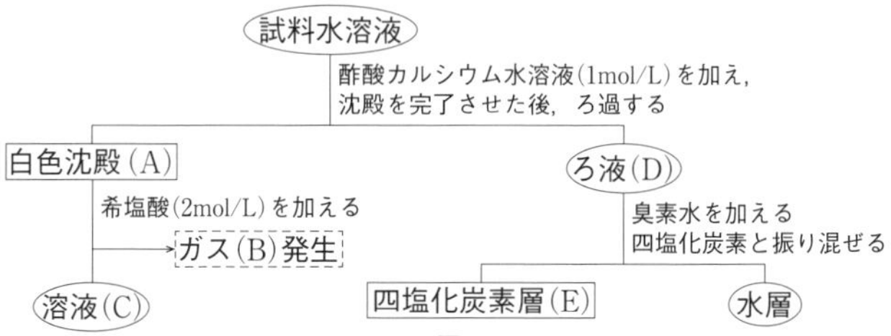

図1

問1　白色沈殿(A)をガラス試験管にとり，濃硫酸を加えて静かに加熱した。内容物を洗い出した後，ガラス面には腐食がみられた。沈殿(A)に含まれ，ガラスを腐食させるのは試料水溶液中のどのイオンか。また，ガラス(主成分は二酸化ケイ素)の腐食を表す化学反応式を示せ。

問2　白色沈殿(A)は希塩酸を加えるとガス(B)を発生して完全に溶けた。試料水溶液中のイオンでガス(B)になるものはどれか。また，このイオンと塩酸とのイオン反応式を示せ。

問3　溶液(C)は硫酸酸性過マンガン酸カリウム水溶液を脱色した。この反応を示す試料水溶液中のイオンは何か。また，このイオン1molは何molの過マンガン酸イオンと反応するか。

問4　ろ液(D)に臭素水数滴を加え，少量の四塩化炭素を加えて振り混ぜたところ，四塩化炭素層(E)は紫色を呈した。この反応により四塩化炭素に抽出される試料水溶液中のイオンは何か。また，このイオンと臭素水とのイオン反応式を示せ。上記の呈色反応以外にこのイオンを検出する方法を2つ挙げよ。
(東京大)

## 126 気体の製法と性質　→ 無 P.103〜113

　次の(ア)〜(オ)は気体の製法を示したものである。あとの問いに答えよ。
(ア)　濃硝酸に銅片を加える。
(イ)　塩化アンモニウムに水酸化カルシウムを加えて加熱する。
(ウ)　酸化マンガン(Ⅳ)に濃塩酸を加えて加熱する。
(エ)　硫化鉄(Ⅱ)に希硫酸を加える。
(オ)　塩化ナトリウムに濃硫酸を加えて加熱する。
問1　生成する気体をそれぞれ化学式で示せ。また，それぞれの気体の性質として最も適当な記述をあとの①〜⑥から選び，番号で答えよ。

① ヨウ化カリウムデンプン紙を青紫色(青色)に変える。
② 濃アンモニア水を近づけると白煙を生じる。
③ 湿った赤色リトマス紙を青変する。
④ 赤褐色の気体で水に溶けて強い酸性を示す。
⑤ 酢酸鉛(Ⅱ)水溶液をしみ込ませたろ紙を黒変する。
⑥ 石灰水に通すと，白濁する。

問2 　図1の装置を用いる気体の製法はどれか。また，キップの装置(図2)を用いることができる気体の製法はどれか。それぞれ(ア)～(オ)から適切な製法をすべて選び，記号で答えよ。

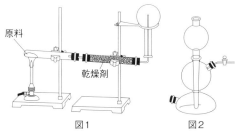

図1　　　　図2

問3 　操作(ア)において銅のかわりにアルミニウムを加えると，どのような現象が観察されるか，簡単に述べよ。

(明治薬科大)

## 127 気体の発生方法

→ 無 P.103～113

図1の装置を用いてある気体を発生させ，捕集しようとした。あとの問いに答えよ。

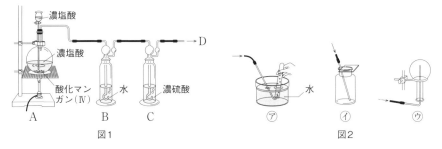

図1　　　　　　　　図2

問1 　装置BおよびCの役割について，それぞれ20字以内で説明せよ。
問2 　Dにでてくる気体の捕集法として，最も適切なものを図2の⑦～⑨から選べ。またその理由を30字以内で述べよ。
問3 　装置Aのフラスコで起こる反応(反応1とする)における酸化マンガン(Ⅳ)の役割は，酸化マンガン(Ⅳ)に過酸化水素水を加えたときに起こる反応(反応2とする)での酸化マンガン(Ⅳ)の役割と異なっている。反応1および反応2における酸化マンガン(Ⅳ)の役割の異なる点を，50字以内で説明せよ。

(岩手大)

# 第8章 金属元素

## 14 1族・2族・両性元素

➡Do 無 P.116〜141
➡解答・解説P.72

### 128 アルカリ金属元素(1)

➡ 無 P.116, 117

次の①〜⑤の記述の中で，誤りを含むものはいくつあるか，答えよ。

① アルカリ金属の単体は，アルカリ金属の化合物の溶融塩電解によって得られる。

② アルカリ金属の酸化物は，いずれも塩基性酸化物である。

③ 固体の水酸化ナトリウムを空気中に放置すると，水分を吸収して溶解する。

④ アルカリ金属の炭酸水素塩の一つである炭酸水素ナトリウムは，水にわずかに溶け，その水溶液は弱酸性を示す。

⑤ アルカリ金属は，空気中の酸素や水と反応しやすいので，石油中に保存する。

(千葉工業大)

### ★ 129 アルカリ金属元素(2)

➡ 無 P.116, 117

アルカリ金属のリチウム，ナトリウム，カリウムに関する次の文章を読み，□にあてはまる順序を，下の@〜fから選べ。

リチウム，ナトリウム，カリウムの単体は空気中ですみやかに酸化され，また水と激しく反応する。このような反応性は □1□ の順で高くなる。リチウム，ナトリウム，カリウム単体の融点は □2□ の順で高くなる。また，第一イオン化エネルギーは □3□ の順で大きくなり，1価の陽イオンのイオン半径は □4□ の順で大きくなるが，イオン化傾向は □5□ の順で大きくなる。

@ Li<Na<K   b Li<K<Na   c Na<Li<K   d Na<K<Li
e K<Li<Na   f K<Na<Li

(奈良女子大)

### 130 NaOHの工業的製法

➡ 無 P.119, 120　理 P.206

図1は，水酸化ナトリウムを得るために使用する塩化ナトリウム水溶液の電気分解実験装置を模式的に示したものである。電極の間は，陽イオンだけを通過させる陽イオン交換膜で仕切られている。一定電流を1時間流したところ，陰極側で2.00gの水酸化ナトリウムが生成した。流した電流は何Aであったか。最も適当な数値を，あとの①〜⑤から1つ選べ。原子量はH=1.0, O=16, Na=23，ファラデー定数は$F=9.65 \times 10^4$〔C/mol〕とする。

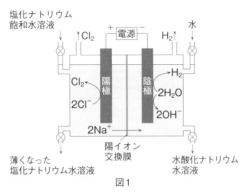

① 0.804　② 1.34　③ 8.04　④ 13.4　⑤ 80.4

(センター試験)

## 131 アンモニアソーダ法

→ 無 P.121～123

　図1は炭酸ナトリウムの工業的製造法であるアンモニアソーダ法(ソルベー法)の概要を示している。実線は製造工程，点線は回収工程を表す。

図1　炭酸ナトリウムの工業的製造法

問1　反応(ア)において，生成物である塩化アンモニウムと炭酸水素ナトリウムを分離するのに，両者のどのような性質の違いを利用しているか。最も適切なものを，次の①～⑥から1つ選べ。
　① 融点　② 沸点　③ 溶解度　④ 分子量　⑤ 密度　⑥ 比熱

問2　化合物(B)の化学式を書け。

問3　反応(ア)，(イ)の化学反応式を書け。

★問4　反応(ア)で使用する(A)のうち，反応(エ)で発生する(A)は何%を占めるか。有効数字2桁で答えよ。ただし，反応(イ)で発生する(A)は100%回収し利用できるものとする。

★問5　炭酸ナトリウムの無水物を10.6kg製造するためには，原料となる塩化ナトリウム飽和水溶液が少なくとも何L必要か。有効数字2桁で答えよ。ただし，塩化ナトリウム飽和水溶液の質量パーセント濃度を26.5%，密度を1.2g/cm³とし，各反応は完全に進行するものとする。原子量はH = 1.0，C = 12，O = 16，Na = 23，Cl = 35.5とする。

(中央大)

## 132 2族(1)

→ 無 P.126, 127

　2族元素のうち，ベリリウムと元素Aを除く，元素B，元素C，カルシウムおよびラジウムの4種類は化学的性質がよく似ており，この4種類を特にアルカリ土類金属とよぶことが多い。

　Aとアルカリ土類金属との間には，さまざまな性質の違いが認められる。例えば，Aの硫酸塩は水によく溶けるが，アルカリ土類金属の硫酸塩は水に溶けにくい。(a)Bの硫酸塩は，酸にも溶けにくくX(エックス)線をよく吸収するため，消化器系レントゲン撮影の造影剤として使用されている。また，白金線の先にAを含む水溶液をつけ，ガスバーナーの外炎の中に入れても視覚的な変化は認められないが，(b)Cを含む水溶液をつけ，外炎の中に入れると炎の色が紅(深赤)色に変化する。

問1　AおよびCの元素名を記せ。

問2　下線部(a)の化合物はBの水酸化物の水溶液に希硫酸を加えることで沈殿として得られる。この沈殿の色と得られた化合物の化学式を答えよ。

問3　下線部(b)について，Bを含んだ水溶液を用いた場合に生じる炎の色を答えよ。

(京都薬科大)

## 133 2族(2)

→ 無 P.126〜130

　カルシウムの単体は，室温で銀白色の金属光沢をもつやわらかい固体である。(a)常温の水にカルシウムの金属片を入れると気体を発生して溶け，ア の水溶液となる。ア は，しっくいの原料である。しっくいを壁に塗ると ア が徐々に空気中の二酸化炭素と反応して水に溶けにくい炭酸カルシウムに変わり，美しい白色の壁ができる。また ア の飽和水溶液は石灰水とよばれる。(b)石灰水に二酸化炭素を通じると沈殿が生じるが，(c)さらに二酸化炭素を通じ続けると沈殿は溶解する。この溶液を加熱すると気泡が発生し，炭酸カルシウムが沈殿する。(d)炭酸カルシウムは石灰石の主成分であり，これを熱分解すると イ と二酸化炭素が生成する。イ は塩酸と反応すると ウ となる。ウ の無水物の結晶は潮解性があり，乾燥剤や凍結防止剤などに用いられる。また，イ とコークスの混合物を電気炉で高温に加熱すると，炭化カルシウムが生成する。(e)炭化カルシウムは水と反応して気体を発生すると同時に ア を生じる。

問1　文中の □ に入る化学式を答えよ。

問2　下線部(a)〜(e)の反応を化学反応式で答えよ。

★問3　下線部(d)について，次の問いに答えよ。

　石灰石は一般に炭酸カルシウムと炭酸マグネシウムの両方を含んでいる。ある石灰石は，炭酸カルシウムと炭酸マグネシウムのみから構成されていると仮定する。この石灰石10.00gを気体が発生しなくなるまで熱分解したところ，残った固体の質量は5.47gであった。この石灰石中の炭酸カルシウムの質量での割合〔%〕の数値を有効数字2桁で答えよ。原子量はC = 12.0，O = 16.0，Mg = 24.3，Ca = 40.1とする。

　なお，炭酸マグネシウムの熱分解は，炭酸カルシウムの熱分解と同様の反応であり，二酸化炭素が発生する。

(東北大)

次の下線部に関して，鍾乳洞および鍾乳石や石筍が形成される原因となる反応を化学反応式で答えよ。

石灰石が豊富に分布する地域では，地下に鍾乳洞が形成され，その内部には鍾乳石や石筍が発達することがある。

（早稲田大（教育））

---

**135** アルミニウム Al  →⚓P.134〜140

アルミニウムは地殻に酸素，ケイ素に次いで多く存在する。アルミニウムを含む主な鉱物としてはボーキサイト（主成分 $Al_2O_3 \cdot nH_2O$）がある。これを純粋な酸化アルミニウム $Al_2O_3$ とした後，　ア　して金属アルミニウムを得る。(a)酸化アルミニウムの融点は約2050℃と高いが，氷晶石を混ぜると，約1000℃で融解する。炭素棒を電極として電流を通じると，金属アルミニウムは　イ　極に析出し，酸素は　ウ　極の炭素と反応して　エ　や　オ　となる。したがって，氷晶石は形式的には反応にあずかっていない。

金属アルミニウムの粉末は，酸素中で点火すると，光を放って燃え，多量の熱を発生する。(b)酸化鉄（Ⅲ）の粉末とアルミニウムの粉末とを混合して点火すると，融解した鉄が遊離する。この反応は，　カ　反応とよばれる。

また，(c)金属アルミニウムは酸にも塩基にも溶けて，　キ　ガスを発生する。このように，酸，塩基のいずれとも反応する金属を　ク　という。

問1　文中の□□□にあてはまる適当な語句または化学式を答えよ。

問2　下線部(a)の陽極および陰極での反応と下線部(b)の反応の反応式を答えよ。

問3　下線部(c)について，酸として塩酸，塩基として水酸化ナトリウム水溶液を用いたときのそれぞれの化学反応式を答えよ。

問4　金属アルミニウムを900kg製造するには，電圧5.00V，電流 $2.00 \times 10^4$A の条件では，理論上何時間必要か。有効数字3桁で求めよ。ただし，消費された電流のすべてが金属アルミニウムの生成に使われるとする。原子量は Al＝27.0，ファラデー定数は96500C/mol とする。

（群馬大）

---

**136** 亜鉛 Zn  →⚓P.135〜138

亜鉛について，次の問いに答えよ。

問1　亜鉛は日常生活においても，いろいろと利用されている。亜鉛またはその化合物が用いられている日常的な例を3つ示せ。

問2　亜鉛は塩酸や水酸化ナトリウム水溶液と反応し，水素を発生しながら溶ける。この2種の反応を，それぞれ化学反応式で示せ。

問3　水酸化亜鉛の沈殿を含む水溶液に，アンモニア水を過剰に加えると沈殿が溶解する。この反応を化学反応式で示せ。

（高知大）

# 15 遷移元素

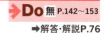

➡ Do 無 P.142〜153
➡解答・解説P.76

## 137 鉄Fe

➡ 無 P.142〜146

鉄は現代社会をとり巻くさまざまな産業を支えるために，非常に重要な金属である。工業的に$_{(1)}$鉄は，赤鉄鉱（$Fe_2O_3$）を多く含んでいる鉄鉱石を，コークスから発生した一酸化炭素と反応させることにより得られる。この反応において，原料である$Fe_2O_3$中の鉄の酸化数は $\boxed{A}$ であり，生成する鉄の酸化数は0であるので，一酸化炭素は $\boxed{B}$ 剤として働く。

鉄（Ⅱ）イオンを含む水溶液に，水酸化ナトリウム水溶液を加えると，緑白色の水酸化鉄（Ⅱ）が沈殿する。$_{(2)}$水溶液中の水酸化鉄（Ⅱ）は，酸素により酸化されて水酸化鉄（Ⅲ）へ変化する。

鉄（Ⅱ）イオンを含む水溶液に，シアン化物イオンが配位結合した錯イオンのカリウム塩である$_{(3)}$ヘキサシアニド鉄（Ⅲ）酸カリウムの水溶液を加えると， $\boxed{C}$ 色沈殿が生じる。一方，鉄（Ⅲ）イオンを含む水溶液に，ヘキサシアニド鉄（Ⅱ）酸カリウムの水溶液を加えると， $\boxed{C}$ 色沈殿が生じる。また，鉄（Ⅲ）イオンを含む水溶液に，チオシアン酸カリウムの水溶液を加えると， $\boxed{D}$ 色溶液となる。

$_{(4)}$鉄板（鋼板）に亜鉛をめっきしたものを $\boxed{E}$ とよび，鉄板（鋼板）にスズをめっきしたものを $\boxed{F}$ とよぶ。

問1 文中の ___ に適切な語句または数字を答えよ。

問2 下線部(1)および(2)の反応を化学反応式で示せ。

問3 下線部(3)の化合物を組成式で示せ。

問4 下線部(4)に関して， $\boxed{E}$ と $\boxed{F}$ のめっき部分を一部とり除き，鉄を露出させた。その後，鉄が露出した部分を，雨水にさらしたまま放置してしまった。しばらくすると $\boxed{E}$ は外側のめっき部分である亜鉛が， $\boxed{F}$ は内側の鉄板（鋼板）がさびていた。なぜ，このような違いが生じたか簡潔に説明せよ。説明するときは，鉄，亜鉛，スズの3つの元素名をそれぞれ適切に用いること。

（福島大）

## 138 鉄Feの工業的製法

➡ 無 P.145, 146

天然に産出する主な鉄鉱石は，赤鉄鉱（主成分$Fe_2O_3$）と磁鉄鉱（主成分 $\boxed{ア}$ ）である。また，鉄鉱石には不純物として二酸化ケイ素が含まれている。鉄鉱石を焙焼すると，$\boxed{ア}$ は酸化されて$Fe_2O_3$に変わる。焙焼処理した鉄鉱石にコークスと石灰石を混ぜて溶鉱炉に入れ，下から熱風を送ると，コークスから生じた一酸化炭素によって鉄の酸化物は還元される。溶鉱炉中で起こる重要な反応は次のようになる。

$$2C（固） + O_2（気） = 2CO（気） + 221kJ$$
$$3CO（気） + Fe_2O_3（固） = 2Fe（固） + 3CO_2（気） + 27kJ$$
$$CaCO_3（固） = CaO（固） + CO_2（気） - 178kJ$$

$$CaO(固) + SiO_2(固) = CaSiO_3(固) + 89kJ$$

　溶鉱炉でできる鉄を イ という。鉄鉱石中に含まれる不純物はスラグとして分離され，とり除かれる。このスラグは鉄1000kgに対して300kg生じる。

問1　文中の ☐ に適当な語句または化学式を示せ。

問2　次の(1)，(2)に有効数字2桁で答えよ。ただし，生じた鉄に含まれる炭素は無視し，溶鉱炉内では本文中で与えた反応のみが起こると仮定せよ。また，原子量はC＝12.0，O＝16.0，Si＝28.0，Ca＝40.0，Fe＝56.0とする。

　(1)　 イ とよばれる鉄1000kgを得るには何kgのコークスが必要か。

★　(2)　この際発生する熱量はどれほどか。　　　　　　　　　　　　　　（名古屋市立大）

## 139 銅Cu　　　　　　　　　　　　　　　　　　　　　　→ 無 P.148, 149

　(1)濃度未知の硫酸銅（Ⅱ）水溶液200mLに，質量パーセント濃度4.0％の水酸化ナトリウム水溶液（密度1.04g/cm³）を加え，青白色の沈殿を生成させた。(2)この青白色の沈殿を含む水溶液を加熱してすべて黒色の沈殿とし，ろ過，洗浄，乾燥して質量を測定すると0.320gであった。(3)この黒色沈殿を，水素気流中において500℃で加熱すると，質量が20％減少し，銅の単体が生成した。

問1　下線部(1)，(2)，(3)の反応を，化学反応式で示せ。

問2　青色の岩絵具である群青は，銅のさびである緑青と同様に，炭酸銅（Ⅱ）と水酸化銅（Ⅱ）を主成分とする。群青を大気中において450℃まで加熱すると，下線部(2)の沈殿と同じ物質の黒色粉末が得られ，質量が31％減少する。群青を炭酸銅（Ⅱ）と水酸化銅（Ⅱ）の混合物と仮定し，群青中の炭酸銅（Ⅱ）のモル分率を有効数字2桁で答えよ。原子量はH＝1.0，C＝12.0，O＝16.0，Cu＝63.6とする。

問3　群青と同様に，硫酸銅（Ⅱ）五水和物も鮮やかな青色を示す。群青と硫酸銅（Ⅱ）五水和物を見分けるためには，どのような化学実験を行ったらよいか。考えられる実験方法のうち2つを，それぞれ72字以内で説明せよ。　　　　　　　　　（山口大）

## 140 電解精錬　　　　　　　　　　　　　　　　　→ 無 P.150, 151　 理 P.207

　次の文中の ☐ に適当な数値を有効数字3桁で答えよ。なお，原子量はCu＝64，Zn＝65，Ag＝108，Au＝197，ファラデー定数は$F＝9.65 \times 10^4$C/molとする。

　遷移元素の1つである銅Cuの単体について考えてみよう。単体のCuの原料となる主な鉱石は黄銅鉱である。黄銅鉱から得られる粗銅には，Cuの他に亜鉛Zn，銀Ag，金Auなどの金属が不純物として含まれている。この粗銅からより純度の高いCuを得るために，電解精錬が行われている。

　いま，単体のCuを得るため，不純物としてZn，Ag，Auのみを含む粗銅板を陽極として用い，硫酸酸性のCuSO₄水溶液中で電解精錬を行った。この水溶液に19.3Aの一定電流を8時間20分流して約0.3〜0.4Vの低電圧で電気分解を行うと，陰極にはCuのみが 1 g析出した。このとき，陽極の質量が193g減少しており，陽極泥の質量は0.970gであった。これらのことから，粗銅に含まれる不純物であるZn，Ag，Auのうち，金

属イオンとして水溶液中に溶出した金属の物質量は、$\boxed{2}\times10^{-2}$molと計算される。なお、電気分解に要した電流はすべて陽極での粗銅中の金属の溶出および陰極での単体のCuの析出のみに使われたものとする。

(関西大)

## 141 合金(1)

→ 無 P.144, 153

2種類以上の金属を融解して混合した後、凝固させて得られる金属を合金という。合金にはもとの金属単体とは異なる性質をもつものが多い。例えば、銅の単体は赤色光沢をもつが、銅と亜鉛との合金(黄銅)は黄色光沢をもつ。その美しい色調と高い延性・展性のため、黄銅は金管楽器や仏具、五円硬貨に利用されている。鉄とクロムを主とする合金であるステンレス鋼は、そのさびにくい性質から流し台に使われている。

問1　銅と亜鉛のみからなる黄銅800gを十分量の熱濃硫酸に完全に溶かした後に、蒸留水に加えて溶液を薄めた。この酸性水溶液に新たな沈殿が生じなくなるまで硫化水素を通じた後に得られた沈殿の質量を測ったところ、735gであった。この黄銅中の銅の質量パーセントを有効数字3桁で答えよ。原子量はS = 32.1、Cu = 63.5とする。

問2　下線部に記述するステンレス鋼が腐食に強い理由を15字以上25字以内で説明せよ。

(東京農工大)

## 142 合金(2)、セラミックス

→ 無 P.153, 186, 187

次の文中の□□に入る最も適当な語句を答えよ。

私たちの身のまわりでは、鉱物から得られる金属・セラミックスなどの材料が広く利用されている。金属は単体で用いるだけでなく、2種類以上の金属を融かし合わせ、合金として利用される。チタンTiと$\boxed{ア}$の合金は、加熱または冷却すると元の形に戻る性質をもつものがある。このような合金を$\boxed{イ}$合金といい、温度センサーや歯列矯正器具に応用されている。また低温で多量の水素を吸収し、温度が上がると水素を放出する性質をもつ合金は$\boxed{ウ}$合金とよばれる。ある温度以下で電気抵抗が0になる現象を$\boxed{エ}$といい、その性質をもつ合金はリニアモーターカーや核磁気共鳴画像診断装置(MRI)に利用されている。

一方、無機物質を高温に熱してつくられた固体材料がセラミックスであり、主に$\boxed{オ}$塩を原料として製造される。粘土や岩石などの天然の材料をそのまま使用しているものを伝統的セラミックスといい、耐熱性があり硬いという利点と、衝撃に弱いという欠点がある。この欠点を除いたり、特別な性能をもたせたりするために、純度の高い無機物質を原料に用い、精密な反応条件でつくられたものを$\boxed{カ}$セラミックスという。酸化アルミニウム$Al_2O_3$からつくられる$\boxed{カ}$セラミックスは、耐薬品性や生体適合性があることから、人工骨、人工関節など医療分野を含めたさまざまな用途に利用されている。

(京都薬科大)

## 16 17族・16族・15族・14族

Do 無 P.158〜187
→解答・解説P.80

### 143 17族(1)

→ 無 P.158〜162

フッ素は周期表の17族に属する元素で，ハロゲンの1つである。車やフライパンの表面コーティングとしてフッ素コーティングなどの文字をちまたで目にするが，実際にコート剤として使用されているのはフッ素を含む有機化合物である。単体のフッ素は二原子分子からなり，特異臭のある(1)淡黄色の気体で猛毒である。また，強い酸化作用があり，水を酸化して ア を発生させる。塩素は，工業的には塩化ナトリウム水溶液の電気分解でつくられる。また，(2)塩素は水に少し溶け，その一部が水と反応する。

(3)フッ化水素は，白金容器の中で，ホタル石に濃硫酸を加えて熱すると発生する。フッ化水素の分子量は塩化水素より小さいが，沸点はヨウ化水素より高い。また，フッ化水素は水によく溶け，水溶液は弱酸性を示す。(4)フッ化水素酸は二酸化ケイ素と反応するので，その保存にはガラス容器ではなく，ポリエチレン容器を用いる。塩化水素は，実験室では塩化ナトリウムに濃硫酸を加えて発生させ，穏やかに熱して イ 置換で捕集する。塩化水素の水溶液を塩酸といい，代表的な強酸として化学工業で広く用いられている。

また，ヨウ素と水素の混合気体を密閉容器に入れて高温に保つとヨウ化水素が生成する。この反応は，一定の温度で十分に時間が経つとみかけ上の変化が認められなくなる。この状態を ウ 状態という。

問1　文中の □ に入る適当な語を答えよ。

問2　下線部(1)のようにフッ素は常温で淡黄色の気体である。臭素とヨウ素の常温常圧での色と状態を答えよ。

問3　下線部(2)，(3)，(4)の反応を化学反応式で示せ。

問4　フッ化水素の沸点はヨウ化水素よりも高い。その理由を20字以内で記せ。

(名古屋工業大)

### 144 17族(2)

→ 無 P.158〜162

ハロゲン化水素を酸の強い順に並べると，どのような順序になるか。最も適切なものを，次の㋐〜㋒から1つ選べ。

㋐ $HF > HCl > HBr > HI$ 　　㋑ $HF > HBr > HCl > HI$ 　　㋒ $HF > HI > HBr > HCl$

㋓ $HCl > HBr > HI > HF$ 　　㋔ $HI > HCl > HBr > HF$ 　　㋕ $HI > HBr > HCl > HF$

(千葉工業大)

## 145 17族(3)

→ 無 P.158〜162

NaClO を主成分とする市販の塩素系漂白剤は，HCl を主成分とする酸性洗浄剤と混ぜて使うと危険なため，「まぜるな危険」という表示がされている。この理由を述べよ。

(同志社大)

## 146 16族(O)

→ 無 P.166, 167

次の文中の　　に適する語句を入れ，また，下線部を表す化学反応式を示せ。

単体の酸素は，実験室では $\boxed{ア}$ や $\boxed{イ}$ の分解によって得られる。この場合 $\boxed{ウ}$ として酸化マンガン(Ⅳ)が用いられる。この他，単体の酸素は水を $\boxed{エ}$ しても得られる。酸素の $\boxed{オ}$ 体にオゾンがある。オゾンは，単体の酸素または空気中で $\boxed{カ}$ を行うと発生する。オゾンは $\boxed{キ}$ 作用が強く，ヨウ化カリウム水溶液に通じるとヨウ素を遊離する。したがって，オゾンはヨウ化カリウム $\boxed{ク}$ 紙で検出でき，$\boxed{ケ}$ 色を呈する。成層圏のオゾン層は，地球外部から注がれる $\boxed{コ}$ のうち人体に有害なものを吸収するフィルターの役目をしている。酸素は非金属元素と反応して $\boxed{サ}$ 酸化物をつくる。これは $\boxed{シ}$ 結合からなる分子のものが多く，水と反応すると $\boxed{ス}$ を示すものが多い。酸素は，金属の原子と結合して $\boxed{セ}$ 結晶をつくり，水と反応して $\boxed{ソ}$ 物となり，$\boxed{タ}$ 性を示すものが多い。

(法政大)

## 147 16族(S)(1)

→ 無 P.168〜170

単体の硫黄は火山地帯に多く存在し，石油精製の際にも多量に得られる。硫黄の単体には斜方硫黄，単斜硫黄，ゴム状硫黄などの同素体があり，その中で斜方硫黄および単斜硫黄は $\boxed{ア}$ 個の硫黄原子が $\boxed{イ}$ に結合した分子からなる。硫黄を含む化合物には①二酸化硫黄，硫酸，硫化水素などがある。

硫黄を空気中で熱すると青色の炎をあげて燃焼し，二酸化硫黄を生成する。(a)二酸化硫黄は酸化バナジウム(Ⅴ)$V_2O_5$ 存在下では空気中の酸素と反応しXを生成する。Xを濃硫酸に吸収させ，その中の水と反応させることで発煙硫酸が得られ，これを希硫酸でうすめて濃硫酸を得る。市販の濃硫酸は濃度約98%で，無色で粘性の高い液体であり，②脱水作用などの特徴がある。加熱した濃硫酸(熱濃硫酸)は強い酸化作用をもつことから，(b)熱濃硫酸には銅は気体を発生しながら溶けるが，希硫酸には銅は溶けない。一方，(c)酸化銅(Ⅱ)は希硫酸に溶ける。

問1　文中の $\boxed{ア}$ に入る適切な数値を答えよ。

問2　文中の $\boxed{イ}$ に入る最も適切な語句を次の⒜〜⒠から1つ選び，記号で答えよ。

　⒜ 平面状　　⒝ 管状　　⒞ 環状　　⒟ はしご状　　⒠ 直鎖状

問3　下線部①について，次の3つの化合物(1)〜(3)の中の硫黄原子の酸化数を答えよ。なお，酸化数が正の場合は＋を，負の場合は－を付けて答えること。

　(1) 二酸化硫黄　　(2) 硫酸　　(3) 硫化水素

問4　下線部(a)，(b)，(c)の反応をそれぞれ化学反応式で示せ。

問5　下線部②について，次の@〜@から濃硫酸の脱水作用による反応をすべて選び，記号で答えよ。

@　塩化ナトリウムに濃硫酸を加えて熱すると塩化水素が発生した。

@　スクロースに濃硫酸を加えると炭化した。

@　濃硫酸に湿った二酸化炭素を通じると乾燥した二酸化炭素が得られた。

@　エタノールに濃硫酸を加えて約170℃で加熱するとエチレンが生成した。

問6　硫酸を用いる次の@〜@の実験操作のうち，不適切な操作をすべて選び，記号で答えよ。

@　デシケーター中で吸湿性の高い固体試薬を保管するために，乾燥剤として濃硫酸を用いた。

@　約0.1mol/Lの硫酸を調製するために，濃硫酸に純粋な水を滴下した。

@　使用前のホールピペットを純粋な水で洗浄後に，すぐに硫酸をはかりとるために100℃の乾燥庫に入れて乾燥した。

@　滴定実験用に0.1mol/L硫酸から0.01mol/L硫酸を調製する際に，純粋な水で濡れたままのメスフラスコを用いて，希釈した。

@　0.1mol/L硫酸は十分に希薄なので，実験後に残った0.1mol/L硫酸をそのまま直接下水に流して廃棄した。

（東北大）

## 148　16族(S) (2)

　硫黄は我々にとって身近な元素である。硫黄は環境中にさまざまな形で存在し，<u>人体にも0.2%程度含まれている</u>①。火山の噴気口に析出した黄色い固体は<u>硫黄の単体</u>②であり，火山ガスや温泉水などには<u>硫化水素</u>③が含まれる。$SO_2$や$SO_3$などの硫黄酸化物は$SO_x$（ソックス）とよばれ，大気汚染の原因物質となる。石油や石炭を燃やすと，含まれていた硫黄の化合物は硫黄酸化物になる。大気中に放出された<u>$SO_2$はさらに酸化</u>④され，空気中にある<u>水蒸気または水滴と速やかに反応して硫酸になる</u>⑤。その結果，雨水には硫酸イオンが含まれるようになる。しかし，雨水の中に含まれる硫酸イオンがすべて燃焼由来であるとは限らない。大気中には海塩粒子とよばれる，海水の液滴が蒸発して生じる微小な粒子が浮遊している。硫酸イオンは海水にも含まれているため，雨水中には海塩粒子の溶解に由来する硫酸イオンも含まれる。

問1　下線部①について，タンパク質を構成するアミノ酸のうち硫黄を含むものの名称をすべて答えよ。

問2　下線部②について，大気圧，常温で安定な同素体の名称を答えよ。

問3　下線部③について，実験室で発生させるための化学反応式を示せ。

問4　下線部④，⑤について，次の問いに答えよ。

(1)　下線部④および⑤をそれぞれ化学反応式で示せ。

(2)　これらの反応は硫酸の工業的な製法に用いられている。この方法の名称を答えよ。

(3)　(2)の方法において用いられる触媒に含まれる金属元素の名称を答えよ。

(4)　工業的製法では，下線部④の生成物を吸収させるために水ではなく何を用いるか。

★問5　燃焼によって生じた硫黄酸化物は大気汚染物質であるため，燃焼後に$SO_2$をとり

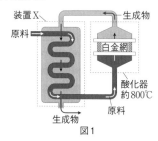

除く処理が行われる。その一例として，石灰石の粉末に水を加えて泥状にしたものに排煙を吹き込む方法がある。排煙を十分に吹き込んだ後の泥状物質を加熱した結果，得られる物質名と考えられるその用途を答えよ。

(日本女子大)

## 149 15族(N)(1)

→ 無 P.176

単体の窒素は，液体空気を $\boxed{ア}$ して大量に得られる。窒素分子は2個の窒素原子が $\boxed{イ}$ 結合で結ばれているため，常温では化学反応を起こしにくい。しかし，工業的には，(a) 窒素と水素の混合物を400～600℃，$2 \times 10^7 \sim 1 \times 10^8$ Paで，四酸化三鉄を主成分とする $\boxed{ウ}$ を使って反応させ，アンモニアを合成している。アンモニア分子はその構造が $\boxed{エ}$ 形で極性をもっている。(b) アンモニアは，$\boxed{オ}$ と反応させて尿素をつくったり，アンモニウム塩や硝酸などをつくる原料として使われる。

問1　文中の $\boxed{\phantom{ア}}$ に適切な語句を入れよ。

問2　下線部(a)で400～600℃の高温条件および $2 \times 10^7 \sim 1 \times 10^8$ Paの高圧条件を用いる理由をそれぞれ簡単に述べよ。

問3　下線部(b)の化学反応式を示せ。

(横浜市立大)

## 150 15族(N)(2)

→ 無 P.176, 177

硝酸 $HNO_3$ や亜硝酸 $HNO_2$ のように，分子の中心となる原子に何個かの酸素原子Oが結合し，さらにそのOのいくつかに水素原子Hが結合した構造の酸をオキソ酸という。オキソ酸の中心原子が同じ場合，Hと結合していないOの数が $\boxed{ア}$ いほど，強い酸になる傾向がある。$HNO_3$ と $HNO_2$ における窒素原子Nの酸化数を求めると，$HNO_3$ は $\boxed{イ}$，$HNO_2$ は $\boxed{ウ}$ である。$HNO_3$ のNの酸化数は，Nの $\boxed{エ}$ 電子の数と等しいため，$HNO_3$ のNは還元剤としての作用はない。

$HNO_3$ は，肥料や医薬品の製造などに用いられる重要な化合物であり，工業的にはオストワルト法によってつくられる。オストワルト法ではまず，アンモニア $NH_3$ と空気中の酸素 $O_2$ から(1)式によってNOを得る。その後，NOを酸化して $NO_2$ とし，水への溶解を経て $HNO_3$ を得る。

$$4NH_3 + 5O_2 \longrightarrow 4NO + 6H_2O \quad \cdots(1)$$

問1　文中の $\boxed{\phantom{ア}}$ にあてはまる最も適切な語句または数値を記せ。

★問2　工業的な製造工程では，一般に，エネルギーを効率よく利用する必要があるため，物質の製造にかかわる装置類に工夫がみられる。図1はオストワルト法の(1)式の反応にかかわる工程を表した模式図である。装置Xでは，原料($NH_3$ と $O_2$)が通過する配管と，(1)式の生成物(NOと $H_2O$)とが接触する。次の2つの語句を両方用いて，装置Xの役割を25字以内で説明せよ。

[原料，生成物]

図1

(名古屋大)

次の文中の　1　には整数値，　2　には化学反応式を答えよ。原子量はO = 16，P = 31，Ca = 40とする。

Pの単体の1つである黄リンは，以下のようにして製造される。リン酸カルシウム$Ca_3(PO_4)_2$を主成分とするリン鉱石にケイ砂とコークスを混合し，電気炉で強熱すると，Pが蒸気となって発生する。この蒸気を空気に触れないようにして水中に導くことで黄リンが得られる。いま，$Ca_3(PO_4)_2$を82%（質量パーセント）の純度で含むリン鉱石500gがあるとすると，このリン鉱石から得られる黄リンは　1　gであると計算される。ただし，リン鉱石中に含まれるPはすべて$Ca_3(PO_4)_2$として存在しているものとする。

また，リン鉱石に硫酸$H_2SO_4$を作用させると，リン鉱石中の$Ca_3(PO_4)_2$が$H_2SO_4$と反応し，リン酸二水素カルシウムと硫酸カルシウムの混合物が得られる。この化学反応式は(1)式で表される。この混合物は過リン酸石灰とよばれ，肥料に用いられる。

　　　2　…(1)

(関西大)

リンには，代表的な2種類の　ア　が存在する。分子式が$P_4$と示される黄リン（白リン）は，淡黄色のろう状の固体で反応性に富み，空気中では自然発火するため，通常は　イ　中に保存する。一方，　ウ　は赤褐色の粉末であり，多数のリン原子が共有結合した構造をもち，黄リンに比べて反応性が乏しい。リンを空気中で燃焼させると，　エ　が生成する。この粉末に水を加えて加熱すると，リン酸（$H_3PO_4$）が得られる。リン酸は水中において3段階で電離する。その電離平衡および電離定数は，次のように表される。

$$H_3PO_4 \rightleftharpoons H^+ + H_2PO_4^- \quad \cdots(1) \qquad K_1 = \frac{[H^+][H_2PO_4^-]}{[H_3PO_4]} \quad \cdots(2)$$

$$H_2PO_4^- \rightleftharpoons H^+ + HPO_4^{2-} \quad \cdots(3) \qquad K_2 = \frac{[H^+][HPO_4^{2-}]}{[H_2PO_4^-]} \quad \cdots(4)$$

$$HPO_4^{2-} \rightleftharpoons H^+ + PO_4^{3-} \quad \cdots(5) \qquad K_3 = \frac{[H^+][PO_4^{3-}]}{[HPO_4^{2-}]} \quad \cdots(6)$$

0.10mol/Lのリン酸10mLを純水で100mLに希釈した。この溶液を0.10mol/L水酸化ナトリウム（NaOH）水溶液で滴定する実験を行った。このときの滴定曲線を図1に示した。

リン酸水溶液に水酸化ナトリウム水溶液を滴下していくと，図1のように急激にpHが上昇する第1中和点（点X）が見られる。点Xにおける0.10mol/L水酸化ナトリウム水溶液の滴下量は，　A　mLである。点Xにおいては，次の(7)式で示される平衡反応が生じ，$[H_3PO_4] = [HPO_4^{2-}]$となる。

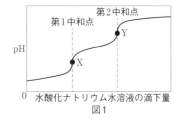

図1

$$2H_2PO_4^- \rightleftharpoons H_3PO_4 + HPO_4^{2-} \quad \cdots(7)$$

したがって，(2)式と(4)式より，

$$K_1 K_2 = \frac{[H^+]^2[HPO_4^{2-}]}{[H_3PO_4]} = [H^+]^2 \quad \cdots(8)$$

という関係が成り立つ。よって，点XにおけるpHは $\boxed{\text{B}}$ と計算される。0.10mol/L水酸化ナトリウム水溶液をさらに $\boxed{\text{C}}$ mL滴下すると，第2中和点(点Y)が見られる。点Yにおけるは，第1中和点と同様に求めると9.6となる。

問1 文中の $\boxed{\text{ア}}$ ～ $\boxed{\text{ウ}}$ にあてはまる語句を，$\boxed{\text{エ}}$ にあてはまる化学式を答えよ。

★問2 文中の $\boxed{\text{A}}$ ～ $\boxed{\text{C}}$ にあてはまる数値をAとCは有効数字2桁で，Bは小数点以下第1位までの数値で答えよ。ただし，$K_1 = 7.1 \times 10^{-3}$〔mol/L〕，$\log_{10} K_1 = -2.1$，$K_2 = 6.3 \times 10^{-8}$〔mol/L〕，$\log_{10} K_2 = -7.2$，$K_3 = 4.5 \times 10^{-13}$〔mol/L〕，$\log_{10} K_3 = -12$ とする。

計算に必要であれば，$\log_{10}(a \times b) = \log_{10} a + \log_{10} b$，$\log_{10} a^n = n \log_{10} a$ の関係式，および $\log_{10} 2.0 = 0.30$，$\log_{10} 3.0 = 0.48$ の値を用いよ。

(神戸大)

## ★153 14族　　　　　　　　　　　　→無 P.182～184

14族に属する元素に関する次の記述①～⑥から正しいものを1つまたは2つ選べ。
① 原子番号の増加とともに非金属性が減り，金属性が増す。
② すべての元素は2個の価電子をもつ。
③ 単体の炭素だけが共有結合からなるダイヤモンド型構造をもつ。
④ 単体のケイ素は半導体である。
⑤ スズは酸化数+2と+4の化合物をつくるが，+4より+2のほうが安定である。
⑥ 鉛は酸化数+2と+4の化合物をつくるが，+2より+4のほうが安定である。

(東京工業大)

## 154 14族(C)　　　　　　　　　　　→無 P.182, 183

炭素の同素体であるダイヤモンド，グラファイト，フラーレン，カーボンナノチューブのそれぞれの構造を次表の選択肢①～④から選べ。また，ダイヤモンドとグラファイトの硬度，電気伝導性の違いについて構造を踏まえて説明せよ。

| 選択肢 | ① | ② | ③ | ④ |
|---|---|---|---|---|
| 構造 | | | | |

(横浜市立大)

ケイ素は，地殻中に ア に次いで多く存在する元素である。ケイ素の単体は自然界には存在せず，酸化物を還元してつくられる。工業的には，高温の電気炉中で ①二酸化ケイ素を炭素で還元することにより製造される。このとき炭素の量が多いと，研磨剤として利用される イ が生成する。

ケイ素の単体は半導体の性質を示し，集積回路や太陽電池などの材料に利用されている。

二酸化ケイ素は，シリカともよばれ，石英・水晶・ケイ砂などとして天然に多量に存在する。二酸化ケイ素は，ケイ素原子と酸素原子が交互に結合した立体網目構造をもち，それぞれのケイ素原子は4個の酸素原子と共有結合を形成している。二酸化ケイ素は，ガラスの主成分であり水や酸に対して非常に安定であるが，②フッ化水素酸とは反応して溶ける。この反応は，ガラスの目盛り付けなどに利用されている。一方，二酸化ケイ素は酸性酸化物であり，水酸化ナトリウムや炭酸ナトリウムなどの塩基とともに加熱すると，ケイ酸ナトリウムを生じる。ケイ酸ナトリウムに水を加えて加熱すると， ウ とよばれる無色透明の粘性の大きな液体が得られる。この液体の水溶液に塩酸を加えると，ケイ酸の白色ゲル状沈殿が生成する。ケイ酸は，$H_2SiO_3$や$H_2Si_2O_5$などの組成をもち，図1に示すように，二酸化ケイ素が部分的に加水分解された構造をもつ。ケイ酸を加熱して部分的に脱水させたものはシリカゲルとよばれ，③気体や色素分子などを吸着する性質がある。

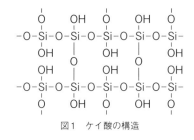

図1　ケイ酸の構造

ケイ素にメチル基などのアルキル基が結合し，ケイ素原子と酸素原子が交互につながった構造をもつ合成高分子化合物はシリコーンとよばれ，潤滑油・絶縁剤などに用いられる。

問1　文中の □ にあてはまる物質名を答えよ。

★問2　共有結合を切断してばらばらの原子にするのに必要なエネルギーを，その共有結合の結合エネルギーという。結合エネルギーは，結合1molあたりの熱量で示される。ケイ素の単体におけるSi-Si結合の結合エネルギーは225kJ/mol，酸素分子の結合エネルギーは490kJ/mol，二酸化ケイ素の生成熱は860kJ/molである。二酸化ケイ素のSi-O結合の結合エネルギー$E$〔kJ/mol〕の値を有効数字3桁で求めよ。

問3　下線部①と②の反応の化学反応式を示せ。

問4　下線部③の性質はシリカゲルのどのような構造的特徴によるものかを答えよ。

★問5　シリカゲルは水を吸着する性質をもち，シリコーンは水をはじく性質(撥水性)をもつ。それぞれの理由を両者の化学構造に着目して説明せよ。

(大阪府立大)

## ★156 18族

➔ 講義編に該当ページはありませんが，チャレンジしましょう

元素の周期表で，18族に属するヘリウム(He)からラドン(Rn)までの6元素は貴ガスとよばれる(今回，人工元素オガネソン(Og)は除く)。貴ガスの単体は，空気中に微量に含まれ，いずれも，常温・常圧では無色，無臭の気体で，沸点は非常に低い。放射性元素であるラドンを除き，化学的に極めて安定な元素である。

| | 原子の電子配置 K殻 | L殻 | M殻 | N殻 | O殻 | 放電による発光の色 | 原子量 | 宇宙における元素の存在割合(Si存在比を6とした常用対数表示) |
|---|---|---|---|---|---|---|---|---|
| He | 2 | | | | | 黄白 | 4.003 | 9.3 |
| Ne | 2 | 8 | | | | 橙赤 | 20.18 | 6.5 |
| Ar | 2 | 8 | 8 | | | 赤 | 39.95 | 5.1 |
| Kr | 2 | 8 | 18 | 8 | | 緑紫 | 83.80 | 1.7 |
| Xe | 2 | 8 | 18 | 18 | 8 | 淡緑 | 131.3 | 0.72 |

表1　貴ガスのデータ(ラドンを除く)

| | 沸点〔℃〕 | 乾燥空気中の存在割合〔体積%〕 | | 沸点〔℃〕 | 乾燥空気中の存在割合〔体積%〕 |
|---|---|---|---|---|---|
| $N_2$ | −196 | 78.08 | $CH_4$ | −161 | 0.00016 |
| $O_2$ | −183 | 20.95 | Kr | −152 | 0.00011 |
| Ar | −186 | 0.934 | $H_2$ | −253 | 0.00005 |
| $CO_2$ | −78.5(昇華) | 0.033 | $N_2O$ | −88.5 | 0.00003 |
| Ne | −246 | 0.0018 | CO | −191 | 0.00001 |
| He | −269 | 0.00052 | Xe | −108 | 0.0000087 |

表2　乾燥空気の成分

問1　貴ガスの具体的な用途について，貴ガスの元素の名称とその用途を2例答えよ。なお，同じ貴ガスについて2例示してもよい。また，貴ガスがその用途に用いられる科学的な理由を，それぞれについて100字程度で説明せよ。

問2　表1と表2からわかるように，宇宙空間と地球の大気中では，He，Ne，Arの存在比率が逆転している。その理由について150字以内で答えよ。　(宇都宮大)

# 有機化学

炭素数と炭素骨格、官能基（置換基）
の性質と結合部位に注意しましょう

# 第10章 有機化学の基礎

## 17 有機化合物の分類と分析・有機化合物の構造と異性体

→ Do 有 P.8〜49
→解答・解説P.86

### 157 炭化水素の分類と官能基

→ 有 P.9〜13

問1 次の(1)〜(3)に分類される炭化水素にあてはまる語句や化合物名および記述を, 下の⑦〜㋚からすべて選び, 記号で答えよ。

(1) アルキン (2) アルケン (3) 芳香族炭化水素

⑦ 鎖式炭化水素(脂肪族炭化水素) ⑦ 環式炭化水素 ⑦ アセチレン
㋓ アントラセン ㋔ エチレン ㋕ トルエン ㋖ ナフタレン
㋗ ヘキサン ㋘ メタン ㋙ 不飽和結合を含む
㋚ 不飽和結合を含まない

問2 次の(1)〜(4)の示性式で示される有機化合物について, 下線部の官能基の名称を それぞれ答えよ。

(1) $C_6H_5\underline{NH_2}$ (2) $CH_3\underline{COOH}$ (3) $C_6H_5\underline{NO_2}$
(4) $C_6H_5\underline{SO_3H}$

(琉球大)

### 158 元素分析

→ 有 P.18, 19

問1 図1は炭素, 水素および酸素からなる有機化合物の元素分析に使用する装置であ り, 吸収管①および②には塩化カルシウムもしくはソーダ石灰のいずれかが充塡され ている。元素分析に関する下の㋐〜㋔の記述のうち, 誤りを含むものを1つ選べ。

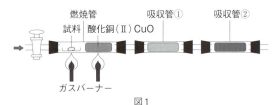

図1

㋐ 燃焼管の左側(矢印)より乾燥した酸素または空気を通じながら試料を燃焼させ る。
㋑ 燃焼管中の酸化銅(Ⅱ)CuOは, 試料を完全燃焼させるための酸化剤である。
㋒ 試料の燃焼によって燃焼管で発生した$H_2O$は, 塩化カルシウムが充塡された吸 収管で吸収させる。
㋓ 吸収管①にはソーダ石灰を充塡する。
㋔ 元素分析によって組成式を決定することができる。

問2　図2のガスバーナー(ブンゼンバーナー)の使用方法に関する
　　次の⑧～⑰の記述のうち, 正しいものを2つ選べ。

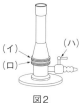
図2

　　⑧　(ロ)はガス調節ねじである。

　　⑪　(ロ)が開いていることを確認後, (ハ)を開けて点火する。

　　⑪　点火しやすいようにあらかじめ(イ)を少し開けてから点火す
　　　る。

　　⑫　正しい操作方法によって点火した直後の炎は, 青白い炎となる。

　　⑮　点火後は(ロ)を押さえて(イ)をまわし, 空気の量を調節する。

　　⑰　炎がオレンジ色の場合は, 空気の量が多すぎる状態である。

(北海道大)

## 159 不飽和度　→ 有 P.33～35

　　$m$個の炭素原子でできた鎖式飽和炭化水素(アルカン)では $\boxed{a}$ 個の水素原子が炭素原子と結合している。1つの二重結合をもつ鎖式不飽和炭化水素(アルケン)と脂環式飽和炭化水素(シクロアルカン)には, 相当する炭素数$m$のアルカンよりも $\boxed{b}$ 個の水素原子が少なく, $\boxed{c}$ 個の水素原子がある。また, 1つの三重結合をもつ鎖式不飽和炭化水素(アルキン), 2つの二重結合をもつ鎖式不飽和炭化水素(アルカジエン), および1つの二重結合をもつ脂環式不飽和炭化水素(シクロアルケン)では, これら不飽和炭化水素と同数の$m$個の炭素原子からできたアルカンよりも $\boxed{d}$ 個の水素が少なく, $\boxed{e}$ 個の水素が炭素と結合している。このように, 相当するアルカンよりも何個の水素原子が不足するかを調べれば, その分子の「不飽和結合(二重結合や三重結合)と環の数」を推定でき, 構造式を考える上で役に立つ。

　　この考え方を拡張し, 炭素と水素原子以外に, ハロゲン(フッ素, 塩素, 臭素, またはヨウ素), 酸素, および窒素原子を含む有機化合物, 分子式：$C_mH_hO_oN_nX_x$, の「不飽和結合と環の数」を次の(1)式から算出することができる。

$$不飽和結合と環の数 = \frac{\{(\boxed{a}) - (h + x - n)\}}{2} \quad \cdots(1)$$

問1　文中の $\boxed{\ }$ に適当な数値または式を入れよ。

★問2　(1)式の第二項$(h + x - n)$で, 水素原子の数$h$にハロゲン原子の数$x$を加えるのはなぜか。

★問3　(1)式の第二項$(h + x - n)$中に, 酸素原子の数$o$が含まれていないのはなぜか。

★問4　(1)式の第二項$(h + x - n)$で, 水素原子の数$h$から窒素原子の数$n$を差し引くのはなぜか。

問5　「不飽和結合と環の数」が2となる炭素数3の炭化水素がある。この炭化水素の可能な構造式を右の(例)にならって簡単な炭素骨格だけで示せ。

(例)　C–C–C＝C
　　　　C　C

(信州大)

## 160 有機化合物の分子式 → 有 P.33〜35

　有機化合物の分子量について，次の①〜④から正しいものを1つまたは2つ選べ。ただし，原子量は整数としC=12，H=1，O=16，N=14とする。
① C，HおよびOだけからなる化合物の分子量は一般に奇数である。
② C，HおよびOだけからなる化合物の分子量は奇数も偶数もある。
③ C，HおよびOのほかに1個のNを含む化合物の分子量は一般に奇数である。
④ C，HおよびOのほかに2個のNを含む化合物の分子量は一般に奇数である。

(東京工業大)

## 161 シス-トランス異性体 → 有 P.41〜43

　1,3-ブタジエンの両端の炭素に結合している水素がカルボキシ基に置き換わったジカルボン酸(分子量142)には立体異性体が存在する。カルボキシ基は-COOHとして，すべての立体異性体の構造式を示せ。原子量はH=1.0，C=12，O=16とする。

(慶應義塾大(薬))

## 162 異性体 → 有 P.41〜45

　$CH_3-CH=CH-CH(OH)-CH_2-CH=CH-C_3H_7$ で表される構造式をもつ化合物には，何種類の異性体が存在するか。

(明治大)

## 163 不斉炭素原子と立体異性体 → 有 P.44〜47

　乳酸$CH_3\overset{*}{C}H(OH)COOH$の*印を付けた炭素原子は不斉炭素原子とよばれ，4つの異なる原子あるいは原子団と結合している。図1の①と②は実像と鏡に映った像との関係にある。①を$\overset{*}{C}$-O結合を軸として180度回転させて，$CH_3$基が②と同じ位置になるようにすると，①と②は重ね合わせられないことがわかる。このような立体異性体を鏡像(光学)異性体という。生体物質では官能基の空間的な配置が重要であり，例えば，グルタミン酸の一ナトリウム塩では，一方の鏡像異性体のみがうまみを感じさせる。

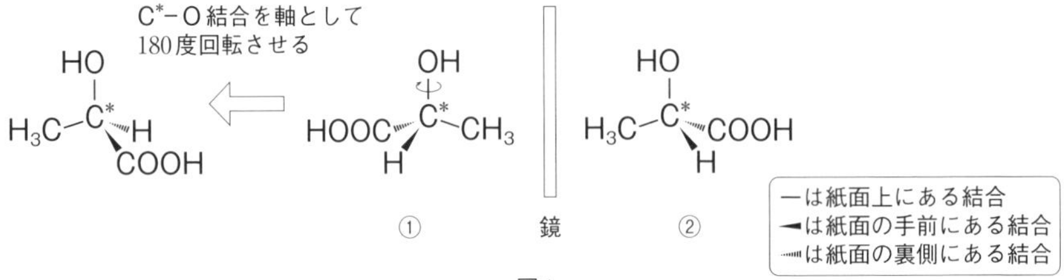

C*-O結合を軸として
180度回転させる

① 鏡 ②

—は紙面上にある結合
▶は紙面の手前にある結合
⋯⋯は紙面の裏側にある結合

図1

示性式$CH_3CH(OH)CH(OH)COOH$で表される化合物には不斉炭素原子が2個あるので，この場合には，4個の立体異性体が存在する。それらの構造は図2の③～⑥のように書き表すことができ，③と④，および⑤と⑥がそれぞれ鏡像異性体の関係にある。

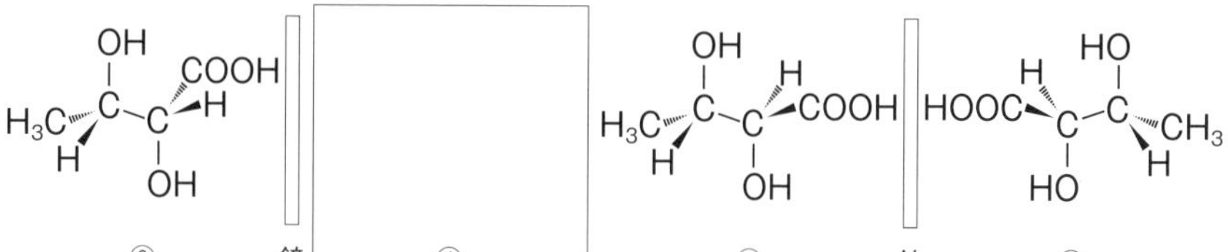


③　鏡　④　⑤　鏡　⑥

図2

問1　④の構造を図2の表記にならって書け。

問2　酒石酸$HOOCCH(OH)CH(OH)COOH$には，図2にならうと，次の図3に示した4つの構造⑦～⑩が考えられる。⑧～⑩の構造をかき，図3を完成させよ。

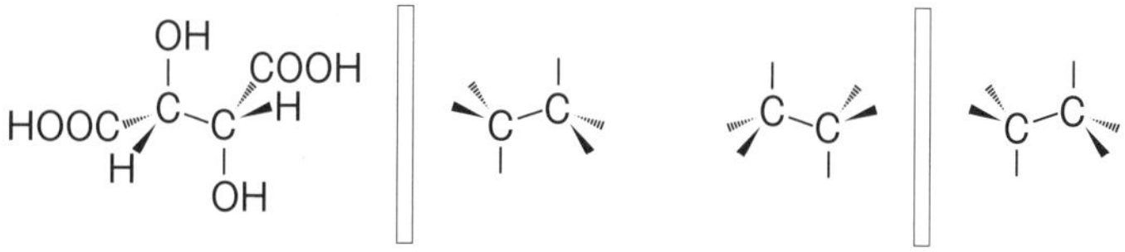


⑦　鏡　⑧　⑨　鏡　⑩

図3

問3　⑦～⑩のうちで，重ね合わせられるものの組み合わせを番号で答えよ。

（大阪市立大）

## 18 アルカン・アルケン・アルキン

**Do** 有 P.52〜86
⇒解答・解説P.89

### 164 アルカン

→ 有 P.52〜57

メタン，エタン，プロパン，ブタン，ペンタン，ヘキサン，ヘプタン，オクタン，ノナン，デカンは，それぞれ炭素数が1, 2, 3，……，10の直鎖状飽和炭化水素である。これらのうちメタンからノナンまでの沸点を表1に示す。また，オクタンの異性体のうち4種A〜Dに関し，A，B，Cの構造式と沸点を，Dについては構造式のみを表2に示す。

| 名称 | 沸点〔℃〕 |
|---|---|
| メタン | −161 |
| エタン | −89 |
| プロパン | −42 |
| ブタン | −1 |
| ペンタン | 36 |
| ヘキサン | 69 |
| ヘプタン | 98 |
| オクタン | 126 |
| ノナン | 151 |

表1 直鎖状飽和炭化水素の沸点

| 異性体 | 構造式 | 沸点〔℃〕 |
|---|---|---|
| A | $CH_3-CH_2-CH_2-CH_2-CH_2-CH_2-CH_2-CH_3$ | 126 |
| B | $CH_3-CH_2-CH_2-CH_2-CH_2-CH-CH_3$ <br> $\quad CH_3$ | 118 |
| C | $CH_3-CH-CH_2-\overset{CH_3}{\underset{CH_3}{C}}-CH_3$ <br> $\quad CH_3$ | 99 |
| D | $CH_3-CH-CH_2-CH_2-CH-CH_3$ <br> $\quad CH_3 \qquad CH_3$ | |

表2 オクタンの異性体の構造式と沸点

問1 表1から，デカンの沸点は約何℃であるかを予測せよ。

問2 表1に示した直鎖状飽和炭化水素の沸点から，この系列の分子では分子量が大きいものほど分子間に働く引力が強くなると考えられる。このような分子間力は，何という名称でよばれているか。

問3 表2に示したオクタンの異性体AとCの沸点を比較すると，同じ分子量であるにもかかわらずCの沸点はAよりかなり低い。どうしてこのような結果になるのか，その理由を40字以内で記せ。

問4 表2に示したオクタンの4種の異性体のうちDの沸点を予想し，A〜Dを沸点の高い順に並べよ。

(星薬科大)

### 165 不飽和炭化水素

→ 有 P.60〜68

不飽和炭化水素に関する次のア〜ウの条件をすべて満たすものを，あとの①〜⑤から1つ選べ。原子量はH = 1.0，C = 12とする。

ア　分子を構成するすべての炭素原子が常に1つの平面上にある。

イ　白金触媒を用いて水素化すると，枝分かれをした炭素鎖をもつ飽和炭化水素を与える。

ウ　1.0mol/Lの臭素の四塩化炭素溶液10mLに，この炭化水素を加えていくと，0.56g を加えたところで溶液の赤褐色が消失する。

① $CH_3CH=CH_2$　　② $CH_2=C(CH_3)_2$　　③ $CH_2=CHCH_2CH_3$

④ $CH_3CH=CHCH_3$　　⑤ $(CH_3)_2C=CHCH_3$

(センター試験)

## ★ 166 アルケン

→ 有 P.60～77

〔Ⅰ〕　アルケンの合成について考えてみよう。

　2-ブタノールと濃硫酸を混合した後，穏やかに加熱し，生成した気体を集めた。生成した気体を分析したところ，室温で気体である3種類のアルケンA，BおよびCの混合物であった。また，それらの生成量は A＞B＞C の順序であった。

　この2-ブタノールのように，アルコールの脱水反応により複数のアルケンが生成する場合，生成量に関して次の2つの規則が知られている。

　規則1　二重結合は，ヒドロキシ基の結合した炭素とそれに隣り合う水素をもつ炭素との間で生じる。このとき，2種以上のアルケンが生成する場合には，(1)式で示すように，水素の数の少ない炭素との間の反応が優先した生成物を与える。なお，Rはアルキル基を示す。

$$\begin{array}{ccc} R^1 & H & H \\ | & | & | \\ R^2-C-C-C-R^3 \\ | & | & | \\ H & OH & H \end{array} \longrightarrow \begin{array}{cc} R^1 & H & H \\ | & | & | \\ R^2-C=C-C-R^3 \\ & | \\ & H \end{array} \cdots(1)$$

　規則2　シス-トランス異性体が生成する場合には，トランス形がシス形より多く生成する。

問1　A，B，Cの構造式を記せ。

〔Ⅱ〕　アルケンに臭素を付加させた化合物の構造について考えてみよう。

　アルケンへの臭素の付加反応は，炭素-炭素二重結合のつくる面の上下から臭素が付加した生成物を与える。例えば，シクロヘキサンに臭素を付加させると，(2)式で示した構造をもつ1,2-ジブロモシクロヘキサンが生成される。なお，(2)式の実線くさび形 ◢ で示した結合は紙面の手前側，破線くさび形 ⫶⫶ で示した結合は紙面の裏側に存在することを示す。

　そこで，〔Ⅰ〕のアルケンAに臭素を付加させてDが得られた。このDの構造を(2)式の生成物のように示すと，□で表される。

問2　□に最も適当なものを次の㋐～㋒から選べ。

第11章 脂肪族化合物　99

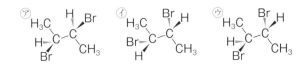

（関西大）

## 167 アルケン（オゾン分解1）　→有 P.74

　アルケンは一般に，次のようなオゾンを用いる分解反応を行うと，炭素-炭素二重結合が切断されてアルデヒドまたはケトンになる。

$$R^1_{\phantom{2}}\!\!\!\!\!\!\!\!\diagdown_{R^2}\!\!\!\!C=C\!\!\!\diagup^{R^3}_{\phantom{4}}\!\!\!\!\!\!\diagdown R^4 \longrightarrow R^1_{\phantom{2}}\!\!\!\!\!\!\!\!\diagdown_{R^2}\!\!\!\!C=O \ + \ O=C\!\!\!\diagup^{R^3}_{\phantom{4}}\!\!\!\!\!\!\diagdown R^4$$

（アルケン）　　（アルデヒドまたはケトン）（アルデヒドまたはケトン）

　分子式がC$_5$H$_{10}$の2つのアルケンA，Bの混合物をオゾン分解したところ，アルデヒドC，DおよびケトンE，Fの4種類の混合物が生成した。アルデヒドCはアルケンAから生じ，室温では気体（沸点−19℃）で水に溶けやすく，防腐剤に使われたり熱硬化性樹脂の原料として利用されている。

　また，ケトンEはアルケンBから生じ，<u>酢酸カルシウムを乾留</u>しても得られる。Eは工業的に多量に生産されており，石油から得られるアルケンGの直接酸化は製造方法の1つである。

問1　化合物A，B，C，Dの構造式を示せ。

問2　アルデヒドDは，工業的にどのような方法でつくられているか。40字以内で説明せよ。

問3　下線部の反応を化学反応式で示せ。

問4　アルケンGは，ケトンEの合成原料以外にどのように利用されているか。20字以内で答えよ。

（千葉大）

## ★168 アルケン（オゾン分解2）　→有 P.74

　オゾン（O$_3$）分解によってアルケンの二重結合は開裂し，カルボニル基に分解される。

$$R^1_{\phantom{2}}\!\!\!\!\!\!\!\!\diagdown_{R^2}\!\!\!\!C=C\!\!\!\diagup^{R^3}_{\phantom{4}}\!\!\!\!\!\!\diagdown R^4 \xrightarrow{\ O_3\ } \xrightarrow{\ Zn\ } R^1_{\phantom{2}}\!\!\!\!\!\!\!\!\diagdown_{R^2}\!\!\!\!C=O \ + \ O=C\!\!\!\diagup^{R^3}_{\phantom{4}}\!\!\!\!\!\!\diagdown R^4$$

ただしR$^1$〜R$^4$は水素原子または炭化水素基

　分子式がC$_7$H$_{14}$のアルケンA〜Eに対しオゾン分解を行い，次の結果を得た。

結果1　アルケンAからは，アセトアルデヒドとヨードホルム反応を示さないケトンFが得られた。

結果2　アルケンBからは，ケトンGとケトンHが得られた。

結果3　アルケンCからは，ケトンGとアルデヒドIが得られた。

結果4　アルケンDからも，ケトンGとアルデヒドIが得られた。

結果5　アルケンEからは，アルデヒドIとアルデヒドJが得られた。

問1　Aは第三級アルコールの脱水反応によっても合成することができる。この反応の反応式を示せ。有機化合物は構造式を用いて示せ。

問2　Bの構造式を示せ。

問3　CとDとして考えられる化合物の構造式を2つ示せ。

問4　Jとして考えられる化合物は複数ある。それらの構造式をすべて示せ。

問5　問4で考えられる化合物の中から，Jの構造を決定するためには，どのような情報が必要か。最も適切なものを次の⓪〜⓪から1つ選べ。

　⓪　Jが銀鏡反応するか，またはしないか

　⓪　Jの組成式

　⓪　Jに含まれる水素原子の数

　⓪　Jに含まれるすべての炭素原子が同一平面に存在できるか，またはできないか

　⓪　Jに不斉炭素原子が含まれるか，または含まれないか

　⓪　Jの分子量

（九州工業大）

## 169 アルキン(1)    → 有 P.82

標準状態(0℃，1013hPa)で2240mLの体積を占めるエチレンとアセチレンよりなる混合気体がある。この混合気体全体を水素添加によりエタンにするのに標準状態の水素3360mLを要した。はじめの混合気体をアンモニア性硝酸銀水溶液に通じることにより生成する銀アセチリドの質量〔g〕を有効数字2桁で求めよ。原子量はH＝1.0，C＝12，Ag＝108とする。

（早稲田大（教育））

## ★ 170 アルキン(2)    → 有 P.78〜86

次の文章を読み，化合物A〜Gの構造式を示せ。

化合物Aは分子式$C_4H_6$のアルキンである。この化合物に関係する以下の実験を行った。

実験1　化合物Aに触媒を用いて水を付加させると，化合物Bが生成した。化合物Bに水酸化ナトリウム水溶液とヨウ素を加え加熱すると，ヨードホルムの黄色結晶が生成した。

実験2　化合物Aに触媒を用いて水素を付加させると，化合物Cが生成した。さらに，化合物Cに臭素を付加させると，不斉炭素原子をもつ化合物Dが得られた。

実験3　化合物Bを還元すると化合物Eが得られ，これは金属ナトリウムと反応して水素を発生した。化合物Eを濃硫酸と加熱すると，化合物Cとともに化合物Cの構造異性体である化合物Fと化合物Gが生成した。化合物Fと化合物Gは互いに立体異性体の関係にあり，化合物Fはシス形であり，化合物Gはトランス形であった。

（長崎大）

## 171 $C_4H_{10}O$　➡ 有 P.87〜98

　分子式$C_4H_{10}O$の化合物には，全部で7種類の構造異性体が考えられる。そのうち，異性体Aは金属ナトリウムと反応して水素を発生するが，二クロム酸カリウムの希硫酸溶液中では酸化されにくい。

　異性体Bは，エタノールを濃硫酸と130〜140℃に加熱して得られ，金属ナトリウムとは反応しない。

　異性体Cは金属ナトリウムと反応して水素を発生し，二クロム酸カリウムの希硫酸溶液で酸化され，その生成物をアンモニア性硝酸銀水溶液に加えても銀鏡反応を示さない。また，Cには鏡像異性体がある。

　A，B，Cの構造式を示せ。また，Cの構造を推定した理由を述べよ。　（島根大）

## 172 カルボニル基をもつ化合物に関する正誤問題　➡ 有 P.106〜108

　カルボニル基をもつ化合物に関する記述として正しいものを，次の①〜⑤から1つ選べ。
① アセトアルデヒドを酸化すると，ギ酸が得られる。
② ギ酸はホルミル基をもつ。
③ ギ酸は，炭酸水より弱い酸性を示す。
④ アセトアルデヒドの工業的製法の1つに，触媒を用いてプロピレン（プロペン）を酸化する方法がある。
⑤ アンモニア性硝酸銀水溶液にアセトンを加えると，銀鏡反応を示す。　（センター試験）

## 173 $C_4H_8O$　➡ 有 P.106

　5種類の化合物A，B，C，D，Eはいずれも$C_4H_8O$の分子式をもつ。AとBは直鎖状炭素骨格をもつカルボニル化合物である。Aは還元によって第一級アルコールに，Bは第二級アルコールとなる。Cは炭素-炭素二重結合を，DとEは3員環の環状エーテル結合をもっている。CとDにはそれぞれ1個の不斉炭素原子があり，鏡像異性体が存在する。Eは2個の不斉炭素原子をもつにもかかわらず，その実像と鏡像を重ね合わせることができるので鏡像異性体は存在しない。
問1　A〜Dの構造式を示せ。
★問2　Eの立体構造式を示せ。　（名古屋大）

## 174 フェーリング液の還元　➡ 有 P.107, 108

　アセトアルデヒドの水溶液に十分な量のフェーリング液を加えて加熱し，生じた赤色沈殿の乾燥質量を測定したところ0.650gであった。この反応で酸化されたアセトアルデ

ヒドの質量〔g〕はいくらか，有効数字2桁で答えよ。各元素の原子量はH＝1，C＝12，O＝16，Cu＝63.5とする。

（東京工業大）

**175** カルボン酸塩の脱炭酸反応　　　　　　　　　　→ 有 P.127

　飽和脂肪酸RCOOHのナトリウム塩に，水酸化ナトリウムを加えて加熱すると，次の反応式により，炭化水素RHが生成する。

$$RCOONa + NaOH \longrightarrow RH + Na_2CO_3$$

　ある飽和脂肪酸のナトリウム塩11gを用いて上の反応を完全に行わせたところ，炭化水素4.4gが生成した。この飽和脂肪酸を，次の①〜④から1つ選べ。原子量はH＝1.0，C＝12，O＝16，Na＝23とする。

① $CH_3COOH$　　② $CH_3CH_2COOH$　　③ $CH_3CH_2CH_2COOH$
④ $CH_3CH_2CH_2CH_2COOH$

（センター試験）

**176** エステル　　　　　　　　　　　　　　　　　　→ 有 P.130〜136

　図1に示す装置を用いて，テレフタル酸のエステル化反応を行った。200mLの丸底フラスコaにテレフタル酸(5.0g)，1-ノナノール $CH_3(CH_2)_8OH$(15mL，密度0.83g/cm$^3$，沸点215℃)，濃硫酸(0.10g)およびトルエン(100mL，密度0.87g/cm$^3$，沸点111℃)を入れ，これらを140℃の油浴で加熱した。装置は次のような仕組みになっている。まずaが加熱され，沸点に達した物質は蒸気となり，枝管bを通って冷却管cに達する。蒸気はここで冷やされて液化し，下方にある側管d(容積5.0mL)にたまる。dからあふれた液体はbを通ってaに戻る。水の密度は1.0g/cm$^3$とし，原子量はH＝1.0，C＝12.0，O＝16.0とする。

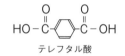

テレフタル酸

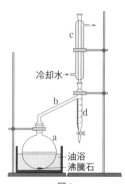

c

冷却水 →

b

d

a

油浴
沸騰石

図1

問1　カルボン酸とアルコールからエステルを合成する反応は平衡反応である。テレフタル酸と1-ノナノールから中性の化合物が生じる反応の化学反応式を示せ。

★問2　この方法では，テレフタル酸はすべて消費されてエステルに変化する。dにたまっているすべての物質名とその体積を有効数字2桁で答えよ。また，dに物質がたまっている様子を図示せよ。なお，テレフタル酸および，その中性の化合物は沸点が高く，この条件では気化しない。また，濃硫酸に含まれる水は無視してよい。

問3　図1の装置を用い，トルエンの代わりにクロロベンゼン(100mL，密度1.11g/cm$^3$，沸点131℃)を使って同様のエステル化反応を行ったところ，長時間加熱しても反応は完結しなかった。その理由を述べよ。

（大阪大）

次の文章を読み，あとの問いに答えよ。なお，構造式は（例）にならって記せ。ただし，構造式中の不斉炭素原子には＊を付し，立体異性体を区別せずに記せ。原子量は H＝1.0，C＝12，O＝16 とする。

（例）

$$\underset{OH}{\overset{Cl}{H_3C-\overset{*}{C}-CH_2}}\quad \overset{H}{\underset{CH_2}{C}}=C\overset{CH_2}{\underset{CH_2-\underset{O}{C}-CH_3}{}}\!\!-\!\!\left\langle\ \right\rangle\!\!-OH$$

　化合物 A と B は，炭素，水素，酸素から構成される有機化合物である。化合物 A と B の分子式は異なるが，どちらの分子量も 100 である。化合物 A と B はそれぞれ不斉炭素原子を 1 つもつ。化合物 A と B について，以下の実験 1～実験 5 を行った。

実験 1：化合物 A と B の混合物をジエチルエーテルに溶解した後，分液ろうとに移した。そこに<u>炭酸水素ナトリウム水溶液を加え，よく振り混ぜた。エーテル層と水層を分離した後，エーテル層のジエチルエーテルを蒸発させると，化合物 B が得られた。</u>一方，水層に希塩酸を加えて中和した後，これをジエチルエーテルで抽出し，このエーテル層を濃縮したところ，化合物 A が得られた。

実験 2：化合物 A 5.0mg を完全燃焼させると，水 3.6mg と二酸化炭素 11.0mg が生成した。

実験 3：触媒の存在下で，化合物 B に十分な量の水素を反応させたところ，分子量が化合物 B より 2 だけ増加した化合物 C が得られた。なお，化合物 C は不斉炭素原子を 1 つもっていた。また，化合物 B と臭素を反応させると，臭素の色が消えた。

実験 4：化合物 B を水酸化ナトリウム水溶液中でヨウ素と反応させると，特有の臭いをもつ黄色沈殿が得られた。

実験 5：化合物 B に塩化水素を反応させると，マルコフニコフ則に従った化合物 D を主生成物として生じた。化合物 D は不斉炭素原子を 2 つもっていた。

【補足】　アルケンにハロゲン化水素が付加する場合，二重結合を形成する炭素原子のうち，水素原子が多い方の炭素原子にハロゲン化水素の水素原子が結合した化合物が主生成物となる経験則をマルコフニコフ則という。

問 1　実験 1 の下線部の操作を行うと，エーテル層は上層または下層のいずれになるかを答えよ。

問 2　実験 2 の結果から，化合物 A の分子式を答えよ。

問 3　化合物 A の構造式を記せ。

問 4　実験 4 について，この反応の名称を答えよ。

問 5　化合物 B の分子式を答えよ。

問 6　化合物 B にはシス-トランス異性体は存在しない。化合物 B の構造式を記せ。

（大阪府立大）

# 第12章 芳香族化合物

## 20 ベンゼン・ベンゼンの置換反応・芳香族炭化水素とその誘導体

**Do** 有 P.146〜172
⇒解答・解説P.100

### 178 ベンゼン

→ 有 P.146〜152

ベンゼンの構造式は，1865年，ケクレによって提案され，形式的に構造式Xのように表せる。一方，環状構造の中に二重結合を1個もつ炭化水素はシクロアルケンとよばれており，炭素6個からなるシクロヘキセンは構造式Yで表せる。

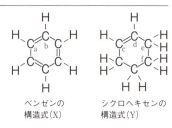

ベンゼンの
構造式（X）

シクロヘキセンの
構造式（Y）

ベンゼンとシクロヘキセンの二重結合の反応性を比較するために，次の実験を行った。

ベンゼンとシクロヘキセンに，それぞれ硫酸酸性の過マンガン酸カリウム水溶液を加えたところ，その水溶液の赤紫色が脱色されたのは ア であった。

次に，ベンゼンとシクロヘキセンに，それぞれ臭素水を加えて振ったところ，色の変化が見られなかったのは イ であった。また，ニッケルを触媒として水素を反応させたところ，水素が付加したのは ウ であった。

問1　文中の ____ にあてはまる最も適切なものを，次の①〜③から選べ。
　① ベンゼンのみ　② シクロヘキセンのみ　③ ベンゼンとシクロヘキセン

問2　ベンゼンの構造式Xにおける炭素aと炭素bの間の実際の長さを[a—b]，シクロヘキセンの構造式Yにおける炭素cと炭素dの間の長さを[c—d]，および炭素eと炭素fの間の長さを[e—f]とする。これらに関する次の⓪〜⑪の説明の中で，最も適切なものを1つ選べ。
　⓪　[a—b]は，[c—d]と同じであるが，[e—f]より短い。
　⓸　[a—b]は，[c—d]と同じであるが，[e—f]より長い。
　⓾　[a—b]は，[c—d]，[e—f]より長い。
　⓮　[a—b]は，[c—d]，[e—f]より短い。
　⓸　[a—b]は，[c—d]より長いが，[e—f]より短い。
　⓴　[a—b]は，[c—d]より短いが，[e—f]より長い。

(九州工業大)

### 179 配向性

→ 有 P.158〜160

次の文中の a 〜 d には物質名を， あ 〜 う には適切な語句を， ア ， イ には反応の名称を記せ。また，同じ語句や反応の名称を繰り返し用いてもよい。

ベンゼンに鉄粉と塩素を作用させると a が生成する。ベンゼンは不飽和結合を3個もちながら，脂肪族化合物の不飽和結合に塩素を反応させたときに見られた ア 反応は起こさず， イ 反応を起こすのも，芳香族化合物の1つの特徴である。

ベンゼンにすでに結合している置換基は，次に結合する置換基の結合位置，すなわち
$\boxed{あ}$ 位， $\boxed{い}$ 位， $\boxed{う}$ 位に影響をおよぼす。これを置換基の配向性という。例えば，ト
ルエンを濃硫酸と濃硝酸でニトロ化する場合，はじめは主に $\boxed{b}$ と $\boxed{c}$ を生じるが，温
度を上げてニトロ化を行うと最終的には $\boxed{d}$ を生じる。このことは，ベンゼン環に結合
したメチル基は，次に入る置換基を $\boxed{あ}$ の位置と $\boxed{う}$ の位置に結合させる配向性を示す
ことによる。

(静岡大)

## ★ 180 $C_8H_{10}$

→ 有 P.166〜168

　近年発展した核磁気共鳴分光装置により有機化合物の測定を行うと，分子中に物理
的・化学的性質の異なる炭素原子が何種類存在するかを観測することができ，分子構造
を決定するうえで非常に役に立つ。例えば，ベンゼンに対してこの測定を行うと，1種
類のみの炭素原子が観測された。この結果は，ベンゼンの炭素骨格が平面正六角形であ
り，分子中の炭素原子の性質がすべて等しい事実と一致する。一方，エチルベンゼンを
測定すると異なる性質をもつ炭素原子が6種類観測された。この測定結果から，エチル
ベンゼンにおいては，図1に示すようにa〜fの炭素原子がお互いに異なる性質をもつこ
とがわかる。ベンゼン環の炭素原子がa〜dの4種類に
分かれるのは，ベンゼンにエチル基が置換すると，置換
基との距離が異なるため，a〜dの環境(物理的・化学的
性質)が等しくなくなるからである。

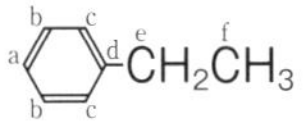

図1　エチルベンゼン中の性質
の異なる6種類の炭素原子

問1　エチルベンゼンの構造異性体である3つの芳香族化合物に対して前述の測定を行
　　った。その結果，観測された炭素原子の種類は，それぞれ，5種類，4種類，および，
　　3種類であった。対応する構造式を示せ。
問2　トルエンに少量の臭素を加えて光を照射すると，メタンのハロゲン化と同様の反
　　応が起こり$C_7H_7Br$の分子式をもつ A が得られた。一方，光照射の代わりに鉄粉を加
　　えると，A の構造異性体が複数得られた。その構造異性体の中で最も生成量の多い B
　　に対して前述の測定を行ったところ，観測された炭素原子の種類の数は A の場合と
　　同数であった。A，B の構造式を示せ。

(大阪大)

## 181 芳香族カルボン酸

→ 有 P.167,168

　芳香環にアルキル基が直接結合した化合物を酸化すると，芳香族カルボン酸が得られ
る。この反応を，未知化合物の構造決定に利用することができる。
　ベンゼン環を含む構造未知の化合物 A を酸化したところ，カルボン酸 B が得られた。
カルボン酸 B の1.00gを中和するのに，1.00mol/Lの水酸化ナトリウム水溶液が12.0mL
必要であった。化合物 A の構造式として最も適当なものを，次の①〜⑤から1つ選べ。
原子量は H = 1.0，C = 12，N = 14，O = 16，Cl = 35.5とする。

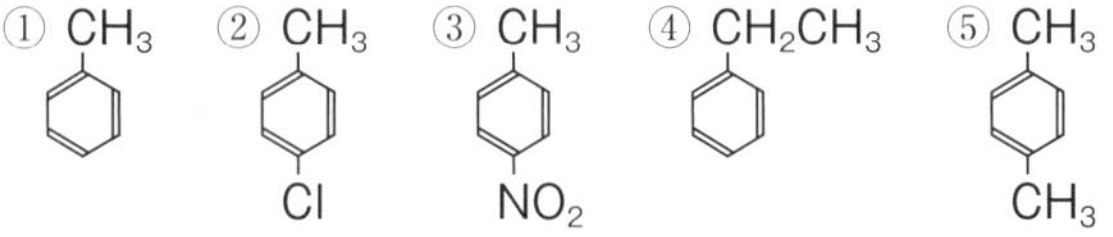

① $CH_3$　② $CH_3$　③ $CH_3$　④ $CH_2CH_3$　⑤ $CH_3$

(センター試験)

## 21 フェノール類とその誘導体・アニリンとその誘導体

➡Do 有 P.173〜206　➡解答・解説P.102

**182** C$_7$H$_8$O，C$_8$H$_{10}$O

➡ 有 P.174〜177

① A〜Fはいずれも芳香族化合物である。

② AとBの分子式はC$_7$H$_8$Oで，Cの分子式はC$_8$H$_{10}$Oである。

③ Aは水酸化ナトリウム水溶液によく溶けたが，BとCはあまり溶けなかった。

④ AとCはいずれも無水酢酸と反応してエステルを生成したが，Bはエステルを生成しなかった。

⑤ Aを適当な条件でニトロ化して，そのベンゼン環に1個のニトロ基を導入したとすると2種類のニトロ化合物を生成する可能性がある。

⑥ Cをおだやかな条件で酸化すると，C$_8$H$_8$Oの分子式で表される還元性の物質Dが得られた。

⑦ Dをさらにきびしい条件で酸化すると，C$_8$H$_6$O$_4$の分子式で表される2価のカルボン酸Eが得られた。

⑧ Eを加熱すると分子内で脱水反応を起こし，C$_8$H$_4$O$_3$の分子式で表される物質Fを生成した。

問1　A〜CおよびFの構造式を右の(例)と同程度に簡略化して示せ。

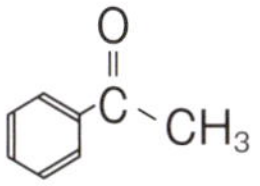

問2　A〜Dのうち塩化鉄(Ⅲ)水溶液によって青色を呈するものはどれか。記号で答えよ。

問3　BおよびEのベンゼン環に1個のニトロ基を導入した場合に，それぞれ最大で何種類のニトロ化合物を生成する可能性があるか，その数を答えよ。

(神戸大)

(例)

**183** フェノールの製法

➡ 有 P.179〜181

　フェノールの工業的製法であるクメン法は，ベンゼンを出発原料とする以下の3段階の反応により構成される。まず，ベンゼンとAの混合物に触媒を作用させることでクメンBを合成する((1)式)。続いてBに酸素と触媒を加えることでCとした後((2)式)，これにDを触媒として加えて分解反応を行うと，フェノールならびにEが得られる((3)式)。

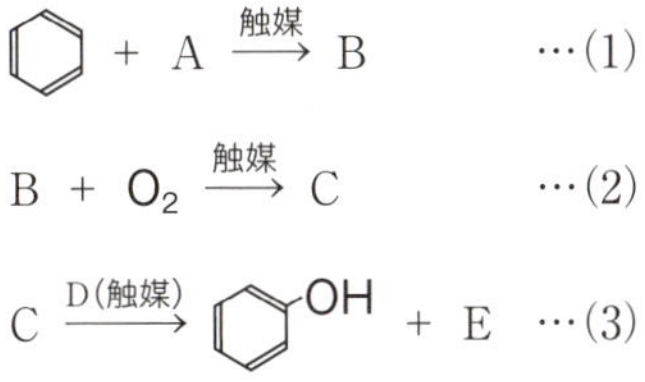

問1　化合物A，B，C，Eの構造式を示せ。また，Dの化合物名を答えよ。

問2　次の①～⑧の反応剤のうちのいくつかを適切な順で用い，クメン法とは異なる方法で，ベンゼンからフェノールを合成したい。使用すべき反応剤の番号を，用いる順番に答えよ。

① $HNO_3$, $H_2SO_4$　　② NaOH水溶液(室温)　　③ NaOH水溶液(高温・高圧)

④ 濃$H_2SO_4$　　⑤ Sn, 塩酸　　⑥ $CO_2$, $H_2O$

⑦ $Cl_2$, Fe　　⑧ $O_2$

## 184 フェノールの誘導体　　→ 有 P.183, 184

次の(Ⅰ)～(Ⅳ)の記述を読み，問1
～6に答えよ。ただし，原子量は
H=1.0, C=12.0, O=16.0, Na=23.0
とする。有機化合物は右に示す(例)にならって構造式で示せ。

(例)

(Ⅰ)ナトリウムフェノキシドに高温高圧で二酸化炭素を反応させた後，希硫酸を加えると有機化合物Aが生成した。

(Ⅱ)Aに無水酢酸を反応させると，解熱鎮痛剤として使用される化合物Bが生成した。

(Ⅲ)濃硫酸を触媒として，Aにメタノールを反応させると，消炎鎮痛剤として湿布やスプレーに用いられる化合物Cが生成した。

(Ⅳ)Bに多量の水酸化ナトリウム水溶液を加えると，次の化学反応式で示すけん化をともなう反応が起こり有機化合物Dが生成した。

$$B + 3NaOH \longrightarrow D + CH_3\text{-}\overset{\overset{\text{O}}{\|}}{C}\text{-}ONa + 2H_2O$$

問1　A，B，Cの構造式と化合物の名称をそれぞれ答えよ。

問2　Dの水溶液に十分な量の二酸化炭素を通じたときに起こる有機化合物の反応の化学反応式を示せ。

問3　AとBを化学的に区別するために，それぞれの水溶液に塩化鉄(Ⅲ)水溶液を加えた。この反応で，AまたはBのどちらが赤紫色を呈したか。記号で答えよ。また，赤紫色を呈するのは構造上のどのような特徴によるものかを簡潔に示せ。

問4　A～Dのうち，炭酸水素ナトリウム水溶液に最も溶けにくいものはどれか。記号で答えよ。

問5　(Ⅲ)の反応において，A13.8gおよびメタノール96.0gを用いて反応したとき，Cが7.6g得られた。この場合，(Ⅲ)の化学反応が完全に進んだときに得られるCの量の何%が得られたか。答えは四捨五入して小数第1位まで答えよ。

問6　(Ⅱ)の反応で得られた生成物XにはBと不純物が含まれていた。この生成物X 50gを，80℃で水に溶解しBの飽和溶液を調製した。この飽和溶液を25℃まで冷却したところ，純粋なBが45g析出した。この生成物XはBを何%(質量比)含んでいたか。ただし，100gの水に溶解するBの質量は，25℃では1g，80℃では16gであるとする。また，含まれている不純物は水に溶けやすく，Bの溶解度に影響を与えないものとする。答えは四捨五入して整数値で答えよ。

（京都薬科大）

## 185 アニリンの製法

→ 有 P.192

　ベンゼン(分子量78)を濃硫酸と濃硝酸でニトロ化し，ニトロベンゼン(分子量123)を得た。さらに，亜鉛と塩酸で還元してアニリン(分子量93)を得た。ニトロ化反応と還元反応の収率は，それぞれ80％と70％であった。ベンゼン39gから得られるアニリンは何gか。最も適当な数値を，下の①〜⑥から1つ選べ。ただし，収率とは，反応式から計算した生成物の量に対する，実験で得られた生成物の量の割合をいう。

$$\text{〔ベンゼン〕} \xrightarrow[\text{(80\%)}]{\text{ニトロ化}} \text{〔} \bigcirc\text{-NO}_2\text{〕} \xrightarrow[\text{(70\%)}]{\text{還元}} \text{〔} \bigcirc\text{-NH}_2\text{〕}$$

① 26　② 33　③ 37　④ 47　⑤ 68　⑥ 86

(センター試験)

## ★186 アゾ染料の合成

→ 有 P.194, 195

　次の文章は，中和滴定の指示薬で用いられるアゾ染料であるメチルオレンジを合成する実験の操作および結果を述べたものである。下の問いに答えよ。

(例)

$$\text{HO}_3\text{S}-\bigcirc-\text{NH}_2$$

スルファニル酸

$$\bigcirc-\text{N(CH}_3)_2$$

N,N-ジメチルアニリン

　スルファニル酸をビーカーにとり炭酸ナトリウム水溶液を加えて溶かす。亜硝酸ナトリウム水溶液を加えた後，ビーカーを①0〜5℃に冷却しながら塩酸を少しずつ加えると化合物Aが析出した。この懸濁液に氷冷下，酢酸に溶解させたジメチルアニリンを加え，数分間かき混ぜると反応溶液は a 色となった。次に，水酸化ナトリウム水溶液を加えて，反応溶液を強塩基性とすると溶液の色は b 色になり，化合物Bが析出した。②このビーカーを湯浴上で十分に加熱し化合物Bを溶解させた後，氷水に入れ冷却した。再び析出した化合物Bの結晶をろ過し，③飽和食塩水で洗って暗色の母液をとり除き，純粋な化合物Bを得た。

問1　化合物Aと化合物Bの構造式を上の(例)にならって示せ。

問2　文中の □ に適当な語句を答えよ。

問3　下線部①の操作を5℃以上で行うとどうなるか。簡潔に説明せよ。

問4　どうして析出した化合物Bをすぐにろ過せず，下線部②の操作を行ったのか。その理由を簡潔に述べよ。

問5　下線部③では，どうして水ではなく飽和食塩水を使ったのか。その理由を簡潔に述べよ。

(高知大)

## ★187 染料

→ 有 P.196

　一般に物質が色づいて見えるのは，その物質が白色光の一部の光を吸収し，残りの光を反射するためである。このような色を示す物質を色素という。色素は染料と ア に分けられ，染料は天然染料と合成染料に分けられる。合成染料は，石油を原料として合成される染料で，−N=N−で表される イ 基をもつ色素が代表的である。染料は，(Ⅰ)直接染料，(Ⅱ)分散染料，(Ⅲ)媒染染料，(Ⅳ)建染め染料(還元染料)が代表例として挙げ

られる。加賀友禅※1での染色は地染め※2などに（Ⅲ）媒染染料が用いられており，古来の技術と現在の技術を融合して新しい伝統を築いている。着物の繊維としては，絹や木綿といった天然繊維が古来用いられているが，ポリエステルやナイロンなどの合成繊維の着物も登場している。

※1 江戸中期に金沢周辺にて確立した染色技術。加賀五彩とよばれる艶麗（えんれい）な色が特長。
※2 模様や柄以外の色，着物の地となる色に染色すること。

問1　文中の　　　に入る適切な語句を答えよ。

問2　（Ⅰ）直接染料，（Ⅱ）分散染料，（Ⅲ）媒染染料，（Ⅳ）建染め染料の説明として適切なものを，次の①〜④からそれぞれ1つ選べ。

① 水に不溶であり，界面活性剤を用い，水中で微粒子状にして染色する。
② 染料の水溶液に繊維を浸す。分子間力で色素と繊維が結合する。
③ 水に不溶であるが，発酵させるなどして水溶性にし，繊維に浸した後に空気で酸化して元の染料に戻す。インジゴ色素による藍染めが代表例として挙げられる。
④ 金属塩溶液であらかじめ繊維を処理し，次に染料の水溶液に浸す。用いる金属塩の種類で発色が変わる。

(金沢大)

## 188 芳香族化合物の総合問題（1）　→ 有 第3章

ベンゼン環を有する化合物A〜Cについて，次の問いに答えよ。

問1　Aは水には溶けにくいが酸性水溶液には溶解する化合物であり，さらし粉水溶液と反応して赤紫色を呈する。またAを無水酢酸と反応させると，$C_8H_9NO$で示される分子式を有する芳香族化合物が得られる。Aをベンゼンから2段階の反応操作で合成するためにはどうすればよいか。次の①〜⑧から2つ選び，操作の順に答えよ。

① 酸化アルミニウムとプロペンを作用させる。
② ニッケルを触媒にして水素で還元する。
③ 酸素を用いて酸化する。　　④ 濃硝酸と濃硫酸の混合物と反応させる。
⑤ 濃硫酸中で加熱する。　　⑥ 鉄粉を用いて単体の塩素を作用させる。
⑦ 希塩酸中で亜硝酸ナトリウム水溶液を作用させる。
⑧ 過マンガン酸カリウム水溶液を作用させる。

問2　Bは$C_{11}H_{14}O_3$で示される分子式を有し，ヒドロキシ基をもつ芳香族カルボン酸のエステルである。また，Bを加水分解すると炭素数4のアルコールとCが得られる。Cは塩化鉄（Ⅲ）水溶液を加えると呈色した。Bとして考えられる構造異性体はいくつあるか。

問3　問2のCとして考えられる化合物のうち，ナトリウムフェノキシドを原料として合成できるものがある。その方法を次の①〜⑤から1つ選べ。

① 無水酢酸と反応させる。
② 発煙硫酸と反応させた後，水酸化ナトリウム水溶液を作用させる。
③ 高温・高圧の二酸化炭素と反応させた後，強酸を作用させる。
④ 塩化ベンゼンジアゾニウムとカップリング反応させる。
⑤ 水酸化ナトリウムと共に融解させた後，強酸を作用させる。

(東京工業大)

## ★189 芳香族化合物の総合問題(2)

ベンゼン($C_6H_6$)の1つの水素原子を他の原子あるいは原子団(X)で置換した一置換ベンゼン(X-$C_6H_5$)において，残りの水素原子をさらに置換する際に，この置換基Xがベンゼン環の反応性および次に導入される置換基の置換位置(配向性)に大きな影響を及ぼすことが知られている。例えば，臭化鉄触媒を用いたトルエン(X＝$CH_3$)の臭素による臭素化は，ベンゼンの臭素化よりも速く進行し，生成物として*o*-ブロモトルエン(60％)と*p*-ブロモトルエン(39％)が得られ，*m*-ブロモトルエンはほとんど得られない。これは，トルエンのメチル基がベンゼン環に電子を与える性質を有しているからであり，この電子の一部がベンゼン環に流れ込むことによりベンゼン環内の電子密度が増し，特にオルト(*o*-)位とパラ(*p*-)位で電子密度が高くなることにより反応性が高まったことを示している。

一方，カルボニル基(C＝O)がベンゼン環に直接結合している化合物，例えばアセトフェノン(X＝アセチル基 $CH_3CO$− 図1(Ⅰ))の臭素化では，アセチル基がベンゼン環の電子密度を減少させるため，ベンゼンの臭素化よりも遅くなる。また*m*-ブロモアセトフェノン(図1(Ⅱ))が選択的に得られる。

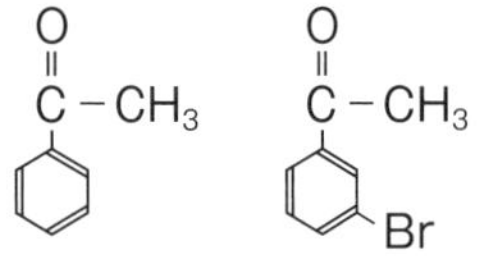


(Ⅰ)　(Ⅱ)

図1

トルエンから図2に示した化合物(a)～(c)を合成したい。図2の 操作1 ～ 操作9 に適切な反応操作をあとの㋐～㋓から1つずつ選べ。同じものを何度使用してもよい。ただし，一連の反応で異性体が生成する可能性があるが，目的化合物以外の異性体は無視すること。

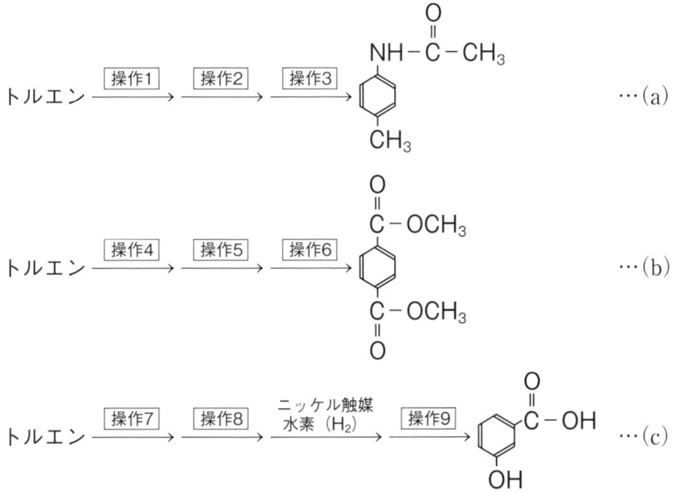


図2

〈反応操作〉

㋐ 硫酸酸性の過マンガン酸カリウム水溶液を加えて加熱する。

㋑ メタノールと少量の濃硫酸を加えて加熱する。

ⓤ 氷冷下で，希塩酸と亜硝酸ナトリウム水溶液を加えた後，室温まで温度を上げる。

ⓔ スズと濃塩酸を加えて加熱した後，塩基を加える。

ⓞ ヨウ素と水酸化ナトリウム水溶液を加える。

ⓚ 濃硫酸を加えて加熱する。

ⓢ 濃硫酸と濃硝酸の混合物を加えて加熱する。

ⓠ 無水酢酸と反応させる。

ⓥ 触媒を用いてエチレンと反応させる。

ⓒ 高温高圧下にて二酸化炭素と反応させる。 (名古屋市立大)

## 190 芳香族化合物の抽出と構造式の決定(1)  → 有 P.202〜204

化合物(A)は分子式$C_{20}H_{14}O_4$で表されるエステルである。(A)を水酸化ナトリウム水溶液で加水分解した後，反応溶液はそのまま分液ろうとに移し，図1の操作(a)と(b)を行って，2種の生成物(B)と(C)を得た。図1の操作で分離した化合物(B)と(C)は，それぞれ次の実験を行って化合物を確認した。

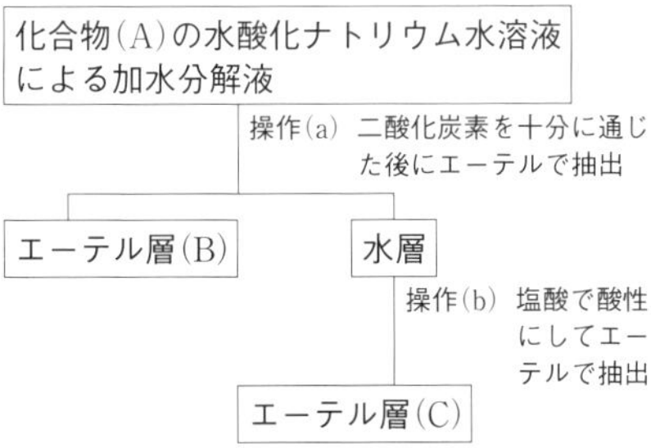

化合物(A)の水酸化ナトリウム水溶液による加水分解液
│
│操作(a) 二酸化炭素を十分に通じた後にエーテルで抽出
│
エーテル層(B)   水層
│操作(b) 塩酸で酸性にしてエーテルで抽出
│
エーテル層(C)
図1

(ア) ベンゼンをスルホン化して化合物(D)とする。(D)はアルカリ融解した後，硫酸を加え酸性にして(B)を得た。

(イ) アニリンの塩酸溶液に，冷やしながら亜硝酸ナトリウム水溶液を徐々に加えて，(E)の溶液を得た。

(ウ) (イ)で得た(E)の溶液を(B)の水酸化ナトリウム水溶液に加えたところ，オレンジ色の結晶が生じた。

(エ) (C)は230℃で加熱すると分子式$C_8H_4O_3$で示される化合物(F)となった。

問1 化合物(B)，(C)，(D)，(F)の化合物名と構造式を示せ。

問2 (イ)の反応を化学反応式で示し，反応名を答えよ。

問3 (ウ)の反応を化学反応式で示し，反応名を答えよ。

問4 化合物(A)の構造式を示せ。

問5 化合物(C)には2種の位置異性体(G)と(H)がある。この両者の構造式と化合物名を示せ。 (千葉大)

## ★191 芳香族化合物の抽出と構造式の決定(2)  → 有 P.137, 202〜204

炭素，水素，酸素よりなる分子量312のエステルAとBがある。AとBは構造異性体である。元素分析によるAの成分元素の質量組成は，炭素73.1%，水素6.4%であった。水酸化ナトリウム水溶液を用いて，Aを加水分解した。この水溶液にエーテルを加えて抽出を行った。エーテル層からベンゼン環をもち中性である化合物Cが得られた。水層を希塩酸によって，弱酸性にした後，再度エーテルを加えて抽出すると，エーテル層か

らは化合物Dが得られた。同様にBを加水分解し，エーテル層からはCが得られた。水層を弱酸性にした後，エーテルを加えて抽出を行い，化合物Eと化合物Fを得た。CとEは構造異性体である。DとFも構造異性体である。A，B，Dには不斉炭素原子が存在する。C，E，Fには不斉炭素原子が存在しない。

トルエンに濃硫酸を加えて加熱すると$p$-置換体である化合物Gが得られた。Gを水酸化ナトリウムと反応させた後に，アルカリ融解を行い，水溶液をつくり二酸化炭素を吹き込むとEが得られた。

**問1** 化合物Aの分子式を記せ。原子量はH＝1.0，C＝12.0，O＝16.0とする。

**問2** 化合物A〜Gの構造式を(例)にならって示せ。 （青山学院大）

（例）〈構造式: ベンゼン環〉CH$_2$-CH$_2$-COO-CH$_3$

---

## ★192 芳香族化合物の抽出と構造式の決定(3)  → 有 P.202〜204

ベンゼン環を2つ含む化合物Aがある。Aは分子式C$_{16}$H$_{14}$O$_4$をもち，炭酸水素ナトリウム水溶液に加えると発泡しながら溶解する。(a)Aを水酸化ナトリウム水溶液に加えると溶解して均一溶液となり，これを加熱していると油状物質が生成してくる。(b)完全に反応させてから室温まで冷却し，エーテルを加えよく振り混ぜ，エーテル層と水層を分液した。

エーテル層を濃縮すると分子式C$_8$H$_{10}$Oをもつ化合物Bが得られた。一方，水層を塩酸で酸性にすると分子式C$_8$H$_6$O$_4$をもつ化合物Cが析出した。

Bは不斉炭素原子をもつ。Bを二クロム酸カリウムで酸化すると分子式C$_8$H$_8$Oをもつ化合物Dが生成した。Dには不斉炭素原子は存在しない。また，Bを水酸化ナトリウム水溶液中でヨウ素と反応させると黄色結晶が生成した。この結晶を除いてから，残りの水層を塩酸で酸性にすると分子式C$_7$H$_6$O$_2$をもつ化合物Eが析出した。Cは加熱すると分子式C$_8$H$_4$O$_3$をもつ化合物Fを生成した。また，Fを同じ物質量のアニリンと加熱すると，分子式C$_{14}$H$_{11}$NO$_3$をもつ化合物Gが生成した。工業的な製造法の1つとして，化合物Fはナフタレンを酸化して製造される。

**問1** 化合物A〜Fの構造式を示し，不斉炭素原子に＊を付けよ。

**問2** 化合物CおよびEの名称を答えよ。

**問3** 下線部(a)の変化が観察される理由を60字以内で説明せよ。

**問4** 化合物Aの異性体がある。この異性体に水酸化ナトリウム水溶液を作用させたところ，下線部(a)と同様の変化をして油状物質が生成した。ついで下線部(b)の操作を行った。エーテル層から化合物Hが得られ，また，水層を酸性にすると化合物Cが得られた。HはBの異性体であり，ベンゼン環を含む。化合物Hの可能なすべての構造式を示せ。

**問5** Fとアニリンとからでを生成する反応を，化学反応式で示せ。 （東北大）

## 22 アミノ酸とタンパク質

**Do** 有 P.208～234
→解答・解説P.114

### 193 アミノ酸とペプチド

→ 有 P.208～210, 220

$\alpha$-アミノ酸(以下，単にアミノ酸と略する)は分子中の同じ炭素原子に酸性の ア 基と塩基性の イ 基が結合した化合物であり，その構造は，側鎖をRとすると一般式(A)で表される。

アミノ酸はタンパク質を構成する主要な成分であり，タンパク質を加水分解すると約20種類のアミノ酸が得られる。側鎖がHである ウ 以外のアミノ酸には，分子中に エ 炭素原子が存在するので，1対の オ 異性体が存在するが，天然に存在するアミノ酸は ウ を除けばいずれもL型といわれる立体構造をとっている。ヒトなどの動物では，約20種類あるアミノ酸の一部は他のアミノ酸から生体内で合成されるが，合成されにくいか，合成されないものを カ アミノ酸といい，これらは食品から摂取する必要がある。またアミノ酸には側鎖に ア 基をもつ①酸性アミノ酸，イ 基をもつ②塩基性アミノ酸も存在する。

アミノ酸の ア 基と別のアミノ酸の イ 基の間で脱水縮合が起こると キ 結合ができるが，このようにアミノ酸どうしから生じた キ 結合を特にペプチド結合という。2分子のアミノ酸の縮合で生じたペプチドをジペプチド，3分子のアミノ酸の縮合で生じたペプチドをトリペプチドとよぶ。多数のアミノ酸の縮合重合で生じた ク ペプチドがタンパク質である。

問1 文中の □ にあてはまる適切な語句を答えよ。

問2 $\alpha$-アミノ酸の一般式(A)を構造式で示せ。

問3 下線部①，②にあてはまる$\alpha$-アミノ酸の名称を，それぞれ1つ答えよ。

問4 チロシン(Tyr)，アラニン(Ala)，セリン(Ser)各1分子からなるトリペプチドは何種類あるか答えよ。立体異性体は区別しなくてよい。

(前橋工科大)

### ★ 194 アミノ酸の電離平衡と等電点

→ 有 P.212～216

次の文章を読み，あとの問1～3に答えよ。ただし，必要に応じ $\log_{10}2.0 = 0.30$，$1 \times 10^{0.3} = 2.0$，$\sqrt{2} = 1.41$，$\sqrt{3} = 1.73$，$\sqrt{5} = 2.24$ を用いて計算すること。

アラニン塩酸塩($CH_3-CH(NH_3Cl)-COOH$)を水に溶解すると，その多くは陽イオンになるが，pHを変化させることにより，双性イオンや陰イオンにもなる(図1)。また，水溶液中では，イオン化していないアラニン分子は存在しないものと考えてよい。

$$CH_3-CH(NH_3^+)-COOH \underset{H^+}{\overset{OH^-}{\rightleftharpoons}} CH_3-CH(NH_3^+)-COO^- \underset{H^+}{\overset{OH^-}{\rightleftharpoons}} CH_3-CH(NH_2)-COO^-$$

陽イオン（A$^+$）　　　　　双性イオン（A$^\pm$）　　　　　陰イオン（A$^-$）

図1　水溶液中のアラニンのイオン型

　ここで，陽イオンをA$^+$，双性イオンをA$^\pm$，陰イオンをA$^-$とそれぞれ表記すると，この電離平衡は，次の2つの平衡から成り立っていることがわかる。

$$A^+ \rightleftharpoons A^\pm + H^+ \quad \cdots(1)$$
$$A^\pm \rightleftharpoons A^- + H^+ \quad \cdots(2)$$

これより，(1)式の電離定数$K_1$と(2)式の電離定数$K_2$は，次のように表される。

$$K_1 = \frac{[A^\pm][H^+]}{[A^+]} \qquad K_2 = \frac{[A^-][H^+]}{[A^\pm]}$$

　そこで，0.100mol/Lアラニン塩酸塩水溶液10.0mLを0.100mol/L NaOH水溶液を用いて25℃で滴定した（図2）。この結果から，電離定数$K_1$と$K_2$は，それぞれ次のように求められた。

$$K_1 = 5.0 \times 10^{-3} \text{〔mol/L〕}$$
$$K_2 = 2.0 \times 10^{-10} \text{〔mol/L〕}$$

　また，図3のようにpH9.7の緩衝液に浸したろ紙様シートの中央に図2●点イのアラニン水溶液に浸した木綿糸を置き，しばらく通電し電気泳動した。その後，ニンヒドリン溶液をろ紙に噴霧し，ドライヤーで加熱乾燥したところ，図4(a)のようにアラニンが赤紫色に呈色した。

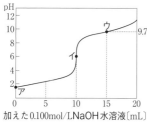

図2　0.100mol/Lアラニン塩酸
　　　塩水溶液の滴定曲線

図3　アラニンの電気泳動

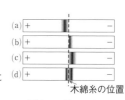

図4　アラニンの
　　　電気泳動像の例

問1　水溶液中にあるアミノ酸イオン混合物の電荷が全体としてゼロになるときのpHを等電点という。25℃におけるアラニンの等電点を小数点以下第1位まで求めよ。

問2　図2●点アと●点ウにおける双性イオン（A$^\pm$）の濃度を，有効数字2桁でそれぞれ求めよ。また，●点アにおけるpHも小数点以下第1位まで求めよ。なお，●点アでの陽イオン（A$^+$）の濃度は0.100mol/Lとしてよい。

問3　下線部で，ろ紙様シートを浸す緩衝液のpHを問1の等電点の値に変えて同様に電気泳動した場合，アラニンは木綿糸の位置から動かなかった。それでは，緩衝液のpHを4.3にした場合にはアラニンの呈色パターンはどのようになるか。図4の(a)～(d)から最も近いものを1つ選び，記号で答えよ。また，それを選んだ理由も記せ。

（福井大）

## 195 ポリペプチド

→ 有 P.219, 220

　グリシン（分子量75）とフェニルアラニン（分子量165）からなるポリペプチドXを完全に加水分解すると，グリシン15.0gとフェニルアラニン49.5gが生成し，水（分子量18）8.1gが消費された。このポリペプチドXの分子量を有効数字2桁で求めよ。

（早稲田大（人間科））

## 196 タンパク質の構造

→ 有 P.219〜221

　次の文中の□□に適当な語句を入れ，文章を完成させよ。

　分子中に−$NH_2$と−$COOH$をもち，この2種類の官能基が同一炭素原子に結合している化合物を ア とよぶ。 ア が イ 結合で多数つながった高分子がタンパク質である。タンパク質を構成する ア の配列順序をタンパク質の ウ とよぶ。水溶液中ではタンパク質の イ 鎖はらせん構造をとることがある。この構造を エ とよび，らせん1巻きに平均3.6個の ア 単位が入る。また， オ とよばれる，となりあった イ 鎖どうしが波状に折れ曲がって並んだひだ状構造をとることもある。 エ や オ のような基本構造は，タンパク質の カ とよばれ， イ 結合に関与している官能基間の キ 結合によって形成される。タンパク質全体では， キ 結合や ク 結合といった非共有結合や，共有結合である ケ 結合により，分子全体が複雑な構造をとる。これをタンパク質の コ とよび，タンパク質の機能に重要である。

（信州大）

## 197 タンパク質の分類と検出反応

→ 有 P.219〜230

　タンパク質は生物組織の中に存在する巨大な分子であり，種々の生命活動に関わっている。タンパク質を分類すると，$\alpha$-アミノ酸のみで構成されている ア タンパク質と，アミノ酸以外に糖類，色素，リン酸などを含む イ タンパク質がある。タンパク質を構成するポリペプチドは$\alpha$-ヘリックスとよばれる構造をとることが多く，この構造はペプチド結合の ＞NHと ＞C=Oとの間の ウ 結合により安定に保たれている。タンパク質に熱，アルコール，重金属イオン，酸，塩基などを加えると立体構造が変化し，もとに戻らないことがある。

問1　文中の□□の中に適切な語句を答えよ。

問2　あるタンパク質に対し次の（ⅰ）〜（ⅲ）の呈色反応を行った。(1)各反応において呈色する生成物は何か。(2)この生成物はタンパク質中の何に由来するか。対応するものをそれぞれあとの ⓐ〜ⓚ から選び，記号で答えよ。

（ⅰ）　タンパク質の水溶液に水酸化ナトリウム水溶液を加えて熱し，これを酸で中和してから酢酸鉛（Ⅱ）水溶液を加えると，黒色沈殿が生じた。

（ⅱ）　タンパク質の水溶液に濃硝酸を加え，加熱すると黄色の沈殿が生じた。

（ⅲ）　タンパク質の水溶液に水酸化ナトリウム水溶液を加えて塩基性にした後，硫酸銅（Ⅱ）水溶液を加えると，赤紫に呈色した。

@ 硫化鉛(Ⅱ)　　ⓑ ニトロ化合物　　ⓒ 硝酸エステル　　ⓓ 酸化銅(Ⅱ)
@ 金属錯イオン　　ⓕ ジペプチド　　ⓖ 硫黄　　ⓗ ベンゼン環
ⓘ ニンヒドリン　　ⓙ 硫酸鉛(Ⅱ)　　ⓚ 2個以上のペプチド結合　　　　　　(広島大)

## 198 酵素

→ 有 P.225, 226

　高峰譲吉(1854年～1922年，現在の富山県高岡市生まれ)は，1890年に日本の米コウジを使ったウイスキーの醸造を行うため渡米した。醸造とは，コウジ菌の働きによる ┃ア┃ でアルコールや食品などを製造することである。

　彼は1894年にコウジ菌から ┃イ┃ の一種であるジアスターゼを抽出し，タカジアスターゼと命名した。┃イ┃ はヒトのだ液やすい液に含まれ，┃ウ┃ を加水分解し ┃エ┃ を生じる酵素である。(a)┃エ┃ は，α-グルコース2分子がα-1,4-グリコシド結合した構造をしており ┃オ┃ 反応を示す。(b)┃エ┃ を希酸と加熱したり ┃カ┃ で処理するとグルコースが得られる。タカジアスターゼは，消化薬として有名になり，現在でもタカジアスターゼとリパーゼを含有する胃腸薬が販売されている。リパーゼはヒトの胃液やすい液に含まれ，┃キ┃ を消化する酵素である。

　糖尿病薬として使われているボグリボース(図1)は，α-グルコースと構造が似ているため，┃カ┃ の酵素活性部位に結合し ┃ク┃ として働くため，血糖値の上昇が緩やかとなる。

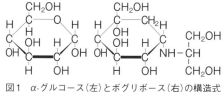

図1　α-グルコース(左)とボグリボース(右)の構造式

問1　文中の ┃　┃ にあてはまる最適な語句を次のⓐ～ⓒからそれぞれ1つ選べ。
　ⓐ アミラーゼ　　ⓘ インベルターゼ　　ⓤ スクロース　　ⓔ セルラーゼ
　ⓞ セルロース　　ⓚ セロビオース　　ⓘ タンパク質　　ⓥ デンプン
　ⓘ ニンヒドリン　　ⓒ マルターゼ　　ⓢ マルトース　　ⓛ 核酸
　ⓢ 銀鏡　　ⓔ 脂肪　　ⓢ 触媒　　ⓣ 阻害剤　　ⓒ 発酵
　ⓒ 補酵素

問2　下線部(a)について，図1にならい ┃エ┃ の構造式を示せ。

問3　胃液に含まれるペプシンはだ液に含まれる ┃イ┃ と働く条件が異なる。pHと反応速度の関係を示した図2で，(1)ペプシンと(2)┃イ┃ はそれぞれどれにあてはまるか，ⓐ～ⓒの記号で答えよ。また，それらを選んだ理由を40字以内で説明せよ。

問4　下線部(b)について，(1)希酸と加熱する場合と，(2)┃カ┃ で処理する場合では，温度と反応速度の関係はそれぞれどのようになるか，図3のⓐ～ⓒから適当なものをそれぞれ選べ。また，それらを選んだ理由を40字以内で説明せよ。

(金沢大)

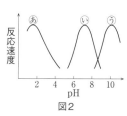

図2

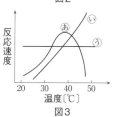

図3

## ★ 199 酵素反応と反応速度

→ 有 P.225〜228

　酵素反応は，酵素をE，基質をS，酵素-基質複合体をE・S，その濃度を[E・S]，生成物をP，Pの生成速度を$v$，速度定数を$k_1$，$k_{-1}$，$k_2$としたとき（下式参照），$v = k_2[E・S]$ と表すことができる。これは，一般に，酵素反応において各速度定数の間にある特徴があることを意味している。その特徴とは何か。句読点を含めて20字以内で答えよ。

$$E + S \underset{k_{-1}}{\overset{k_1}{\rightleftharpoons}} E・S \xrightarrow{k_2} E + P$$

（早稲田大（教育））

## 200 ペプチドの配列

→ 有 P.231,232

　$\alpha$-アミノ酸の一般式はR−CH(NH$_2$)−COOHで表され，その性質は側鎖（R−）によって決まる。ペプチドはこの$\alpha$-アミノ酸がペプチド結合によって結ばれたものであり，一端をアミノ末端（アミノ基を有する側），他端をカルボキシ末端（カルボキシ基を有する側）とよぶ。いま，表1に示す6種類の$\alpha$-アミノ酸9個から構成されるペプチドがある。このペプチドのアミノ酸配列（アミノ酸の結合順序）を決定するために，次に示す実験1〜3を行い，種々の結果を得た。

| $\alpha$-アミノ酸 | 側鎖（R−） | アミノ酸の略号 |
|---|---|---|
| アラニン | CH$_3$− | A |
| アスパラギン酸 | HOOC−CH$_2$− | D |
| グリシン | H− | G |
| リシン | H$_2$N−(CH$_2$)$_4$− | K |
| セリン | HO−CH$_2$− | S |
| チロシン | HO−⬡−CH$_2$− | Y |

表1

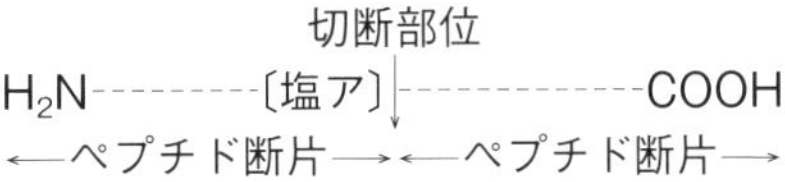

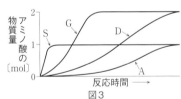

図2

図3

実験1　いま，このペプチドを，図2に示すように，塩基性を示すアミノ酸〔塩ア〕のカルボキシ基側のペプチド結合を加水分解する酵素によって，2種類のペプチド断片（イ）と（ロ）に切断した。

実験2　ペプチド断片（イ）のカルボキシ末端のアミノ酸は酸性を示すアミノ酸①であった。さらに，このペプチド断片1mol にアミノ末端より1個ずつ順次アミノ酸を切り離す酵素を作用させたところ，図3のようにアミノ酸A，D，G，Sが生じた。ただし，反応は完全に行われたものとする。

実験3　ペプチド断片（ロ）はキサントプロテイン反応に対し陽性を示し，アミノ末端のアミノ酸は鏡像異性体のないアミノ酸②であった。

問　このペプチドの全アミノ酸配列を（例）に従って示せ。

　（例）アミノ末端から順にアラニン，リシン，セリン，グリシンからなるペプチドのアミノ酸配列は〔A−K−S−G〕とする。

（千葉大）

## 23 糖

→ Do 有 P.235〜260

➡解答・解説P.118

### 201 グルコース

→ 有 P.235〜237

　天然に存在するグルコースのほとんど
は，D型である。図1に示すとおり，炭
素❶についたヒドロキシ基(以下，❶OH
基とよぶ)が六員環をはさんで炭素❻の
反対側にあるD-グルコースは，α-D-グル
コースとよばれる。α-D-グルコースを水
に溶かすと，α-D-グルコースとは異なる
環状分子や鎖状分子を含む平衡混合物として存在する。

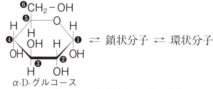

図1　α-D-グルコース水溶液中の平衡混合物
　　（簡略化のため，環を構成するC原子は省略してある）

問1　下線部の環状分子に該当する糖を表している構造式を①〜⑥からすべて選べ。

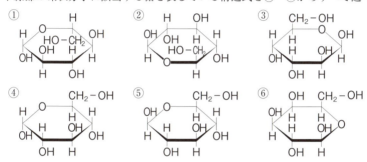

★問2　α-D-グルコース水溶液をアンモニア性硝酸銀水溶液と反応させると，銀が析出す
　　るが，一般的な脂肪族アルデヒドをアンモニア性硝酸銀水溶液と反応させる場合と比
　　べて銀の析出速度が遅い。その理由を30字程度で記せ。

問3　問2の反応後，α-D-グルコースはどのような化合物に変換されるか，構造式を示
　　せ。ただし，反応溶液は塩基性であることを考慮せよ。　　　　　　　　　　（東京大）

### 202 アルコール発酵

→ 有 P.240

　デンプンは単糖類が多く縮合重合した化合物の1つである。デンプン100gに希塩酸
を加えて完全に加水分解して得られた糖に，適当な量の酵母を加えてアルコール発酵さ
せると，エタノールは何g得られるか。得られた糖が100％アルコール発酵したとして，
有効数字3桁で答えよ。原子量はH＝1.0，C＝12，O＝16とする。　　　　　　（千葉大）

### 203 単糖類の還元性

→ 有 P.241〜245

　グルコースは結晶中では六員環構造で存在する。この六員環構造は　あ　構造をもつこ
とから，水溶液中で六員環構造の一部が開環して鎖状構造となる。そのため，水溶液中

では六員環構造と鎖状構造が平衡状態にある。鎖状構造のグルコースは $\boxed{い}$ 基をもつため，グルコースの水溶液は還元性を示す。フルクトースは結晶中では主に六員環構造で存在し，水溶液中では六員環構造と鎖状構造，および五員環構造が平衡状態にある。フルクトースの塩基性水溶液は還元性を示す。これは，①鎖状構造のフルクトースが，塩基性水溶液中で $\boxed{い}$ 基をもつ②異性体Aへと変化するためと考えられている。スクロースに酵素インベルターゼを作用させると，スクロースが加水分解されてグルコースとフルクトースの等量混合物である $\boxed{う}$ となる。

問1　文中の $\boxed{\phantom{xx}}$ にあてはまる適切な語句を次の⑦～⑨から選べ。

　　⑦　アセタール　　④　ヘミアセタール　　⑨　アセテート　　④　ヒドロキシ
　　⑦　ホルミル　　⑩　カルボキシ　　⑨　転化糖　　⑦　二糖　　⑨　ラセミ体

★問2　下線部①，②について，それぞれの構造式を次の⑦～⑩から1つ選べ。

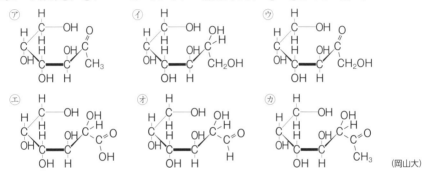

(岡山大)

## 204 二糖類

→ 有 P.241～244

　糖類は炭素原子，水素原子，酸素原子から構成され一般式 $C_mH_{2n}O_n$ で表される。糖類のうち，それ以上加水分解できないものを単糖類という。また，2個の単糖類が脱水縮合したものを二糖類という。

問1　あとの⒜～⒡に示す二糖類の中で，α-1,4-グリコシド結合をもつものすべてを選べ。

問2　あとの⒜～⒡に示す二糖類の中で，還元性を示さないものすべてを選べ。

(名古屋大)

120

## 205 ヨウ素デンプン反応(1)

→ 有 P.247〜249

　もち米から分離したデンプンAとうるち米から分離したデンプンBのヨウ素デンプン反応の色は異なっている。これはデンプンを構成する ア 分子と イ 分子の比率がデンプンAとデンプンBとでは異なるためである。 ア は α-グルコースが1位と4位とで次々に直鎖状に縮合[注1]し，およそ6分子のグルコースで1周するらせん構造をとっている。一方， イ は ア と部分的に類似した構造をとっているが，この他に α-グルコースが1位と6位で縮合した分岐点とよばれる部分を含んでいる。 イ はこの分岐点でらせん構造の持続性を失う。デンプンAのヨウ素デンプン反応は赤紫色を示す。これはデンプンAがほぼ100% イ を含むためである。デンプンBは イ の他に20〜25%の ア を含むため青みを帯びる。ヨウ素デンプン反応は，らせん構造が3周で赤色，5周で紫色，6，7周で青紫色，10周以上で青色となるので，この反応を利用して ア や イ の直鎖部分を構成する α-グルコースの数[注2]を推定することができる。

(注1)　1,4-結合という。　　(注2)　平均鎖長という。

**問1** 　 ア ， イ に適切な語句を答えよ。

**問2** 　 ア 分子の平均鎖長と イ 分子の平均鎖長を比べた場合どちらがより大きいか。
ア，イで答えよ。また，そのように考えた理由を30字以内で説明せよ。

**問3** 　酵素Xは ア 分子の末端から1,4-結合を順次加水分解する酵素であり，酵素Yは末端から2番目の1,4-結合を順次加水分解する酵素である。いま， ア 分子の水溶液にこの2種類の酵素XとYをそれぞれ加え分解反応を行ったとする。このとき，反応液のヨウ素デンプン反応液はどちらが先に色が消えるか。X，Yで答えよ。ただし，酵素反応速度は同じであるように条件が設定されているものとする。

(岐阜大)

## 206 ヨウ素デンプン反応(2)

→ 有 P.249

　デンプン水溶液は，ヨウ素ヨウ化カリウム水溶液(ヨウ素液)により青〜赤紫色となる。その後，この水溶液を徐々に加熱すると色が消失し，冷却すると再び呈色する。この温度変化によって可逆的に色が変化する理由を，デンプンの構造とヨウ素分子との関係を考慮して答えよ。

(岩手大)

## ★207 アミロペクチンの構造

→ 有 P.248, 252

　平均分子量 $2.24 \times 10^5$ のアミロペクチンのヒドロキシ基(−OH)の水素原子をすべてメチル基に変換した後，希硫酸でグリコシド結合を完全に加水分解すると，α-グルコースが部分的にメチル化された3種類の主な化合物A，B，Cが得られた。このうち，化合物A(分子量208)の生成量からアミロペクチンの枝分かれ構造の数を推定することができる。このアミロペクチン2.24gについて上記のメチル化と加水分解を行い，化合物Aを104mg得た。このアミロペクチン1分子あたり平均何個の枝分かれ構造があるか，整数で答えよ。

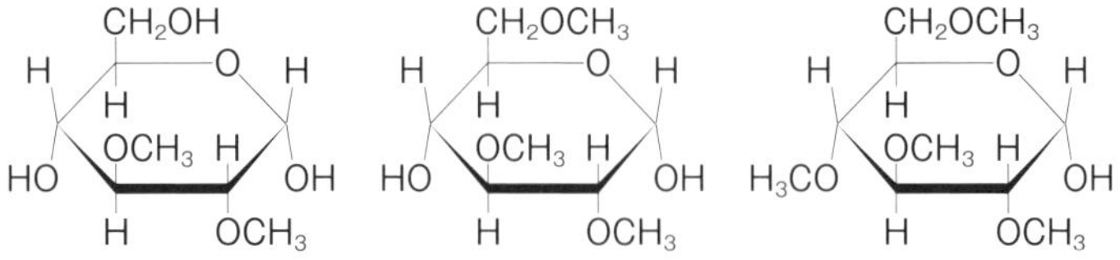

A       B       C

図1

(奈良教育大)

## 208 デンプンの加水分解

デンプン$(C_6H_{10}O_5)_n$は多数の$\alpha$-グルコースが脱水縮合した構造をもつ高分子である。平均分子量$7.29 \times 10^5$のデンプン1.00molを酸で完全に加水分解すると，<u>　a　</u>molのグルコースが得られる。

デンプンに<u>　b　</u>を作用させると，デンプンが加水分解されマルトースが生成する。その反応式は<u>　c　</u>で示される。デンプン40.5gを<u>　b　</u>を用いて完全に加水分解すると，<u>　d　</u>gのマルトースが生成する。マルトースにマルターゼを作用させると，加水分解されてグルコースが生成する。マルターゼの作用を抑える物質(マルターゼ阻害剤)の中には，血液中のグルコース濃度を低下させる効果をもち，<u>　e　</u>の治療薬として使用されているものがある。

マルターゼの加水分解反応において，マルターゼ阻害剤の効果は，フェーリング反応を利用して評価することができる。例えば，17.1gのマルトースをマルターゼで完全に加水分解し，十分量のフェーリング液で還元すると，還元性を示す糖1molから酸化銅（Ⅰ）$Cu_2O$ 1molが生成するので，<u>　f　</u>gの酸化銅（Ⅰ）$Cu_2O$が得られる。実際に，マルターゼ阻害剤の存在下，17.1gのマルトースをマルターゼにより加水分解したのち，十分量のフェーリング液で還元したところ，得られた酸化銅（Ⅰ）$Cu_2O$は8.58gであった。この結果は，マルターゼ阻害剤の効果により，マルターゼの加水分解反応が<u>　g　</u>%しか進行しなかったことを示している。

問1　デンプンが還元性を示さない理由を40字以内で答えよ。

問2　<u>　b　</u>，<u>　e　</u>にあてはまる最も適切な語句，<u>　a　</u>，<u>　d　</u>，<u>　f　</u>，<u>　g　</u>にあてはまる有効数字3桁の数値，<u>　c　</u>にあてはまる反応式を答えよ。必要があれば，次の原子量を用いること。H = 1.0，C = 12.0，O = 16.0，Cu = 63.5

(慶應義塾大(看護医療))

## 209 セルロース

セルロースは植物の細胞壁の主成分で，$\beta$-グルコースが脱水縮合した<u>　ア　</u>状のポリマーであり，その繰り返し単位は①$C_xH_yO_z$という組成式で表される。セルロースは，分子間に多数の<u>　イ　</u>が形成されており，水や有機溶媒に<u>　ウ　</u>，ヨウ素デンプン反応を<u>　エ　</u>。また，酵素セルラーゼによって分解し，二糖である<u>　A　</u>を生成する。

セルロースに，1)濃い水酸化ナトリウム水溶液，2)<u>　B　</u>，3)薄い水酸化ナトリウム水溶液をこの順に作用させると<u>　C　</u>が得られる。これを希硫酸中に押し出すとセルロース

122

が再生し，◯C◯レーヨンという再生繊維が得られる。

　セルロースを，②テトラアンミン銅(Ⅱ)イオンを含む水溶液に溶解し，これを希硫酸中に押し出すとセルロースが再生する。これは，◯D◯とよばれる再生繊維である。

問1　◯ア◯〜◯エ◯に入る適切な語句を，次の各語群からそれぞれ1つ選べ。

◯ア◯：ⓐ 直鎖　　　　ⓑ 網目　　　　ⓒ 環
◯イ◯：ⓐ 共有結合　　ⓑ イオン結合　ⓒ 水素結合
◯ウ◯：ⓐ 溶けやすく　ⓑ 溶けにくく
◯エ◯：ⓐ 示す　　　　ⓑ 示さない

問2　◯A◯〜◯D◯に適切な化合物名，あるいは物質名を入れよ。

問3　下線部①の$x$, $y$, $z$の値(整数値)を答えよ。

問4　下線部②の溶液の名称を答えよ。

(愛媛大)

## 210 半合成繊維(1) → 有 P.257, 258

　セルロースなどの天然高分子を化学的に処理し，官能基の一部あるいは全部を化学変換させることによって有用な物質をつくり出すことができる。このように官能基の化学変換を考える場合には官能基をまとめて表すと便利である。セルロースは$(C_6H_{10}O_5)_n$で表されるが，1つのグルコース構造単位の中に，官能基のヒドロキシ基が3個あるので，$[C_6H_7O_2(OH)_3]_n$とも表せる。触媒を用いて①セルロースを無水酢酸と反応させると，ヒドロキシ基がすべてアセチル化されてトリアセチルセルロース$[C_6H_7O_2(OCOCH_3)_3]_n$になる。トリアセチルセルロースは溶媒に溶けにくいが，②エステル結合の一部をおだやかに加水分解して，ジアセチルセルロースにすると，アセトンに溶けるようになる。このアセトン溶液を細孔から空気中に押し出し，温風で溶媒を蒸発させるとアセテート繊維が得られる。このように，セルロースなどの天然高分子を化学的に処理し，官能基の一部あるいは全部を化学変化させてつくられた繊維を半合成繊維という。

問1　下線部①の反応の化学反応式を示せ。

★問2　セルロースから下線部①によりトリアセチルセルロースを得た。その全量を用いて，下線部②の反応を行ったところ615gのジアセチルセルロースが生成した。それぞれの反応で，セルロースはすべて反応してトリアセチルセルロースを生成し，また，トリアセチルセルロースはすべて反応してジアセチルセルロースを生成したとすると，最初に用いたセルロースは何gであったか，整数値で答えよ。原子量はH = 1.0，C = 12，O = 16とする。

(京都府立大)

## ★ 211 半合成繊維(2) → 有 P.257, 258

　セルロースに濃硝酸と濃硫酸の混合物を作用させるとヒドロキシ基の一部がエステル化されたニトロセルロースを生じる。いま，セルロース9.0gからニトロセルロース14.0gが得られた。このとき，セルロース分子中のヒドロキシ基でエステル化されなかったものは，ヒドロキシ基全体の何%にあたるかを計算せよ。ただし，原子量はH = 1.0，C = 12，N = 14，O = 16とし，小数点以下を切り捨てよ。

(立命館大)

 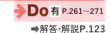

## 24 油脂

→ Do 有 P.261~271
→ 解答・解説P.123

### 212 油脂

→ 有 P.261~271

水に溶けにくい有機物質である脂質には，脂肪酸のグリセリンエステルである ア と，脂肪酸・グリセリン以外にリン酸や糖・アミンなどを含む イ がある。 ア は油脂ともよばれ，天然の油脂を構成する脂肪酸には，分子量が大きい ウ が多い。①不飽和脂肪酸を構成脂肪酸にもつ油脂は，常温でも液体であることが多く，これに水素を付加し，常温で固体の油脂に変化させたものを エ とよび，マーガリンなどの原料に使われる。また，②油脂に水酸化ナトリウムを加えて加熱するとグリセリンと脂肪酸のナトリウム塩が生成する。脂肪酸のナトリウム塩の水溶液は オ 性を示し， カ と キ を適当なバランスでもち合わせるため，界面活性剤として働く。

一方で， イ の1つであるリン脂質は，細胞膜の構成成分として重要である。細胞膜ではリン脂質が カ を外側に， キ を内側にして二重構造の膜をつくっている。膜の中には ク が入り込み，輸送や酵素としての作用，細胞どうしの認識など，さまざまな役割をはたしている。

**問1** 文中の_____に当てはまる語句を次の[語群]から選べ。

[語群] カルボキシ基，ヒドロキシ基，疎水基，親水基，多糖，タンパク質，無機質，核酸，単純脂質，複合脂質，中性脂質，低級脂肪酸，高級脂肪酸，脂肪油，硬化油，乾性油，強酸，弱酸，弱塩基，強塩基

**問2** 下線部①について，構成脂肪酸がリノール酸($C_{17}H_{31}$-COOH)のみからなる油脂の分子量とヨウ素価(油脂100gに付加するヨウ素の質量[g])を，有効数字3桁で記せ。原子量はH=1.0，C=12，O=16，I=127とする。

**問3** 下線部②の油脂の構成脂肪酸が，ステアリン酸($C_{17}H_{35}$-COOH)のみであるとき，次の A ～ C に当てはまる化学式と[ a ]に適切な数字を記入し，下線部②の変化を示す化学反応式を完成させよ。

A + [ a ]NaOH ⟶ B + [ a ] C

(鳥取大)

### 213 グリセリンのエステル

→ 有 P.261, 262

人工細胞膜をつくるために，グリセリンをパルミチン酸$C_{15}H_{31}$COOHでエステル化したところ，モノエステル，ジエステルおよびトリエステルの混合物ができた。この混合物は立体異性体を含めて合計いくつの化合物からなっているか。

(東京工業大)

### 214 乾性油

→ 有 P.265

脂肪酸AやBを構成成分として多量に含むアマニ油などの油脂は，室温では油状で乾性油とよばれ，空気中におくと固まりやすい。固まりやすい理由を70字以内で答えよ。

A $CH_3(CH_2)_3(CH_2CH=CH)_2(CH_2)_7COOH$

B $CH_3(CH_2CH=CH)_3(CH_2)_7COOH$

(東京大)

## 215 油脂の構造決定，セッケン

→ 有 P.261〜266

化合物Xは不斉炭素原子をもつ油脂である。油脂X 415mgを完全に加水分解するために水酸化ナトリウム60mgを要した。その結果，グリセリンと2種類の枝分かれのない脂肪酸A，Bのナトリウム塩が生じた。一般に，下のようなアルケンを硫酸酸性の過マンガン酸カリウム溶液中で熱すると，二重結合が酸化開裂して2つのカルボン酸が生じる。この反応を利用すると，Aからカルボン酸$CH_3-(CH_2)_5-COOH$とジカルボン酸$HOOC-(CH_2)_7-COOH$が得られた。また，X 415mgを触媒存在下で十分な量の水素と反応させたところ，標準状態($0℃$，$1.013 \times 10^5 Pa$)で22.4mLの水素が消費された。

$$R^1-CH=CH-R^2 \xrightarrow[\text{H}_2\text{SO}_4]{\text{KMnO}_4} R^1-\overset{\overset{\text{O}}{\|}}{C}-OH + R^2-\overset{\overset{\text{O}}{\|}}{C}-OH$$

問1　Xの分子量を答えよ。原子量はH = 1.0，C = 12，O = 16，Na = 23とする。

問2　Xに含まれるC＝C結合の数を答えよ。XにはC≡C結合は存在せず，標準状態($0℃$，$1.013 \times 10^5 Pa$)の気体のモル体積は22.4L/molとする。

問3　Xの分子式を示せ。

問4　Xの構造式を示せ。ただし，シス-トランス異性体を考慮する必要はない。

問5　脂肪酸のナトリウム塩はセッケンである。セッケンは水に溶けない油汚れをとることができる。その原理を次のキーワードのうち適切なものを使って50字以内で説明せよ。また，セッケンと油汚れの水中の状態を，右の模式図を組み合わせて図示せよ。

炭化水素基　COONa
セッケン

油
油汚れ

キーワード：加水分解・縮合・触媒・硬水・親水基・けん化・乳濁液・不飽和

(北海道大)

## 216 合成洗剤

→ 有 P.267

油脂を水酸化ナトリウムでけん化すると，グリセリンと，高級脂肪酸のナトリウム塩であるセッケンが得られる。

<sub>(ア)</sub>カルシウムイオンやマグネシウムイオンを含む水(硬水)や海水ではセッケンの洗浄力が低下するが，<sub>(イ)</sub>高級アルコールやアルキルベンゼンに濃硫酸を作用させた後に水酸化ナトリウムで中和することによって得られる合成洗剤は，硬水や海水でも使うことができる。

問1　下線部(ア)に関連して，硬水や海水でセッケンの洗浄力が低下する理由を15字以内で答えよ。

問2　下線部(イ)の合成洗剤の水溶液の水素イオン濃度は，セッケンの水溶液の水素イオン濃度と異なる。その理由を，下線部(イ)の合成洗剤の組成をもとに20字以内で答えよ。

(広島市立大)

# 25 核酸

⮕Do 有 P.272〜283
⮕解答・解説P.126

## 217 核酸

⮕ 有 P.272〜281

　細胞を構成するおもな高分子化合物としてタンパク質，<u>ア</u>，多糖類および核酸がある。核酸にはデオキシリボ核酸（DNA）とリボ核酸（RNA）がある。<u>核酸は，その基本単位は糖に塩基とリン酸が結合したヌクレオチドであり，このヌクレオチドが連なった高分子である。</u>DNAの糖はデオキシリボースであり，塩基はアデニン（A），グアニン（G），シトシン（C）およびチミン（T）である。塩基が水素結合することにより2本の高分子が強く結ばれて，右回りの<u>イ</u>をとっている。RNAは細胞の核の中でDNAの塩基配列を写しとりながら合成され，このRNAは<u>ウ</u>に移動し，ここでRNAの塩基配列にもとづき必要なタンパク質が合成される。

問1　文中の＿＿＿に適切な語句を入れよ。

問2　下線部について，次の(1)〜(3)に答えよ。

　(1)　ヌクレオチドを構成するリン酸は，デオキシリボースのどの炭素のヒドロキシ基と結合するか，図1に示した構造式に付した炭素の位置番号で答えよ。

　(2)　ヌクレオチドが連なって高分子になるとき，ヌクレオチドのリン酸はデオキシリボースのどの炭素のヒドロキシ基と結合するか，図1に示した構造式に付した炭素の位置番号で答えよ。

　(3)　塩基が水素結合するとき，どの塩基とどの塩基が水素結合するか2組答えよ。

問3　RNAを構成する糖であるリボースの構造式を図1にしたがって示せ。また，RNAの塩基をすべて列挙せよ。

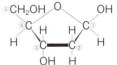

図1　デオキシリボースの構造式

（熊本大）

## 218 DNA（1）

⮕ 有 P.272〜276

　次の文章を読み，<u>ア</u>には化合物名，<u>ウ</u>には有効数字3桁の数値，<u>エ</u>には適切な語句を入れよ。<u>イ</u>と<u>オ</u>はあとの［選択肢］から適切な構造式を選べ。

　DNAは遺伝情報の伝達において中心的な役割を果たす核酸の1つである。DNAの構成単位は，リン酸，五炭糖である<u>ア</u>，塩基が，それぞれ脱水縮合した構造をもつヌクレオチドである。DNAの塩基には4種類あり，その1つであるチミン<u>イ</u>31.5mg由来のヌクレオチドの質量は<u>ウ</u>mgとなる。DNAはヌクレオチドどうしが縮合したポリヌクレオチド鎖であり，2本の鎖が互いに巻きあった二重らせん構造をとる。このとき，一方の鎖中の塩基と，他方の鎖中の塩基との間で<u>エ</u>結合が形成されている。<u>エ</u>結合をつくる塩基の対は決まっており，例えば，チミン<u>イ</u>とアデニン<u>オ</u>は，2本の<u>エ</u>結合で塩基対を形成している。原子量はH＝1.00，C＝12.0，N＝14.0，O＝16.0，P＝31.0とする。

[ イ と オ の選択肢]

 ⓐ  ⓑ  ⓒ  ⓓ

(慶應義塾大(理工))

## 219 DNA(2)

→ 有 P.272~283

　ある微生物の細胞$1.0 \times 10^9$個からすべてのDNAを抽出して$4.3 \times 10^{-6}$gのDNAを得た。このDNAの塩基組成を調べたところ，全塩基数に対するアデニンの数の割合は23%であった。

問1　このDNAの全塩基数に対するグアニン，シトシン，チミンの数の割合として，正しい組み合わせを次の①～⑥から選べ。

① グアニン = 23%，シトシン = 27%，チミン = 27%
② グアニン = 23%，シトシン = 25%，チミン = 29%
③ グアニン = 27%，シトシン = 27%，チミン = 23%
④ グアニン = 25%，シトシン = 23%，チミン = 29%
⑤ グアニン = 27%，シトシン = 23%，チミン = 27%
⑥ グアニン = 25%，シトシン = 29%，チミン = 23%

問2　この微生物の細胞1個が有するDNAの塩基対の数として適切なものを，次の①～⑧から選べ。ただし，DNAにおけるヌクレオチド構成単位の式量を塩基がアデニンの場合に313，グアニンの場合に329，シトシンの場合に289，チミンの場合に304とし，アボガドロ定数を$6.0 \times 10^{23}$/molとする。

① $2.1 \times 10^6$　② $4.2 \times 10^6$　③ $8.4 \times 10^6$
④ $1.7 \times 10^7$　⑤ $2.1 \times 10^9$　⑥ $4.2 \times 10^9$
⑦ $8.4 \times 10^9$　⑧ $1.7 \times 10^{10}$

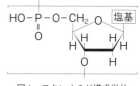

図1　ヌクレオチド構成単位

(東京工業大)

# 26 合成高分子化合物

**Do** 有 P.284～315
➡解答・解説P.127

## 220 合成高分子の特徴

➡ 有 P.284～287

次の文章を読み，文中の＿＿にあてはまる適切な語句を答えよ。

多くの鎖状合成高分子の構造は，図1に示すように，分子鎖が規則的に配列した　あ　の部分と，分子鎖が不規則に配列した　い　の部分で構成され，分子間力は　あ　の部分の方が　い　の部分に比べ　う　。また，高分子化合物は明確な融点をもたず，加熱して，ある温度でやわらかくなって変形するものが多い。この温度を　え　点という。

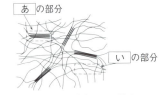

図1　鎖状合成高分子の構造

(昭和薬科大)

## 221 繊維の分類

➡ 有 P.286

高分子化合物である繊維には，　ア　繊維と　イ　繊維がある。　ア　繊維には綿（木綿）や麻などの　ウ　繊維と絹や毛などの　エ　繊維がある。絹は　オ ★と　カ　からできており，　カ　を熱水や塩基の水溶液で溶かして除くことで絹糸を得る。　イ　繊維にはナイロン6やポリアクリロニトリル（アクリル繊維），ビニロンなどの　キ　繊維とレーヨンなどの　ク　繊維などがある。

問1　文中の＿＿にあてはまる最も適切な語句を次の〔語群〕から選べ。

〔語群〕　ケラチン，セリシン，合成，フィブロイン，植物，イオン，石炭，再生，石油，縮合重合，化学，開環重合，付加重合，天然，動物，細菌

問2　　ウ　繊維と　エ　繊維は主成分が異なる。それぞれの主成分を答えよ。

問3　下線部のポリアクリロニトリルについて，1molのアクリロニトリルから得られるポリアクリロニトリルの質量〔g〕を有効数字2桁で求めよ。原子量はH＝1.0，C＝12，N＝14，O＝16とする。

問4　レーヨンは吸湿性がよいので，タオルや肌着などに利用される。なぜ吸湿性が高いのか50字以内で記せ。

(富山大)

## 222 合成樹脂（1）

➡ 有 P.286～289

合成樹脂（プラスチック）には，ポリエチレン，フェノール樹脂，(A)ポリテトラフルオロエチレン，(B)尿素樹脂などがあり，各種容器や建材に，また金属の代替物としても利用される。加熱するとやわらかくなる樹脂を　ア　，加熱により硬くなる樹脂を　イ　とよぶ。例えば，ポリエチレンは　ア　に分類され，フェノール樹脂は　イ　に分類される。

ポリエチレンは，エチレンを重合させたときの反応条件によって，その枝分かれの程

度が異なる。枝分かれの程度により固体中の結晶部分の割合が変化するため，ポリエチレンには，透明性が高くやわらかい ウ ポリエチレンと，不透明で硬い エ ポリエチレンがあり，それぞれ用途にあわせて使い分けられている。

　ポリテトラフルオロエチレンは，フライパンにこげがつかないための表面処理などに使われる。また，(C)ポリメタクリル酸メチルは強化ガラスや光ファイバーの材料として，(D)ポリ酢酸ビニルは接着剤として使用されるなど，合成樹脂はいろいろな用途に利用されている。

問1　文中の□□に最も適する語句を答えよ。

問2　下線部(A)の合成樹脂を合成するための単量体(原料)の構造式を示せ。

問3　下線部(B)〜(D)の3種類の合成樹脂のうち，ア に分類されるものはどれか。該当するものをすべて選び，記号(B)〜(D)で答えよ。

(同志社大)

## 223 合成樹脂(2)

→ 有 P.286〜289, 296

　身の回りにある合成樹脂(プラスチック)のほとんどは，石油を原料として合成されている。まず，原油を分留して得られるナフサからエチレンやプロピレン，芳香族化合物であるベンゼンやキシレンが生産され，図1のようにそれらを原料としてさまざまな合成高分子が生産される。重合体(高分子)の構成単位のもととなる小さな分子のことを ア といい，エチレンや化合物A，B，C，Dが該当する。高分子E，F，Gは イ 重合によって ア が次々と結合して合成されたものである。これに対して，高分子Hは化合物CとDが交互に ウ 重合して合成される。高分子E〜Hは，加熱すると軟化し，冷却すると再び硬化することから エ 樹脂とよばれ，高温で成形することで身の回りのさまざまな製品がつくられている。

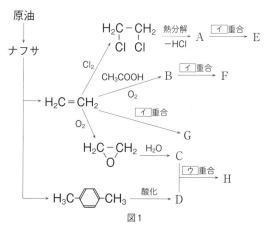

図1

問1　文中の□□に適当な語句を答えよ。

問2　高分子E，F，Gの説明として適当なものを，次の@〜dからそれぞれ1つ選べ。

　@ 軽量で耐水性に優れ，フィルム，ホース，包装材料などに用いられる。重合反応

条件によって密度の異なる樹脂を合成でき，チーグラー・ナッタ触媒を用いると高密度の樹脂が得られる。

ⓑ 絶縁性，着色性に優れ，加工しやすく透明であり，発泡させたものは断熱材や緩衝材に用いられる。燃焼させると多くのすすを生じる。

ⓒ 軟化点が低く，有機溶媒に溶けやすい。接着剤や塗料に用いられる。

ⓓ 難燃性で耐薬品性に優れ，パイプやホースに用いられる。ただし，高温で燃焼させると有毒ガスが発生するため注意が必要である。

問3 高分子Hは成形されて飲料用容器として広く用いられている。高分子Hが分子の両端にヒドロキシ基を有する重合度$n$の直鎖状高分子であるとするとき，次のX，Yの部分に当てはまる構造式を示せ。

H──[ X ── Y ]$_n$── X ──OH

(岡山大)

## 224 ゴム

→ 有 P.291〜293

ゴムノキの樹皮に傷をつけて採取される樹液(ラテックス)にギ酸や酢酸などを加えて酸性にすると，生ゴム(天然ゴム)が沈殿する。得られた天然ゴムを$_{(a)}$乾留すると，おもにイソプレン(図1)とよばれる無色の液体が得られる。天然ゴムは，このイソプレンの両端の炭素原子①と④が別のイソプレンに結合する

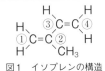

図1 イソプレンの構造

形式(1,4-付加)で重合した高分子化合物である。イソプレンの1,4-付加重合による生成物では，高分子の鎖の骨格中に二重結合が含まれることになるが，天然ゴムでは，二重結合のまわりの立体配置のほぼすべてが ア 形である。

天然ゴムの弾性は弱く，ゆっくりと力を加え続けると，ゴム全体が力に応じて変形し，もとの形に戻らなくなる。しかし， イ を質量で3〜5％程度加えて加熱し，高分子の鎖を橋かけすると，実用的なゴムとしての適切な弾性を付与することができる。この操作のことを ウ とよぶ。 イ の量を増やし(質量で約30％)，長時間の加熱によって得られる黒くて硬い物質は， エ とよばれる。

天然ゴム以外にも，1,3-ブタジエンや$_{(b)}$クロロプレンを原料にして合成ゴムが生産されている。1,3-ブタジエンを付加重合するとポリブタジエンが得られる。ポリブタジエンの高分子の鎖は，1,4-付加により形成される繰り返し単位以外に，1,2-付加により形成される繰り返し単位を含み，その割合は重合方法に依存する。$_{(c)}$スチレンと1,3-ブタジエンを共重合して得られる$_{(d)}$スチレン-ブタジエンゴムは，耐摩耗性に優れるため，自動車のタイヤなどに広く用いられている。高分子の骨格中に炭素-炭素の二重結合を含むゴム分子は，空気中の酸素や$_{(e)}$オゾンの作用によって，化学構造が変化し，長時間の使用によりその弾性が失われていく。

問1 文中の ▢ にあてはまる最も適切な語句を答えよ。

問2 下線部(a)の操作を20字以内で説明せよ。

問3 下線部(b)のクロロプレンと下線部(c)のスチレンの構造式を示せ。

問4 下線部(d)のスチレン-ブタジエンゴムが2.00gある。ゴム中に含まれるスチレンからなる構成単位とブタジエンからなる構成単位の物質量の割合は，スチレン単位

<br/>

25.0％である。このゴムに臭素(Br₂)を反応させると，ゴム中のブタジエン単位の二重結合とのみ反応した。ブタジエン単位の二重結合がこの反応により完全に消失したとき，消費された臭素の質量〔g〕を有効数字3桁で求めよ。原子量はH＝1.00，C＝12.0，Br＝79.9とする。

★問5　下線部(e)について，オゾンとポリブタジエンの反応を考える。オゾンは，アルケンと図2に示す反応により，オゾニドとよばれる不安定な物質を生成する。オゾニドは亜鉛などを用いて還元すると，カルボニル化合物に変換される。この反応をオゾン分解とよぶ。

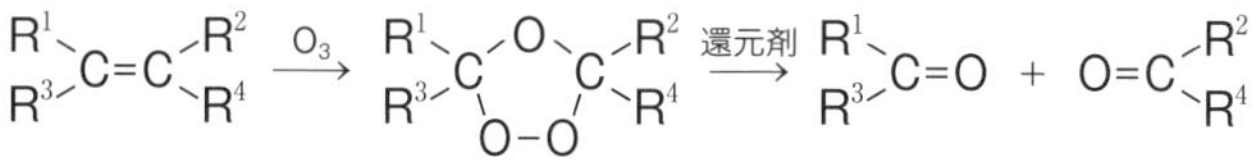

図2　アルケンのオゾン分解($R^1$，$R^2$，$R^3$，$R^4$：炭化水素基または水素)

　試料に用いるポリブタジエンは，1,2-付加により形成される繰り返し単位を含むが，ほとんどが1,4-付加により形成される構造からなり，1,2-付加により形成される繰り返し単位どうしが隣り合うことはないものとする。このポリブタジエンを完全にオゾン分解することで生じるすべてのカルボニル化合物を構造式で示せ。ただし，ポリブタジエンの分子量は十分に大きいものとし，高分子の鎖の末端から生成する化合物は無視してよい。また，立体異性体を区別して考える必要はない。

（東京農工大）

## ★225 ポリエチレンテレフタラート　→有 P.296

　我々の身近にあるリサイクル性に優れた合成高分子としてポリエチレンテレフタラート(PET)がある。PETはもともと繊維材料として実用化されたが，最近ではペットボトルの原料として使われることも多い。日本国内で製造されているペットボトルの約5割が回収され，一部は洗浄，裁断，溶融，再成型を経て繊維，シートなどとしてリサイクルされている。エステル交換反応[(1)式]を利用し，酸を触媒として，高温，高圧でPETとメタノールを反応させることにより，PETを2価カルボン酸エステルAと2価アルコールBに転換させるリサイクル方法も開発されている。

$R^1$-COO$R^2$ ＋ $R^3$-OH ⟶ $R^1$-COO$R^3$ ＋ $R^2$-OH …(1)

（この式において$R^1$，$R^2$，$R^3$はアルキル基を表す）

問1　2価カルボン酸エステルAと2価アルコールBの構造式を記入例にならって示せ。

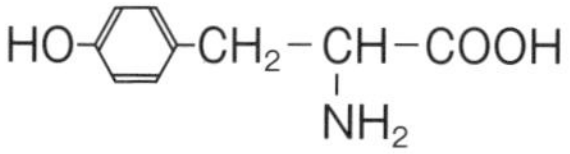

問2　960gのPETが，エステル交換反応[(1)式]にしたがってメタノールと反応し，2価カルボン酸エステルAと2価アルコールBに完全に転換するとき，何gのメタノールが消費されるか。PETの分子量は十分大きく，末端を考慮する必要はないものとし，答えは小数点以下を切り捨てて答えよ。原子量はH＝1.0，C＝12，O＝16とする。

（京都大）

構造式の記入例：

HO-◯-CH₂-CH-COOH
　　　　　　　 |
　　　　　　　NH₂

## 226 ポリアミド

➡ 有 P.296～298

(a) ナイロン6は，環状構造のモノマーXに少量の水を加えて加熱して得られる。このように，環状構造の単量体から鎖状の高分子ができる重合を ア 重合とよぶ。(b) ナイロン66は，アジピン酸とモノマーYの混合物を加熱しながら，生成する イ を除去すると得られる。このように， イ などの簡単な分子がとれて鎖状の高分子が生成する重合を ウ 重合とよぶ。

ナイロン66のメチレン鎖の部分を エ に置き換えたポリ(*p*-フェニレンテレフタルアミド)は，代表的な オ 繊維の1つである。この繊維は，ナイロン66よりもさらに強度や耐久性に優れるため，消防士の服や防弾チョッキに使われている。

実験室でナイロン66の繊維を得るには，界面重合が適している。この重合は，アジピン酸の代わりにアジピン酸ジクロリドを用いて，図1のように行われる。

炭酸ナトリウム　　　アジピン酸
モノマーY　　　　　ジクロリド

溶媒A　　　　　　　溶媒B　　　　　　　　　　　　　　　　アセトン

操作1　　　　操作2　　　　操作3　　　　操作4　　　　操作5
図1

操作1　50mLの溶媒Aに，1gの炭酸ナトリウムと1gのモノマーYを加え，よくかき混ぜる。

操作2　10mLの溶媒Bに，1mLのアジピン酸ジクロリドを溶かす。

操作3　操作1で得られた溶液の上に，操作2で得られた溶液を静かに注ぐ。

操作4　界面(境界面)にできた膜をピンセットで静かに引き上げ，ガラス棒に巻きつける。

操作5　得られた糸をアセトンで洗い，乾燥させる。

問1　文中の□□□にあてはまる最も適切な語句を答えよ。

問2　下線部(a)，(b)について，ナイロン6とナイロン66の構造式を右の(例1)にならって示せ。

問3　モノマーX，Yの構造式と名称を右の(例2)にならって示せ。

問4　溶媒A，Bとして最も適切なものを，次の①～⑤からそれぞれ1つ選べ。

① アセトン　② エタノール　③ 酢酸　④ ヘキサン　⑤ 水　　　　（群馬大）

(例1)　$\dashv(CH_2)_2\text{-}O\dashv_n$

(例2)　構造式

$$\underset{H}{\overset{H}{>}}C=C\underset{O\text{-}C\text{-}CH_3}{\overset{H}{<}}$$
$$\underset{\|}{O}$$

名称　酢酸ビニル

## 227 ナイロン66

➡ 有 P.296

ナイロン66に関する次の問いに答えよ。原子量はH = 1.0，C = 12，N = 14，O = 16とする。

問1　平均分子量$1.38 \times 10^4$のナイロン66の平均重合度はいくらか，四捨五入して整数で答えよ。

問2　問1のナイロン66の1分子中にあるアミド結合は何個か，整数で答えよ。　（三重大）

## ★228 芳香族モノマーの合成とポリイミド

➔ 有 P.167, 190～192, 296, 297

以下の文章を読み，航空宇宙・エレクトロニクス分野で重要な役割を果たしているポリマーPに関するあとの問いに答えよ。

ポリマーPは，次に示す**実験1～3**により，モノマーM1とM2を原料として合成される。その反応の流れを図1にまとめた。

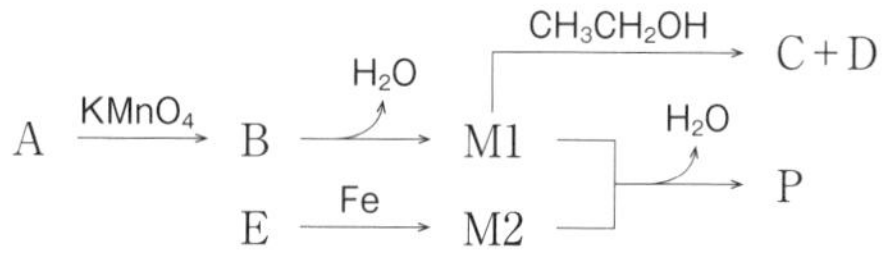

A
KMnO4
B
H2O
M1
CH3CH2OH
C＋D
E
Fe
M2
H2O
P

図1　実験1～3のまとめ

**実験1　モノマーM1の合成**　モノマーM1は，テトラメチルベンゼンの位置異性体の1つである化合物Aを出発原料として，2段階で合成される。化合物Aの溶液に過マンガン酸カリウムを加えて40℃で数時間反応させた後，反応過程で生成した酸化マンガンの沈殿をろ過により除去してから，ろ液を酸性にすることにより，化合物Bが得られる。これを減圧下で200℃に加熱すると，2分子の水を失って，モノマーM1が生成する。

モノマーM1は，次の性質を示す。すなわち，モノマーM1に2分子のエタノールを付加させると互いに異性体の関係にある化合物Cと化合物Dを与える。

**実験2　モノマーM2の合成**　モノマーM2は，図2に示す化合物Eを塩化アンモニウム水溶液中で鉄粉を用いて還元することにより合成できる。この反応ではモノマーM2の塩酸塩と鉄の酸化物が生成する。鉄の酸化物の沈殿をろ過により除去した後，ろ液に濃アンモニア水溶液を加えると，モノマーM2の結晶が析出する。

O2N
O
NO2

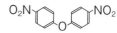

図2　化合物Eの構造式

**実験3　ポリマーPの合成**　モノマーM1の溶液に等モル量のモノマーM2をゆっくり加えて室温で重合させる。ついで，この重合生成物を230℃に加熱すると，さらに縮合反応により水が失われてポリマーPが生成する。なお，ポリマーPに含まれる窒素原子に水素原子は結合していない(ただし，ポリマーの末端部を除く)。

問1　化合物Aの構造式を示せ。

問2　化合物CとDの構造式を示せ。

問3　モノマーM1とモノマーM2の構造式を示せ。

問4　ポリマーPの構造式を示せ。なお，ポリマーの構造式は右の(例)にならって繰り返し単位を記すこと。

(例)
CH2－CH
n

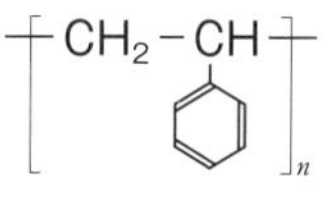

(東京大)

## 229 フェノール樹脂

→ 有 P.302〜304

次の@〜@の記述のうち，フェノール樹脂に関する記述として正しいものをすべて選べ。

@ フェノール樹脂はベークライトともよばれている。

ⓑ 酸を触媒として用いたときに生じる中間生成物をレゾール，塩基を触媒として用いたときに生じる中間生成物をノボラックという。

ⓒ レゾールをフェノール樹脂にするには硬化剤が必要である。

ⓓ フェノールとホルムアルデヒドの反応は，フェノールのメタ位で起こりやすい。

ⓔ フェノール樹脂は電気絶縁性に優れている。

(長崎大)

## 230 尿素樹脂

→ 有 P.304, 305

尿素樹脂の生成過程について調べると，まず，化合物Aと尿素の間での付加反応により，原子団-CH$_2$OHをもつメチロール尿素とよばれる物質が生成する。次に，尿素とメチロール尿素との間で脱水縮合が起こって化合物Bが生成する。そして，化合物Aと化合物Bの付加反応によって生じるメチロール化合物から，さらに尿素との脱水縮合により，化合物Cが生成する。このような付加と縮合を繰り返すことで，大きな分子が生成する。化合物Aは，未反応物として残ったり，あるいは，一部の生成物の分解により再生されるため，製品中にも微量に含まれる。このため，化合物Aは，揮発・拡散して気密性の高い住宅内の空気を汚染し，シックハウス症候群の原因物質のひとつとなっている。

問1 化合物Aの名称と化学式を示せ。

★問2 化合物Cの構造は，実際には化合物Aと尿素の混合比や反応条件により異なる。3分子の尿素と2分子の化合物Aから生成する化合物Cには，2種類の異性体が存在する。これらの構造を(例)にならって記せ。

(例) H$_2$N-CH$_2$-C-NH-CH-C-OH
      $\quad\quad\quad\quad$ ‖ $\quad\quad$ | $\quad$ ‖
      $\quad\quad\quad\quad$ O $\quad$ CH$_2$OH O

(名古屋大)

## 231 ビニロン

→ 有 P.308, 309

ポリ酢酸ビニルは酢酸ビニル(CH$_2$=CHOCOCH$_3$)の重合によって得られる。(a)分子量$4.30 \times 10^4$のポリ酢酸ビニルを完全にけん化した後，ホルムアルデヒドを用いて，一部のヒドロキシ基をアセタール化することでビニロンの合成を試みた。しかし，実際に(b)得られたのは通常のビニロンではなく，アセタール化の割合の異なる，分子量$2.35 \times 10^4$の高分子であった。

問1 下線部(a)のポリ酢酸ビニルの重合度を求め，その値を整数で記せ。原子量はH = 1.0，C = 12，O = 16とする。

★問2 下線部(b)で得られた高分子は，けん化によって生じたヒドロキシ基の何%がアセタール化されているか。最も適当な数値を次の①〜⑩から選べ。

① 10　　② 20　　③ 30　　④ 40　　⑤ 50　　⑥ 60　　⑦ 70　　⑧ 80　　⑨ 90

⑩ 100

（立命館大）

## 232 陽イオン交換樹脂　　　　　　　　　　　　　　　　　→ 有 P.311, 312

　一般に溶液中のイオンを別の種類のイオンととり換える働きをもつ樹脂をイオン交換
樹脂とよぶ。イオン交換樹脂は，主にスチレンと少量の*p*-ジビニルベンゼンの共重合体
を母体として，そのベンゼン環の水素原子を酸性または塩基性の官能基で置換した構造
をもつ。濃硫酸を作用させて，図1のように酸性のスルホ基($-SO_3H$)で置換したもの
を陽イオン交換樹脂($R-SO_3H$)とよぶ。(a)この樹脂($R-SO_3H$)に0.100mol/Lの塩化カ
ルシウム水溶液10.0mLを通すと，水溶液は中性から酸性に変化した。さらに樹脂を純
水で十分に洗い，得られた流出液をすべて集め，(b)0.100mol/Lの水酸化ナトリウム水
溶液で中和滴定を行った。なお，Rは樹脂の骨格を表している。

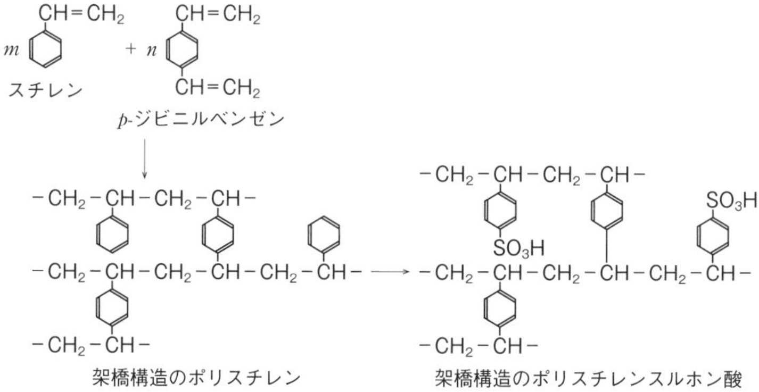

図1

★問1　スチレン180gに物質量比9:1になるように*p*-ジビニルベンゼンを加えて，完全
　　に反応させてポリスチレン樹脂を得た。さらにポリスチレン樹脂をスルホン化してポ
　　リスチレンスルホン酸樹脂を得た。ポリスチレンのベンゼン環のパラ位のみが50%
　　スルホン化されたとすると，何gのポリスチレンスルホン酸樹脂が得られるか，小数
　　点以下を四捨五入して整数値で答えよ。原子量はH=1.0，C=12，O=16，S=32と
　　する。

問2　下線部(a)の反応について，化学反応式を示せ。

問3　下線部(b)について，水酸化ナトリウム水溶液は終点までに何mL加える必要があ
　　るか，有効数字3桁で答えよ。

（岡山県立大）

## 233 吸水性ポリマー

→ 有 P.313

図1のようにアクリル酸ナトリウムと架橋性モノマーを混合して<u>重合させることにより</u>，三次元網目構造をもつ吸水性の高い高分子を得ることができる。

ポリアクリル酸ナトリウム系吸水性高分子が吸水すると，分子中の－COONaが ア し，網目の内側では，イオンの濃度が イ なるため， ウ が高くなり，大量の水が吸収される。吸収された水分子は－COO⁻や エ と オ し，この網目の内側に閉じ込められる。また，－COO⁻どうしが カ して網目の隙間が広がり，この隙間にさらに多くの水を保持することができる。

この性質を利用したものに，紙おむつをはじめ，携帯トイレ，湿布薬，土壌保水剤，保冷剤がある。

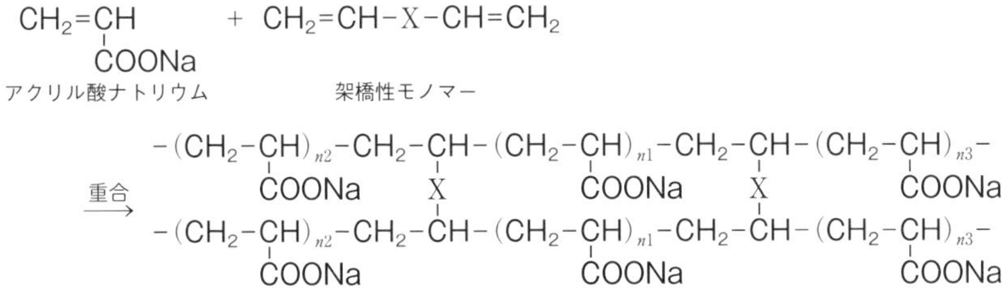

$$CH_2=CH \atop \underset{COONa}{|} \quad + \quad CH_2=CH-X-CH=CH_2$$

アクリル酸ナトリウム　　　　　架橋性モノマー

重合
$\longrightarrow$

$-(CH_2-CH)_{n2}-CH_2-\underset{X}{CH}-(CH_2-CH)_{n1}-CH_2-\underset{X}{CH}-(CH_2-CH)_{n3}-$
　　COONa　　　　　　　　　COONa　　　　　　　COONa

$-(CH_2-CH)_{n2}-CH_2-\underset{X}{CH}-(CH_2-CH)_{n1}-CH_2-\underset{X}{CH}-(CH_2-CH)_{n3}-$
　　COONa　　　　　　　　　COONa　　　　　　　COONa

図1　ポリアクリル酸ナトリウム系吸水性高分子の合成
（下付きの数字$n1$，$n2$，$n3$は重合度を表す）

問1　文中の□に適切な語を答えよ。
問2　下線部のような重合方法の名称を答えよ。

（東京海洋大）

## 234 生分解性ポリマー

→ 有 P.313

ポリ乳酸は生分解性樹脂の1種であり，自然界では(a)<u>微生物によって最終的に水と二酸化炭素に分解される</u>。ポリ乳酸は生体に対する適合性に優れ，体内で(b)<u>もとの乳酸に変化する</u>ため，手術糸などに利用されている。

問1　下線部(a)について，ポリ乳酸60gが完全に分解されたときに発生する二酸化炭素の標準状態における体積〔L〕を計算し，整数値で答えよ。ただし，標準状態での気体1molの体積は22.4L，原子量はH＝1.0，C＝12.0，O＝16.0とする。
問2　下線部(b)の反応の名称を次の①～⑤から選べ。
　　① 中和　　② 酸化還元　　③ 置換　　④ カップリング　　⑤ 加水分解

（立命館大）

## ★ 235 リサイクル方法

→ 有 P.315

プラスチックのリサイクルには，製品をそのまま再利用する「製品リサイクル」の他に，「マテリアルリサイクル」，「サーマルリサイクル」，「ケミカルリサイクル」といった方法がとられている。それぞれのリサイクル方法について説明せよ。

（信州大）

# 鎌田の
# 化学
# 問題演習

理論　無機　有機

## 解答と解説

旺文社

# 本書の特長と使い方

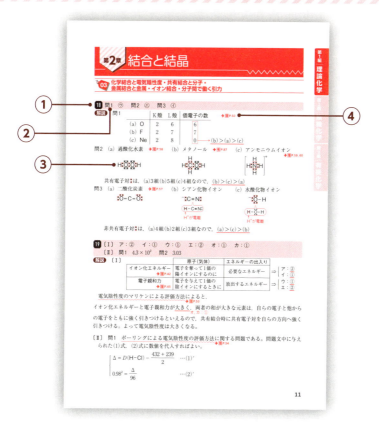

① 本冊（問題編）の問題番号と一致しています。

② 解答は，わかりやすいように，冒頭に示してあります。

③ 解法の手順，出題者の狙いにストレートに近づく糸口を見つける方法を示してあります。
　解答で示した解き方は「応用範囲の広い，間違えることの少ない」ものですので，
　解けなかった場合はもちろん，答えがあっていた場合も読んでおきましょう。

④ 関連する知識を整理したいとき，より深く理解したいときなどに，姉妹書で学習できる
　ようになっています。必要に応じて，活用してください。
　→ 理 P.○：「大学受験Doシリーズ　鎌田の理論化学の講義　改訂版」のp.○参照
　→ 無 P.○：「大学受験Doシリーズ　福間の無機化学の講義　四訂版」のp.○参照
　→ 有 P.○：「大学受験Doシリーズ　鎌田の有機化学の講義　四訂版」のp.○参照

# 目 次

# 第1章 原子と化学量

## 01 有効数字と単位・原子・物質量

**1** ⑤

**解説** 加減計算では, 数値の精密さは小数点以下の桁数が最も小さな数値に左右される。29.6と9.1は小数点以下1桁, 0.148は3桁であるので, 小数点以下2桁を四捨五入して, 小数第1位にする。

$$29.6 + 9.1 + 0.148 = 38.848 \fallingdotseq 38.8$$

**2** 問1 ア:陽子　イ:中性子　ウ:中性　エ:原子番号　オ:同位体
　カ:放射性同位体　問2 a:②　b:②　c:③

**解説** 問1 電子と陽子のもつ電気量の絶対値は等しいため, 電気的に中性な原子に含まれる電子と陽子の数は同じである。

問2 宇宙線に由来する中性子が大気中の窒素 $^{14}_{7}N$ の原子核に衝突し, $^{14}_{6}C$ が絶えず生成している。

$$^{14}_{7}N + ^{1}_{0}n(中性子) \longrightarrow {}^{14}_{6}C + {}^{1}_{1}p(陽子) \quad \cdots(1)$$

また, $^{14}_{6}C$ は放射性同位体で, $\beta$ 線を放出しながら $^{14}_{7}N$ に戻る。

$$^{14}_{6}C \longrightarrow {}^{14}_{7}N + e^{-}(\beta線) \qquad\qquad \cdots(2)$$

a:(1)式と(2)式がつり合っているため, 大気中には $^{14}_{6}C$ が一定の割合で含まれている。

b:$^{14}_{6}C$ は $^{14}_{6}CO_2$ として光合成により大気中から植物にとり込まれ, 植物中の $^{14}_{6}C$ の割合も一定となる。

c:枯れた植物は大気中から $^{14}_{6}CO_2$ をとり込まないので, (2)式によって $^{14}_{6}C$ の割合は減少する。

**3** ③

**解説** ア:原子番号=原子核中の陽子数

イ:質量数=(原子核中の)陽子数+中性子数　　よって, $^{209}_{83}Bi$ の中性子数は $209 - 83 = 126$

ウ:陽子の総数は, 反応の前後で変わらない。　$_{30}Zn + _{83}Bi \longrightarrow _{113}Nh$

**4** 〔Ⅰ〕ア:$\alpha$ 線　イ:$-2$　ウ:$+1$　エ:$0$　オ:$\gamma$ 線　カ:$0$　〔Ⅱ〕③

**解説** 〔Ⅰ〕 $\alpha$ 線は質量数4のHeの原子核, $\beta$ 線は電子, $\gamma$ 線は短波長の電磁波である。

$$\begin{cases} \alpha 崩壊 & {}^{A}_{Z}X \longrightarrow {}^{A-4}_{Z-2}X' + {}^{4}_{2}He(\alpha線) \quad \cdots(1) \\ \beta 崩壊 & {}^{A}_{Z}X \longrightarrow {}^{A}_{Z+1}X'' + e^{-}(\beta線) \qquad \cdots(2) \\ \gamma 崩壊 & {}^{A}_{Z}X(不安定) \longrightarrow {}^{A}_{Z}X(安定) + \gamma線 \end{cases} \quad \begin{pmatrix} X, X', X'':元素記号 \\ A:質量数 \\ Z:原子番号 \end{pmatrix}$$

〔Ⅱ〕 $\alpha$ 壊変が $x$ 回, $\beta$ 壊変が $y$ 回起こり, $^{212}Pb$ が $^{208}Pb$ に変化したとする。

$^{212}Pb$ から $^{208}Pb$ への変化では, 原子番号(陽子数)が変化せず, 質量数が

$212 - 208 = 4$ 減少している。〔Ⅰ〕の(1)式, (2)式より,

$$原子番号の変化：x×(-2)+y×1=0 \quad \cdots(3)$$
$$質量数の変化：x×(-4)+y×0=-4 \quad \cdots(4)$$

(3)式，(4)式より，<u>$x=1$, $y=2$</u>

**5** 問1 $_{17}^{35}Cl：_{17}^{37}Cl=3：1$

　　問2 二酸化炭素分子の種類：18種類　　質量数の和が48の二酸化炭素分子の種類：4種類

**解説** 問1 存在比を $_{17}^{35}Cl$ $x$〔%〕，$_{17}^{37}Cl$ $100-x$〔%〕とする。

$$塩素の原子量=35.0×\frac{x}{100}+37.0×\frac{100-x}{100}=35.5 \quad よって，x=75〔%〕$$

したがって，$_{17}^{35}Cl：_{17}^{37}Cl=75：25=\underline{3：1}$

問2

二酸化炭素分子

酸素原子🔴は （$^{16}O$，$^{17}O$，$^{18}O$）の3つのいずれかで，

🔴2つの組み合わせは （$^{16}O$, $^{16}O$）（$^{17}O$, $^{17}O$）（$^{18}O$, $^{18}O$）

　　　　　　　　　　　（$^{16}O$, $^{17}O$）（$^{16}O$, $^{18}O$）（$^{17}O$, $^{18}O$）　の6つ。

炭素原子⚫は （$^{12}C$，$^{13}C$，$^{14}C$）の3つのいずれかである。

二酸化炭素分子は，

　　$6×3=\underline{18種類}$

質量数の和が48になる二酸化炭素分子の組み合わせは，

　　（$^{12}C^{18}O^{18}O$）（$^{13}C^{17}O^{18}O$）（$^{14}C^{16}O^{18}O$）（$^{14}C^{17}O^{17}O$）　の<u>4種類</u>

**6** 〔Ⅰ〕 $6.3×10^{23}/mol$　　〔Ⅱ〕 $6.0×10^{23}/mol$

**解説** アボガドロ定数を $N_A$〔/mol〕とする。

〔Ⅰ〕 $_{88}Ra \longrightarrow _{86}Rn + _2^4He（\alpha 線）$

$$\frac{3.4×10^{10}〔個〕}{1〔秒〕}×(1.2×10^{10}×60)〔秒〕=\frac{866×10^{-3}〔L〕}{22.4〔L/mol〕}×N_A$$

個(He)　　　　　　　　mol(He)　個(He)

よって，$N_A≒\underline{6.3×10^{23}〔/mol〕}$

〔Ⅱ〕 $1.0×10^{-3}〔mol/L〕×\frac{0.10}{1000}〔L〕×N_A=\frac{1.20×10^{-2}〔m^2〕}{2.0×10^{-19}〔m^2/個〕}$

mol(ステアリン酸)　個(ステアリン酸)

よって，$N_A=\underline{6.0×10^{23}〔/mol〕}$

**7** ②と③

**解説** 2019年5月に物質量の単位「mol」の定義が，それまでの質量と関連づけた定義から変更された。新しい定義では，$6.02214076×10^{23}$を不確かさのない数値として，この数の粒子集団を1molと決め，アボガドロ定数$6.02214076×10^{23}$〔/mol〕は測定値ではなく定義値となる。

① 正しい。$_1^1H$の相対質量は1.0078 ➡ 理P.18 である。定義を変更しても，通常の実験レベルの数値は，特に変わらない。

② 誤り。$^1H$，$^2H$，$^3H$の同位体が存在するので，同じではない。

③ 誤り。$^{12}C$のモル質量は従来は定義値なので，厳密に12g/molだったが，新しい定義ではアボガドロ定数が定義値となったため測定値となり，11.99999…g/molに変わる。

④ 正しい。定義が変更された理由である。

**8** 問1　35mol　問2　$1.1 \times 10^2$g

**解説**　問1　$H_2$の分子量 = 2.0 より，

$$\frac{1.0[L] \times \dfrac{1000[cm^3]}{1[L]} \times 0.0708[g/cm^3]}{2.0[g/mol]} \;≒\; \underline{35}[mol]$$

（g($H_2$)）

問2　$C_{16}H_{32}O_2$の分子量 = 256 で，$C_{16}H_{32}O_2$ 1molにH原子は32mol含まれている。

$$\frac{1.0[L] \times \dfrac{1000[cm^3]}{1[L]} \times 0.85[g/cm^3]}{256[g/mol]} \times \frac{32 \quad [mol(H)]}{1[mol(C_{16}H_{32}O_2)]} \times 1.0 \;≒\; \underline{1.1 \times 10^2}[g]$$

g($C_{16}H_{32}O_2$)　　mol($C_{16}H_{32}O_2$)　　mol(H)　g(H)

---

**9**　問1　1.7L　問2　55.9

**解説**　Feが$O_2$と反応して酸化鉄(Ⅲ)$Fe_2O_3$が生じる。化合した酸素の量だけ質量が増加する。

問1　$\dfrac{8.065 - 5.641}{16.00} \times \dfrac{1}{2} \times 22.4[L/mol] ≒ \underline{1.7}[L]$

mol(化合した O 原子)　　mol($O_2$)　　L($O_2$)

問2　Feの原子量を$M$とすると，組成式$Fe_2O_3$より，

$\dfrac{5.641}{M} : \dfrac{8.065 - 5.641}{16.00} = 2 : 3$　　よって，$M ≒ \underline{55.9}$

Fe原子[mol]　化合したO原子[mol]　組成比

---

**10**　問1　45.0　問2　45.8g

**解説**　問1　表1の数値から原子量を求めると，

Cの原子量　$12.0 \times \dfrac{80.0}{100} + 13.0 \times \dfrac{20.0}{100} = 12.2$

Oの原子量　$16.0 \times \dfrac{70.0}{100} + 17.0 \times \dfrac{20.0}{100} + 18.0 \times \dfrac{10.0}{100} = 16.4$

この値を利用すれば，**5** 問2のように同位体を区別する必要がない。そこで，

$CO_2$の分子量 = 12.2 + 16.4 × 2 = $\underline{45.0}$

問2　全$CO_2$分子のうち，20.0%が$^{13}CO_2$分子であり，Oの同位体を区別しなければ，

$^{13}CO_2$の分子量 = 13.0 + 16.4 × 2 = 45.8 とみなせるので，

$\dfrac{112[L]}{22.4[L/mol]} \times \dfrac{20.0}{100} \times 45.8 = \underline{45.8}[g]$

mol($CO_2$)　mol($^{13}CO_2$)　g($^{13}CO_2$)

---

## 02　電子配置と周期表・イオン化エネルギーと電子親和力

**11**　問1　ア：8　イ：32　ウ：$2n^2$　問2　M殻：8　N殻：1

問3　Ti　問4　K殻：2　L殻：8　M殻：16　元素記号：Ni

**解説**　問1　ア：$\underset{\text{s軌道}}{2} + \underset{\text{p軌道}}{2 \times 3} = \underline{8}$個　→理P.30

$$\text{イ}: \underbrace{2}_{s軌道} + \underbrace{2 \times 3}_{p軌道} + \underbrace{2 \times 5}_{d軌道} + \underbrace{2 \times 7}_{f軌道} = \underline{32個}$$

**問2**　第4周期，1族の元素は原子番号19のカリウムである。

| | K殻 | L殻 | M殻 | N殻 |
|---|---|---|---|---|
| $_{19}$K | 2 | 8 | $\underline{8}$ | $\underline{1}$ |

**問3**　$_{22}\underset{\text{Arと同じ電子配置}}{\underline{\text{Ti}}} = [\text{Ar}]3\text{d}^2 4\text{s}^2 = \text{K}^2 \text{L}^8 \text{M}^{8+2}_{\underline{10}} \text{N}^2$　→理P.39

**問4**　第4周期，10族の元素は，原子番号28のニッケルである。

$$_{28}\text{Ni} = [\text{Ar}]3\text{d}^8 4\text{s}^2 = \underline{\text{K}^2 \text{L}^8 \text{M}^{8+8}_{16} \text{N}^2}$$

---

**12**　K殻：2個　　L殻：8個　　M殻：13個

**解説**　$Fe_2O_3$ は $Fe^{3+}$ と $O^{2-}$ からなる化合物である。

　　$Fe$ の電子配置は $K^2 L^8 M^{14} N^2$ であり，最外殻の N殻から2個，内殻の M殻から1個の電子を奪うと $Fe^{3+}$ となる。そこで，$Fe^{3+}$ の電子配置は $\underline{K^2 L^8 M^{13}}$ となる。

---

**13**　**問1**　ア：価電子　　イ：貴（希）ガス
　　**問2**　同一周期の元素のうち，最も陽子数が少なく，最外殻電子に働く引力が弱いから。

**解説**　**問1**　化学結合に利用される電子を$\underset{\mathcal{T}}{\underline{\text{価電子}}}$という。　→理P.50

**問2**　アルカリ金属（1族）元素は，同一周期の元素の中では，原子核中の陽子数が最も少ないため，最外殻電子を原子核方向に引きつける力が最も弱く，電子を奪うのに必要なエネルギーが小さい。　→理P.43, 44

---

**14**　**問1**　ア：K　　イ：L　　ウ：M　　エ：2　　オ：2　　カ：6　　キ：1
　　a：Na　　b：O　　c：Ca
　　**問2**　a：⇅ ⇅ ⇅⇅⇅ ↑　　b：⇅ ⇅ ⇅↑↑
　　　　　　 1s 2s 2p 3s　　　 1s 2s 2p
　　**問3**　∠H−C−H ＞ ∠H−N−H ＞ ∠H−O−H

**解説**　**問1**

| | 1s | 2s | 2p | 3s |
|---|---|---|---|---|
| $_{11}$Na | •• | •• | •• •• •• | •• |

→理P.36〜40

**問2**　問題文中の英文の和訳例は次のようになる。
　「1個の電子は，2つのスピン状態の1つをとる。1つの軌道には，電子は2個だけ存在でき，これらは逆向きのスピンをもたなければならない。同じエネルギー準位の軌道が複数あるときは，1つの軌道が2個の電子に占有される前に，同じエネルギー準位の軌道が1つずつ占有される。軌道を1つずつ占有している電子はすべて同じ向きのスピンをもつ。」　→理P.38

　　最後の文は，例えば $_7$N の電子配置では，2p軌道の電子がスピンの向きをそろえて，1個ずつ入っていることを述べている。

$$_7\text{N} = ⇅ ⇅ ↑↑↑$$
$$\quad\quad 1\text{s}\ 2\text{s}\ \ 2\text{p}$$

**問3**　非共有電子対が多いほど，その反発に共有電子対間がおされて，結合角が小さくなる。　→理P.62

$$\angle\text{H−C−H}(109.5°) ＞ \angle\text{H−N−H}(106.7°) ＞ \angle\text{H−O−H}(104.5°)$$

**15** ③

**解説** (ア) 原子量は，おおむね原子番号に比例して大きくなるが，$_{18}Ar$ と $_{19}K$ のように逆転する箇所もある。よって，(c)。 →理P.20

(イ) 典型元素では最外殻の電子が価電子となるが，貴ガスは他の原子と結合しにくいので，価電子数を0とする。よって，(a)。 →理P.50

(ウ) イオン化エネルギーのグラフは(b)。 →理P.43

(エ) 残りから(d)が原子半径のグラフである。理論上，周期表の右上の元素ほど，最外殻電子を原子核方向へ強く引きつけるので，原子半径は小さくなる。 →理P.43

(d)では，18族以外の元素の原子半径は化学結合時の原子核間距離から求めた値なので，評価方法の異なる18族の値が同一周期で極小とならず，逆に極大になっている。

**16** $Ca^{2+} < K^+ < Cl^-$

理由：同じ電子配置では原子番号の大きいほうが原子核中の陽子数が大きく，最外殻の電子を強く引きつけるためにイオン半径は小さくなるから。

**解説**

すべて $_{18}Ar$ と同じ電子配置である。

| | K殻 | L殻 | M殻 | N殻 |
|---|---|---|---|---|
| $_{17}Cl^-$ | 2 | 8 | 7+1 | |
| $_{19}K^+$ | 2 | 8 | 8 | 1 ← とり去る |
| $_{20}Ca^{2+}$ | 2 | 8 | 8 | 2 ← |

同じ電子配置の場合は，

原子番号㊛ ➡ 原子核中の陽子数㊛ ➡ 最外殻電子を引きつける力㊛ ➡ 半径㊙

となる。よって，イオン半径は $_{20}Ca^{2+} < _{19}K^+ < _{17}Cl^-$ である。

**17** 問1 4個　問2 酸化物：$EO_2$　塩化物：$ECl_4$

問3 予想される原子量：72

計算過程：51 − 44 = 75 − 68 = 7，48 − 44 = 4 なので，68 + 4 = 72

問4 安定な化合物をつくりにくい。

問5 同位体の存在比率の影響のため。

**解説** 問1,2 Eは，CやSiと同族元素なので，最外殻電子数や原子価が4と予想できる。

問3

| | Ⅲ族 | Ⅳ族 | Ⅴ族 |
|---|---|---|---|
| 4 | __ = 44 | Ti = 48 ㊛7 | V = 51 |
| 5 | __ = 68 | E = □ ㊛4 | As = 75 ㊛7 |

表1より，4列目，5列目のⅢ，Ⅳ，Ⅴ族を比べる。Ⅲ族とⅤ族の原子量の差が7と共通している。

よって，68 + 4 = 72

問4 表1では，貴ガス(18族)が抜けている。貴ガスは常温で気体であるだけでなく，化学的に安定で化合物をつくりにくいため，発見しにくかった。

問5 現在の周期表をみると，$_{52}Te$ と $_{53}I$ は，原子量の大小が逆転している。これは $_{18}Ar$ と $_{19}K$ と同じ理由で，TeはIより質量数の大きな同位体の存在比率が高いからである。 →理P.20

# 第2章

# 結合と結晶

**03** 化学結合と電気陰性度・共有結合と分子・
金属結合と金属・イオン結合・分子間で働く引力

**18** 問1 ⑦  問2 ㋔  問3 ㋑

**解説** 問1

|  | K殻 | L殻 | 価電子の数 |
|---|---|---|---|
| (a) O | 2 | 6 | 6 |
| (b) F | 2 | 7 | 7 |
| (c) Ne | 2 | 8 | 0 |

→理 P.50

→ (b)＞(a)＞(c)

問2 (a) 過酸化水素 →理 P.58　(b) メタノール →有 P.87　(c) アンモニウムイオン

→理 P.59, 60

H:Ö:Ö:H

$$H:\overset{\overset{\textstyle H}{\cdot\cdot}}{\underset{\underset{\textstyle H}{\cdot\cdot}}{C}}:\overset{\cdot\cdot}{O}:H$$

$$\left[H:\overset{\overset{\textstyle H}{\cdot\cdot}}{\underset{\underset{\textstyle H}{\cdot\cdot}}{N}}:H\right]^{+}$$

共有電子対:は，(a)3組(b)5組(c)4組なので，(b)＞(c)＞(a)

問3 (a) 二酸化炭素 →理 P.57　(b) シアン化物イオン　(c) 水酸化物イオン

:Ö=C=Ö:

⁻:C≡N:

⁻:Ö-H

H-C≡N:　H⁺が電離

H-Ö-H　H⁺が電離

非共有電子対:は，(a)4組(b)2組(c)3組なので，(a)＞(c)＞(b)

**19** 〔Ⅰ〕 ア：②　イ：①　ウ：①　エ：②　オ：①　カ：①

〔Ⅱ〕 問1　$4.3 \times 10^2$　問2　3.03

**解説** 〔Ⅰ〕

|  | 原子(気体) | エネルギーの出入り |  |
|---|---|---|---|
| イオン化エネルギー →理 P.42 | 電子を奪って1価の陽イオンにするのに | 必要なエネルギー | ⇒ ア：② イ：① |
| 電子親和力 →理 P.45 | 電子を与えて1価の陰イオンにするときに | 放出するエネルギー | ⇒ ウ：① エ：② |

電気陰性度のマリケンによる評価方法によると，→理 P.53

イオン化エネルギーと電子親和力が大きく，両者の和が大きな元素は，自らの電子と他から
オ, カ：①
の電子をともに強く引きつけるといえるので，共有結合時に共有電子対を自らの方向へ強く
引きつける。よって電気陰性度は大きくなる。

〔Ⅱ〕 問1　ポーリングによる電気陰性度の評価方法に関する問題である。問題文中に与え
られた(1)式，(2)式に数値を代入すればよい。→理 P.54

$$\begin{cases} \Delta = D(\text{H-Cl}) - \dfrac{432 + 239}{2} & \cdots(1)' \\[2mm] 0.98^2 = \dfrac{\Delta}{96} & \cdots(2)' \end{cases}$$

(1)′式，(2)′式より，

$$0.98^2 \times 96 = D(\text{H－Cl}) - \frac{432 + 239}{2}$$

よって，$D(\text{H－Cl}) \fallingdotseq 4.3 \times 10^2 \text{〔kJ/mol〕}$

問2 電気陰性度は水素Hより塩素Clのほうが大きいので，

$$x_{\text{Cl}} = x_{\text{H}} + 0.98 = 2.05 + 0.98 = \underline{3.03}$$

**20** ア：③　イ：②　ウ：①

**解説**　電気陰性度が大きく，電気陰性度の差が小さい元素どうしは共有結合をつくりやすい。よって，イは②。
→理P.56

電気陰性度が小さく，電気陰性度の差が小さい元素どうしは金属結合をつくりやすい。よって，アは③。
→理P.73

電気陰性度の差が十分に大きいと，イオン結合をつくる。よって，ウは①。
→理P.77

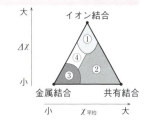

**21** 問1　ア：共有　イ：非共有　ウ：配位　エ：電気陰性度
オ：ファンデルワールス力

問2 $\left[\begin{array}{c} \text{H}\!:\!\overset{\displaystyle\cdot\cdot}{\underset{\displaystyle\text{H}}{\text{O}}}\!:\!\text{H} \end{array}\right]^{+}$　問3 ② $\begin{array}{c} \text{H} \\ | \\ \text{H－C－H} \\ | \\ \text{H} \end{array}$ ④ $\text{O=C=O}$

問4　エタノールは，ファンデルワールス力よりも強い水素結合を分子間で形成することができるから。

**解説**　問1, 2

$$\text{H}\cdot \quad \cdot\overset{\cdot\cdot}{\underset{\cdot\cdot}{\text{O}}}\cdot \quad \cdot\text{H} \longrightarrow \text{H}\!:\!\overset{\cdot\cdot}{\underset{\cdot\cdot}{\text{O}}}\!:\!\text{H} \xrightarrow{\text{H}^+}$$

共有結合
ア

配位結合
ウ
→理P.59

オキソニウムイオン$\text{H}_3\text{O}^+$

問3 ① $\text{H－Cl}$　② $\begin{array}{c}\text{H}\\|\\\text{H－C－H}\\|\\\text{H}\end{array}$　③ $\text{H－N－H}$　④ $\text{O=C=O}$　⑤ $\begin{array}{c}\text{H}\\|\\\text{H－C－O－H}\\|\\\text{H}\end{array}$

（→：結合の極性）

⑥ $\begin{array}{c}\text{H}\\|\\\text{Cl－C－H}\\|\\\text{Cl}\end{array}$　②の$\text{CH}_4$(正四面体形)と④の$\text{CO}_2$(直線形)は，結合の極性(→)が互いに打ち消し合うので，全体として無極性分子になる。→理P.64～66

問4　エタノールは分子内に$\text{O－H}$結合をもつので，分子間で水素結合を形成する。水素結合は，ファンデルワールス力よりも強いため，分子を引き離すのに大きなエネルギーが必要である。→理P.87, 88

$$\begin{array}{c}\text{H H H}\\|~~|~~|\\\text{H－C－C－C－H}\\|~~|~~|\\\text{H H H}\end{array} \qquad \begin{array}{c}\text{H H}\\|~~|\\\text{H－C－C－O－H}\\|~~|\\\text{H H}\end{array}$$

プロパン　　　　　　エタノール

**22** 問1　ア：共有　イ：イオン　ウ：無極性分子　　問2　電気陰性度
　　　問3　最大：フッ化水素，$\delta = 0.41$　　最小：ヨウ化水素，$\delta = 0.058$
　　　問4　$NH_3$，$CH_3OH$，$CH_3Cl$

**解説**　問1　ア，ウ：基本的な用語である。間違えた人はよく復習しておくこと。➡理 P.56, 66
　イ：$\delta$が大きいほど，極性すなわち，<u>イオン結合性</u>が大きくなる。➡理 P.64, 77
問2　2個の原子の<u>電気陰性度</u>の差が大きいほど$\delta$の値が大きい。➡理 P.53, 64

問3　$\mu = L \cdot \delta \cdot e$　より，$\delta = \dfrac{\mu}{L \cdot e}$　と表2の値から求める。

HF $\Rightarrow \delta_1 = \dfrac{6.09 \times 10^{-30}\,[\text{C}\cdot\text{m}]}{0.917 \times 10^{-10}\,[\text{m}] \times 1.61 \times 10^{-19}\,[\text{C}]} \fallingdotseq 0.41$ (最大)

HCl $\Rightarrow \delta_2 = \dfrac{3.70 \times 10^{-30}\,[\text{C}\cdot\text{m}]}{1.27 \times 10^{-10}\,[\text{m}] \times 1.61 \times 10^{-19}\,[\text{C}]} \fallingdotseq 0.18$

HBr $\Rightarrow \delta_3 = \dfrac{2.76 \times 10^{-30}\,[\text{C}\cdot\text{m}]}{1.41 \times 10^{-10}\,[\text{m}] \times 1.61 \times 10^{-19}\,[\text{C}]} \fallingdotseq 0.12$

HI $\Rightarrow \delta_4 = \dfrac{1.50 \times 10^{-30}\,[\text{C}\cdot\text{m}]}{1.61 \times 10^{-10}\,[\text{m}] \times 1.61 \times 10^{-19}\,[\text{C}]} \fallingdotseq 0.058$ (最小)

問4　　　　　　　$\mu$の和が0　　　　　　　　　　　　　$\mu$の和が0にならない

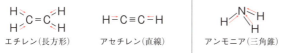

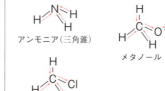

エチレン（長方形）　　アセチレン（直線）　　アンモニア（三角錐）

メタノール

四塩化炭素（正四面体）　三フッ化ホウ素（正三角形）　クロロメタン　➡理 P.61〜63

---

**04** 結晶・金属の結晶・イオン結晶・共有結合の結晶・分子結晶

---

**23** 問1　ア：イオン　イ：共有結合　ウ：分子　エ：金属
　　　問2　(1) ⓓ　(2) ⓐ $SiO_2$　ⓑ NaCl　ⓒ $CO_2$　ⓓ Na
　　　(3) オ：ⓑ　カ：ⓐ　キ：ⓒ　ク：ⓓ

**解説**　問2 (3)　ⓐ　二酸化ケイ素（組成式$SiO_2$）の結晶（図2）
は，Siを中心とした正四面体の基本構造をもつ<u>共有結合</u>
<u>の結晶</u>であり，石英（水晶）などが有名である。
ⓑ　$Na^+$と$Cl^-$の<u>イオン結合の結晶</u>である。
ⓒ　ドライアイスは，多数の$CO_2$分子がファンデルワールス
力で規則正しく集まった<u>分子結晶</u>である。
ⓓ　$Na^+$と自由電子からなる<u>金属結晶</u>である。

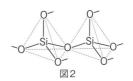

図2

**24** ⑤

**解説** 単位格子内での最も簡単な個数の比が組成式となる。

$$\begin{cases} \text{頂点} \\ \text{R}: \dfrac{1}{8}\text{〔個〕}\times 8 = 1\text{〔個〕} \\ \text{中心} \\ \text{M}: 1\text{〔個〕} \\ \text{面上} \\ \text{X}: \dfrac{1}{2}\text{〔個〕}\times 6 = 3\text{〔個〕} \end{cases}$$   →理P.91

よって，R：M：X＝1：1：3 ⇒ 組成式 RMX$_3$

**25** 問1 $a = \dfrac{4\sqrt{3}}{3}r$

問2 第2近接原子 ⇒ 数：6 距離：$\dfrac{4\sqrt{3}}{3}r$

第3近接原子 ⇒ 数：12 距離：$\dfrac{4\sqrt{6}}{3}r$

**解説** 問1

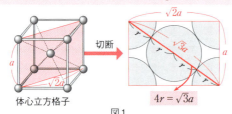

体心立方格子

図1

$4r = \sqrt{3}a$

よって，

$$a = \frac{4r}{\sqrt{3}} = \frac{4\sqrt{3}}{3}r$$

→理P.99

問2 1つの原子に着目し，周囲を考える。
　右の図2のAに着目すると，
最近接原子の距離は $2r$(AD)で，
第2近接原子の距離は $a$(AB)，
第3近接原子の距離は $\sqrt{2}a$(AC)
となる。

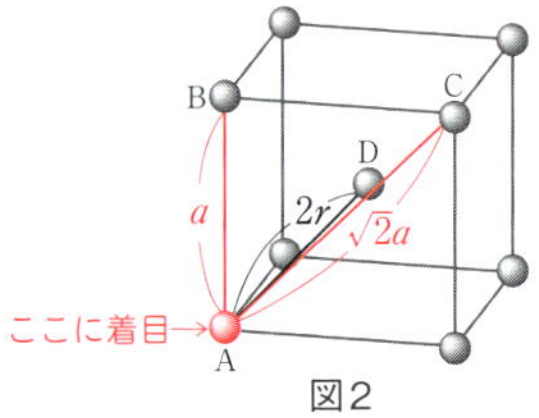

ここに着目→A

図2

［第2近接原子］ $a\left(=\dfrac{4\sqrt{3}}{3}r\right)$ だけ離れた位置に，6個の原子が存在する（図3）。

［第3近接原子］ $\sqrt{2}a\left(=\sqrt{2}\times\dfrac{4\sqrt{3}}{3}r = \dfrac{4\sqrt{6}}{3}r\right)$ だけ離れた位置に，12個の原子が存在する（図4）。

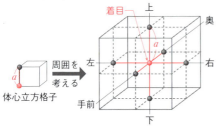

図3　第2近接原子の数と距離

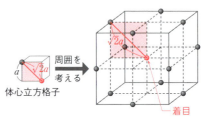

図4　第3近接原子の数と距離

**26** 問1 a：⑦ b：① c：① d：⑦ 問2 a：⑦ b：⑦ 問3 ⑦

**解説** 問1
→理P.97, 99

| | 単位格子内原子数 | 配位数 |
|---|---|---|
| 体心立方格子[※1] | 2[※2] | 8[※2] |
| 面心立方格子[※1] | 4[※3] | 12 →理P.94, 95 |

問2 体心立方格子：$4r = \sqrt{3}a \Rightarrow a = \dfrac{4\sqrt{3}}{3}r$[※4]

面心立方格子：$4r = \sqrt{2}b \Rightarrow b = 2\sqrt{2}r$[※5]
→理P.97, 99

問3 密度$d$〔g/cm³〕，単位格子の一辺の長さ$x$〔cm〕，
単位格子内原子数$n$〔個〕，鉄の原子量$M$，アボガド
ロ定数$N_A$とすると，→Do理P.92

$$d = \frac{n〔個〕 \div N_A〔個/mol〕 \times M〔g/mol〕}{x^3} \begin{matrix} \text{mol} \\ \end{matrix} \begin{matrix} \text{g} \\ \end{matrix} 〔g〕$$

$$= \frac{nM}{N_A x^3}$$

より，$n$に問1の単位格子内原子数を，$x$に問2の$a$，$b$を代入すると，

$$\frac{d_{面心}}{d_{体心}} = \frac{\dfrac{4M}{N_A(2\sqrt{2}r)^3}}{\dfrac{2M}{N_A\left(\dfrac{4\sqrt{3}}{3}r\right)^3}} = \frac{4\sqrt{6}}{9} \fallingdotseq 1.09〔倍〕$$

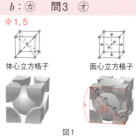

体心立方格子　　面心立方格子

図1

※1, 5

※2 $\dfrac{1}{8}〔個〕\times 8 + 1〔個〕 = 2〔個〕$
　　頂点　　　　中心

図1より，中心にある原子は頂点にある
8個の原子と接している。

※3 $\dfrac{1}{8}〔個〕\times 8 + \dfrac{1}{2}〔個〕\times 6 = 4〔個〕$
　　頂点　　　　　面上

※4 **25** 問1参照。

---

**27** $7.3 \times 10^4$ 層

**解説** 原子半径を$r$，最密構造の層間距離を$h$とおくと，$h$は4つの球の中心を頂点とする
正四面体の高さに相当する。→理P.98

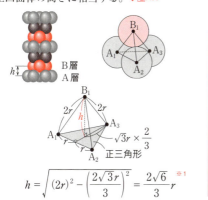

B層
A層

正三角形

$$h = \sqrt{(2r)^2 - \left(\dfrac{2\sqrt{3}r}{3}\right)^2} = \dfrac{2\sqrt{6}}{3}r$$ [※1]

※1 面心立方格子（立方最密構造）が，単位格子の中心
を通る対角線方向に最密に並んだ層が重なっていること
を利用して求めても同じ結果となる。→理P.96

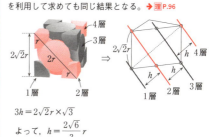

$3h = 2\sqrt{2}r \times \sqrt{3}$

よって，$h = \dfrac{2\sqrt{6}}{3}r$

アルミ箔の厚みは$1.7 \times 10^{-3}$cmなので，最密構造の層間距離$h$で割った値が求める層の数
にほぼ等しい。

$$\frac{1.7 \times 10^{-3}}{\dfrac{2\sqrt{6}}{3} \times (1.43 \times 10^{-8})} \fallingdotseq 7.3 \times 10^4$$

**28** 問1 NaCl型：0.41 CsCl型：0.73 問2 (1) $a = 2\sqrt[3]{\dfrac{M}{dN_A}} \times 10^7$ (2) 0.23nm

**解説** 問1 陽イオン（◯）と陰イオン（◯），陰イオンと陰イオンも最近接のものどうしは接しているとすると，

〈NaCl型構造〉→理P.101

〈CsCl型構造〉→理P.100

$$\begin{cases} a = 2(r_+ + r_-) \\ \sqrt{2}a = 4r_- \end{cases}$$

よって，$\dfrac{r_+}{r_-} = \sqrt{2} - 1 = \underline{0.414}$

$$\begin{cases} a = 2r_- \\ \sqrt{3}a = 2(r_+ + r_-) \end{cases}$$

よって，$\dfrac{r_+}{r_-} = \sqrt{3} - 1 = \underline{0.732}$

問2 (1) 単位格子内のケイ素の原子数は，

$$\underset{\text{頂点}}{\dfrac{1}{8}〔個〕\times 8} + \underset{\text{面の中心}}{\dfrac{1}{2}〔個〕\times 6} + \underset{\text{格子内}}{1〔個〕\times 4} = 8〔個〕$$

また，$a〔\text{nm}〕 = a \times 10^{-9}〔\text{m}〕 = a \times 10^{-7}〔\text{cm}〕$ であることを考慮すると，

$$密度\, d = \dfrac{ケイ素8原子分の質量〔g〕}{立方体の体積〔\text{cm}^3〕} = \dfrac{\dfrac{M}{N_A}〔\text{g/個}〕\times 8〔個〕}{(a \times 10^{-7})^3〔\text{cm}^3〕}$$

よって，$a = 2\sqrt[3]{\dfrac{M}{dN_A}} \times 10^7$

(2) 単位格子を立方体の中心を通る対角線を含む面で切断して考える。

Si原子間の最短距離を $l〔\text{nm}〕$ とすると，
$$\sqrt{a^2 + (\sqrt{2}a)^2} = 4l$$

よって，$l = \dfrac{\sqrt{3}a}{4} = \dfrac{\sqrt{3} \times 0.540}{4} ≒ \underline{0.23〔\text{nm}〕}$

**29** 問1 B 問2 3.1g/cm³

**解説** 問1 図1-bはホタル石 $CaF_2$ の構造であり，単位格子内のイオン数は次のとおり。

イオンA（●）⇒ $\dfrac{1}{8} \times 8 + \dfrac{1}{2} \times 6 = 4〔個〕$
イオンB（◯）⇒ $1 \times 8 = 8〔個〕$ ⇒ $AB_2$単位が4つ

イオン数の比より組成式は $AB_2$ となり，$A = Ca^{2+}$，$B = F^-$ となる。

問2 $CaF_2$ のモル質量は $40.0 + 19.0 \times 2 = 78.0〔\text{g/mol}〕$ であり，単位格子内に $CaF_2$ は4つ含まれる。

$$密度〔\text{g/cm}^3〕 = \dfrac{\overset{CaF_2 1つの質量}{\dfrac{78.0}{6.0 \times 10^{23}}} \times 4〔g〕}{(5.5 \times 10^{-8})^3〔\text{cm}^3〕} ≒ \underline{3.1〔\text{g/cm}^3〕}$$

**30** 問1 2　　問2 4.2g/cm³　　問3 6個

**解説** 問1 単位格子に含まれるTiとOの個数比から求めればよい。

$$Ti(\bullet) \Rightarrow \underbrace{\frac{1}{8} \times 8}_{頂点} + \underbrace{1}_{中心} = 2 \qquad O(\bigcirc) \Rightarrow \underbrace{\frac{1}{2} \times 4}_{上面と下面} + \underbrace{1 \times 2}_{内部} = 4$$

よって，$\dfrac{y}{x} = \dfrac{4}{2} = \underline{2}$

問2 単位格子にはTi 2個とO 4個，すなわち組成式$TiO_2$で表される単位が2つ含まれる。$TiO_2$の式量＝80 なので，$TiO_2$の結晶の密度〔g/cm³〕は次のように求められる。

$$TiO_2 の結晶の密度〔g/cm^3〕 = \frac{TiO_2 \, 2つの質量〔g〕}{単位格子の体積〔cm^3〕}$$

$$= \frac{\dfrac{80}{6.0 \times 10^{23}} \times 2 \quad 〔g〕}{4.6 \times 10^{-8} \times 4.6 \times 10^{-8} \times 3.0 \times 10^{-8} 〔cm^3〕} \fallingdotseq \underline{4.2〔g/cm^3〕}$$

問3 Ti(●)は6個のO(○)に囲まれており，O(○)は3個のTi(●)に囲まれている。

　O(○)はTi(●)を中心としたほぼ正八面体の頂点に位置し，Ti(●)はO(○)を中心とするほぼ正三角形の頂点に位置している（図2）。

　隣接する単位格子も考慮すると，Ti(1)も6個のOに囲まれていることがわかる（図3）。

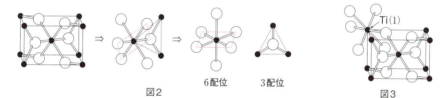

図2　　6配位　　3配位　　図3

**31** 3.4倍

**解説** 二酸化炭素の炭素原子だけに注目すれば，ドライアイスが面心立方格子の位置にあることは問題文からわかる。この立方体の一辺が0.56nmなので，単位格子は図1のようになる。また，分子内の酸素原子と酸素原子の距離が0.23nmとある。

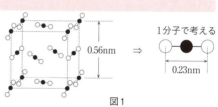

0.56nm　⇒　1分子で考える　0.23nm

図1

　題意の$CO_2$分子内のCとOの間の距離を$x$〔nm〕，$CO_2$の結晶中のC原子間の距離を$y$〔nm〕とすると，

$$\frac{y}{x} = \frac{0.56 \times \sqrt{2} \times \dfrac{1}{2}}{0.23 \times \dfrac{1}{2}} \fallingdotseq \underline{3.4}$$

**32** 問1　ア：同素体　イ：ファンデルワールス力　　問2　0.38nm

**解説**　問1　ア：ダイヤモンドと黒鉛のように，同じ元素の単体で構造や性質が異なるものを同素体という。→[理]P.17

イ：黒鉛の層内の炭素原子どうしは共有結合で結ばれており，層と層は<u>ファンデルワールス力</u>で結ばれている。→[理]P.108

問2　黒鉛の結晶格子から図2のような高さ$2l$の正六角柱を選ぶと，この正六角柱に含まれる炭素原子数は4である。

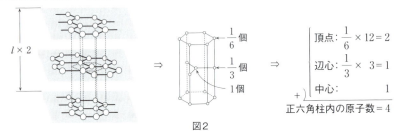

$$\begin{cases} 頂点：\dfrac{1}{6} \times 12 = 2 \\ 辺心：\dfrac{1}{3} \times 3 = 1 \\ 中心：\qquad\qquad 1 \end{cases}$$

$+)$

正六角柱内の原子数 = 4

図2

この正六角柱の密度が，黒鉛の密度2.0g/cm³に一致する→[理]P.92ので，正六角柱の質量について次式が成立する。

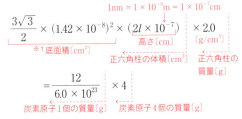

$$\frac{3\sqrt{3}}{2} \times (1.42 \times 10^{-8})^2 \times (2l \times 10^{-7}) \times 2.0$$

1nm = 1 × 10⁻⁹m = 1 × 10⁻⁷cm
※1底面積〔cm²〕
高さ〔cm〕
正六角柱の体積〔cm³〕
正六角柱の質量〔g〕

$$= \frac{12}{6.0 \times 10^{23}} \times 4$$

炭素原子1個の質量〔g〕　　炭素原子4個の質量〔g〕

よって，$l \fallingdotseq \underline{0.38}$〔nm〕

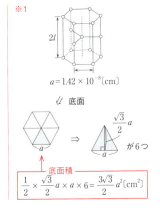

※1

$a = 1.42 \times 10^{-8}$〔cm〕

⇃ 底面

$\dfrac{\sqrt{3}}{2}a$　が6つ

底面積

$$\frac{1}{2} \times \frac{\sqrt{3}}{2}a \times a \times 6 = \frac{3\sqrt{3}}{2}a^2 〔cm^2〕$$

## 05 化学反応式と物質量計算の基本・水溶液の性質と濃度

**33** ⓔ

**解説** 反応前にあった $C_2H_6$ と $O_2$ の物質量は，$C_2H_6$ の分子量が30.0，$O_2$ の分子量が32.0なので，

$$n_{C_2H_6} = \frac{10.0〔g〕}{30.0〔g/mol〕} = \frac{1}{3}〔mol〕 \qquad n_{O_2} = \frac{40.0〔g〕}{32.0〔g/mol〕} = \frac{5}{4}〔mol〕$$

完全燃焼によって $C \rightarrow CO_2$，$H \rightarrow H_2O$ に変化するので，化学反応式は次のようになる。

$$2C_2H_6 + 7O_2 \longrightarrow 4CO_2 + 6H_2O$$

反応による変化量を計算すると，

|  | $2C_2H_6$ | $+$ | $7O_2$ | $\longrightarrow$ | $4CO_2$ | $+$ | $6H_2O$ |  |
|---|---|---|---|---|---|---|---|---|
| 反応前 | $\frac{1}{3}$ | | $\frac{5}{4}$ | | $0$ | | $0$ | 〔mol〕 |
| 変化量 | $-\frac{1}{3}$ | | $-\frac{1}{3} \times \frac{7}{2}$ | | $+\frac{1}{3} \times \frac{4}{2}$ | | $+\frac{1}{3} \times \frac{6}{2}$ | 〔mol〕 |
| 反応後 | $0$ | | $\frac{1}{12}$ | | $\frac{2}{3}$ | | $1$ | 〔mol〕 |

ⓐ $O_2$ は $\frac{1}{12} \fallingdotseq 0.0833〔mol〕$ 残っている。誤り。

ⓑ $C_2H_6$ は残っていない。誤り。

ⓒ $CO_2$ の分子量は44.0なので，$\frac{2}{3}〔mol〕 \times 44.0〔g/mol〕 \fallingdotseq 29.3〔g〕$ 生成する。誤り。

ⓓ 完全燃焼させたとあるので，不完全燃焼物のCOは生成していない。誤り。

ⓔ 質量保存の法則（反応前後において全質量は不変）より，反応後の全質量は，反応前の全質量 $10.0 + 40.0 = 50.0〔g〕$ と同じである。正しい。

**34** 9.0%

**解説**
$$\begin{cases} 2CH_3OH + 3O_2 \longrightarrow 2CO_2 + 4H_2O \\ C_2H_5OH + 3O_2 \longrightarrow 2CO_2 + 3H_2O \end{cases}$$

$CH_3OH$ が $x〔mol〕$，$C_2H_5OH$ が $y〔mol〕$ とすると，$CO_2$ と $H_2O$ の総物質量は，

$$x + 2y = \frac{6.60}{44} \cdots(1) \qquad 2x + 3y = \frac{4.14}{18} \cdots(2)$$

$$\underset{mol(CO_2)}{\qquad} \qquad \underset{mol(H_2O)}{\qquad}$$

(1)式，(2)式より，$x = 0.010〔mol〕$，$y = 0.070〔mol〕$

モル質量は $CH_3OH = 32〔g/mol〕$，$C_2H_5OH = 46〔g/mol〕$ なので，

メタノールの質量 ⇒
全質量 ⇒

$$\frac{\overset{g(CH_3OH)}{0.010〔mol〕 \times 32〔g/mol〕}}{\underset{g(CH_3OH)}{0.010〔mol〕 \times 32〔g/mol〕} + \underset{g(C_2H_5OH)}{0.070〔mol〕 \times 46〔g/mol〕}} \times 100 \fallingdotseq 9.0〔\%〕$$

**35** 問1 ⑦ 問2 ⑦

**解説** 問1 $FeS_2$ 1つに S は2つ含まれ，$H_2SO_4$ 1つ
に S は1つ含まれている。S の数に注目すれば理論
上は $FeS_2$ 1.0mol から $H_2SO_4$ は 2.0mol 得られる。※1

問2 濃硫酸を $x$〔L〕= $x \times 10^3$〔cm$^3$〕つくることができ
るとすると，$FeS_2$ 1mol から $H_2SO_4$ は 2mol 生じる
ので，

> ※1 反応式を (1) 式＋(2) 式×4＋(3)
> 式×8 によって1つにまとめると，
> $$4FeS_2 + 15O_2 + 8H_2O$$
> $$\longrightarrow 2Fe_2O_3 + 8H_2SO_4$$
> となり，$FeS_2$ 4.0mol から $H_2SO_4$ は 8.0mol，
> すなわち $FeS_2$ 1.0mol から $H_2SO_4$ は 2.0mol
> 得られることからもわかる。

$$\underbrace{\frac{12 \times 10^3 〔g〕}{120〔g/mol〕}}_{\text{mol}(FeS_2)} \times \underbrace{\frac{2}{1}}_{\text{mol}(H_2SO_4)} \times \underbrace{98.0〔g/mol〕}_{\text{g}(H_2SO_4)} = \underbrace{x \times 10^3}_{\text{cm}^3} \times \underbrace{1.8}_{\text{g/cm}^3} \times \underbrace{\frac{98}{100}}_{\text{g}(H_2SO_4)}$$

質量パーセント濃度 ／ g（濃硫酸）

よって，$x \fallingdotseq 11.1$〔L〕

---

**36** 問1 A：極性 B：水和
問2 (a) ⑦，⑦ (b) ④，⑦ (c) ⑦，⑦ (d) ⑦

**解説** 問1 A：ヘキサン $C_6H_{14}$ は無極性溶媒であり，極性の大きな分子やイオン結合性
→有P.52
の物質は溶けにくいが，無極性分子や極性の小さな分子はよく溶ける。
B：水溶液中でイオンなどが水分子と結合し，多数の水分子に囲まれることを水和という。
→理P.125, 無P.72

問2 ⑦ $C_{10}H_8$ 無極性分子であり，ヘキサン（無極性溶媒）によく溶けるが，水（極
性の大きな分子）には溶けにくい。よって，(c)。→有P.146
④ $BaSO_4$ 水やヘキサンに難溶な白色固体である。(b)。→無P.76
⑦ $AgCl$ 水やヘキサンに難溶な白色固体である。(b)。→無P.76
⑦ $HCl$ 極性分子であり，水に溶ける。水溶液中では $H^+$ と $Cl^-$ に電離する。
よって，(d)。
⑦ $CH_3CH_2OH$ 親水基 $-OH$ をもつので，水によく溶ける。ただし，水溶液中では
ほとんど電離しない。(a)。→有P.88
⑦ $C_6H_{12}O_6$ 多数の $-OH$ 基をもち，水によく溶ける。よって，(a)。→有P.237
⑦ $I_2$ 無極性分子であり，(c)。
⑦ $CuSO_4$ $Cu^{2+}$ と $SO_4^{2-}$ からなるイオン結合性物質で，水に溶け，電離する。
該当なし。

---

**37** 問1 6.0mol 問2 5.0mL 問3 ⑥

**解説** 問1 $\underbrace{1.0 \times 10^3}_{\text{mL(溶液)}} \times \underbrace{1.1〔g/mL〕}_{\text{g(溶液)}} \times \underbrace{\frac{20}{100}}_{\text{g(HCl)}} \div 36.5〔g/mol〕 = 6.02\cdots \fallingdotseq \underbrace{6.0}_{\text{mol(HCl)}}$〔mol〕 →理P.27

問2 市販の20%HClの水溶液が $V$〔mL〕必要とする。問1より，HCl のモル濃度は 6.02mol/L
であり，希釈前後でHCl の物質量は変化しないので，

$$\underbrace{6.02}_{\text{mol/L}} \times V〔mL〕 = \underbrace{0.10〔mol/L〕 \times 300〔mL〕}_{\text{mmol(HCl)}} \qquad よって，V \fallingdotseq 5.0〔mL〕$$

mmol(HCl)

問3 正確な濃度に調製するときは，ホールピペットとメスフラスコを用いる。よって⑥。
→P.127

**38** （1）9.50mol/L　　（2）14.7mol/kg

**解説**　（1）質量パーセント濃度→モル濃度　　　（2）質量パーセント濃度→質量モル濃度　に変換する問題である。仮に溶液が100gあるとすると，その中に溶質（メタノール）は32.0g含まれていることと，$CH_3OH$ の分子量が32.0より，

（1）$\dfrac{32.0 (g) \div 32.0 (g/mol)}{100 (g) \div 0.950 (g/mL) \times 10^{-3}} = \dfrac{溶質 (mol)}{溶液 (L)} = \underline{9.50 (mol/L)}$

溶質 ← mol　溶液 mL　L

（2）$\dfrac{32.0 (g) \div 32.0 (g/mol)}{(100 - 32.0) \times 10^{-3}} = \dfrac{溶質 (mol)}{溶媒 (kg)} = \underline{14.7 (mol/kg)}$

溶質　溶液　溶質　g（溶媒）　kg

# 06 酸塩基反応と物質量の計算

**39** ⑥, ⑧

**解説**

① $\dfrac{[H^+]}{[H^+]} = \dfrac{10^{-9} (mol/L)}{10^{-6} (mol/L)} = 10^{-3} (倍)$

② $NaHCO_3$ 水溶液は塩基性を示すが，$NH_4NO_3$ は酸性を示す。 **→理P.139, 140**

③ $[Fe(H_2O)_6]^{3+} + H_2O \rightleftharpoons [Fe(OH)(H_2O)_5]^{2+} + H_3O^+$ によって酸性を示す。 **→理P.137**

④ 1.0molの $NH_3$ を中和するには，HClが1.0mol必要である。よって，1.0mol/Lの塩酸が1.0L必要である。 **→理P.134**

⑤ 酢酸（弱酸）と水酸化ナトリウム（強塩基）の中和なので，塩基性側に変色域のあるフェノールフタレインが最適である。 **→理P.143**

⑥ $\begin{cases} Na_2CO_3 + HCl \longrightarrow NaHCO_3 + NaCl & \cdots(1)　\text{→理P.149} \\ 2NaHCO_3 \xrightarrow{加熱} Na_2CO_3 + CO_2 + H_2O & \cdots(2)　\text{→無P.69} \end{cases}$

　（1）式→（2）式の反応をくり返し，煮沸しても赤色とならなくなると，$NaHCO_3$ がすべて反応し，（1）式×2＋（2）式より，

　　$Na_2CO_3 + 2HCl \longrightarrow CO_2 + H_2O + 2NaCl$

が完了したとみなせる。<u>正しい</u>。

⑦ $\underset{\text{ブレンステッド酸}}{HA} \underset{+H^+}{\overset{-H^+}{\rightleftharpoons}} \underset{\text{ブレンステッド塩基}}{A^-}$ 　　では，HAが酸として強いほど相手に $H^+$ を与えや

**→理P.130**

すく，共役関係にある $A^-$ は相手から $H^+$ を受けとりにくいので，$A^-$ は塩基として弱い。

⑧ HCOOHとHCOONa の当量混合溶液となり緩衝作用が大きい。<u>正しい</u>。 **→理P.313**

⑨ 希薄な塩酸では，水の電離による $H^+$ の寄与が無視できないので，$1.0 \times 10^{-7}$mol/Lの塩酸のpHは7にならない。 **→理P.303**

**40** 問1　a：メスフラスコ　　b：ホールピペット　　c：フェノールフタレイン
　　　　d：ビュレット
　　問2　A：$H_2C_2O_4$ ＋ $2NaOH$ ⟶ $Na_2C_2O_4$ ＋ $2H_2O$
　　　　　B：$CH_3COOH$ ＋ $NaOH$ ⟶ $CH_3COONa$ ＋ $H_2O$
　　問3　$H_2C_2O_4：5.00 \times 10^{-2}$mol/L　　$NaOH：8.00 \times 10^{-2}$mol/L
　　問4　$7.00 \times 10^{-2}$mol/L
　　問5　4.2%

**解説**　問1　正確な濃度を調製するには<u>メスフラスコ</u>，液体の体積を正確に分取するには
<u>ホールピペット</u>，溶液を滴下し体積を読みとるには<u>ビュレット</u>を用いる。弱酸と強塩基の
滴定で，中和点は塩基性側にあるので，指示薬として<u>フェノールフタレイン</u>を2〜3滴加
える。→理 P.144

問3　実験Aで調製した$H_2C_2O_4$のモル濃度は，

$$\underbrace{\frac{0.630 \ \text{〔g〕}}{\underbrace{126 \ \text{〔g/mol〕}}_{\substack{\text{mol}(H_2C_2O_4 \cdot 2H_2O) \\ = \text{mol}(H_2C_2O_4)}}} \div \frac{100}{1000}\text{〔L〕} = \underline{5.00 \times 10^{-2}\text{〔mol/L〕}}}$$

滴下する$NaOH$のモル濃度を$x$〔mol/L〕とすると，→理 P.136

$$\underbrace{x\text{〔mol/L〕} \times \frac{12.5}{1000}\text{〔L〕}}_{\text{mol}(NaOH)} \times \underbrace{1}_{\substack{1価 \\ \text{mol}(OH^-)}} = \underbrace{5.00 \times 10^{-2}\text{〔mol/L〕} \times \frac{10.0}{1000}\text{〔L〕}}_{\text{mol}(H_2C_2O_4)} \times \underbrace{2}_{\substack{2価 \\ \text{mol}(H^+)}}$$

よって，$x = \underline{8.00 \times 10^{-2}\text{〔mol/L〕}}$

問4　市販の食酢中の酢酸のモル濃度を$y$〔mol/L〕とする。

$$\underbrace{\frac{y}{10}}_{\substack{\text{mol/L} \\ (10倍希釈後)} } \times \underbrace{\frac{10.0}{1000}\text{〔L〕}}_{\text{mol}(CH_3COOH)} \times \underbrace{1}_{\substack{1価 \\ \text{mol}(H^+)}} = \underbrace{8.00 \times 10^{-2}}_{\text{mol/L}} \times \underbrace{\frac{8.75}{1000}\text{〔L〕}}_{\text{mol}(NaOH)} \times \underbrace{1}_{\substack{1価 \\ \text{mol}(OH^-)}}$$

よって，$y = 7.00 \times 10^{-1}$〔mol/L〕
したがって，10倍に薄めた後の酢酸のモル濃度は，

$$\frac{y}{10} = \underline{7.00 \times 10^{-2}\text{〔mol/L〕}}$$

問5　市販の食酢1Lで考える。

$$\frac{\overbrace{7.00 \times 10^{-1}}^{\text{mol}(CH_3COOH)} \times \overbrace{60.0}^{\text{g/mol}} \ \overbrace{}^{CH_3COOH\text{〔g〕}}}{\underbrace{1000}_{\text{mL} = \text{cm}^3} \times \underbrace{1.0}_{\text{g/cm}^3} \ \underset{\text{食酢〔g〕}}{}} \times 100 = \underline{4.2\text{〔%〕}}$$

**41** 問1　二酸化炭素　問2　㋒　問3　$3.92 \times 10^{-2}$%

**解説**　問1～3

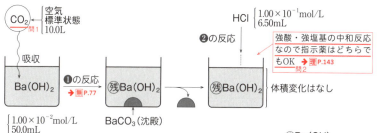

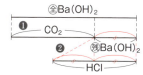

❶　$Ba(OH)_2 + CO_2 \longrightarrow BaCO_3 + H_2O$

❷　$Ba(OH)_2 + 2HCl \longrightarrow BaCl_2 + 2H_2O$

（物質量の関係を線分図で表すと右図のとおり。）

10.0Lの空気に含まれていた$CO_2$の物質量は，

$$\underbrace{1.00 \times 10^{-2}\,\text{(mol/L)} \times \frac{50.0}{1000}\,\text{(L)}}_{\text{全}\,Ba(OH)_2\text{(mol)}} - \overbrace{\left(\underbrace{1.00 \times 10^{-1}\,\text{(mol/L)} \times \frac{6.50}{1000}\,\text{(L)}}_{\text{残}\,Ba(OH)_2\text{(mol)}} \times \frac{1}{2}\right)}^{HCl\,\text{(mol)}}$$

$CO_2$と反応した$Ba(OH)_2$(mol) = $CO_2$(mol)

$= 1.75 \times 10^{-4}\,\text{(mol)}$

空気中における$CO_2$の体積百分率〔%〕は，→理P.221

$$\frac{1.75 \times 10^{-4}\,\text{(mol)} \times 22.4\,\text{(L/mol)}}{10.0\,\text{(L)}} \underset{\text{空気(L)}}{\overset{CO_2\text{(L)}}{}} \times 100 = 3.92 \times 10^{-2}\,\text{(%)}$$

**42** 問1　1：$Na^+$　2：$OH^-$　3：$H^+$　4：$Cl^-$

問2　$Na^+$, $Cl^-$　問3　$Na^+$, $CH_3COO^-$

問4　緩衝液中の反応　$\begin{cases} CH_3COOH \rightleftharpoons CH_3COO^- + H^+ & \cdots(\text{i})式 \\ CH_3COONa \longrightarrow CH_3COO^- + Na^+ & \cdots(\text{ii})式 \end{cases}$

ここに$CH_3COOH$を加えても，（ii）式で生じた$CH_3COO^-$の共通イオン効果により（i）式の平衡が大きく左へ移動し，$CH_3COOH$の電離がおさえられ$H^+$があまり増えない。

問5　塩酸：0.25倍　酢酸：0.18倍

**解説**　問1, 2　$NaOH + HCl \longrightarrow NaCl + H_2O$ が起こり，$OH^-$は$H^+$で中和される。中和点で存在するイオンは$Na^+$と$Cl^-$の濃度が高い。中和点を過ぎると$H^+$と$Cl^-$が増える。

問3　$NaOH + CH_3COOH \longrightarrow CH_3COONa + H_2O$ より，中和点では$CH_3COO^-$と$Na^+$の濃度が大きい。

問5　中和点では，溶液の体積が $10 + 10 = 20$〔mL〕なので，$NaCl$, $CH_3COONa$の濃度は

$$\frac{0.010 \times 10\,\text{(mmol)}}{20\quad\text{(mL)}} = 0.0050\text{mol/L}である。$$

塩酸における電気伝導率の比は,

$$\frac{\overset{Na^+}{\overline{14}\times 0.0050}+\overset{Cl^-}{\overline{22}\times 0.0050}}{\underset{Na^+}{\underline{14}\times 0.010}+\underset{OH^-}{\underline{57}\times 0.010}}\overset{(中和点)}{\underset{(はじめ)}{}}\fallingdotseq \underline{0.25〔倍〕}$$

酢酸における電気伝導率の比は,

$$\frac{\overset{Na^+}{\overline{14}\times 0.0050}+\overset{CH_3COO^-}{\overline{12}\times 0.0050}}{\underset{Na^+}{\underline{14}\times 0.010}+\underset{OH^-}{\underline{57}\times 0.010}}\overset{(中和点)}{\underset{(はじめ)}{}}\fallingdotseq \underline{0.18〔倍〕}$$

**43** 問1 $(NH_4)_2SO_4 + 2NaOH \longrightarrow 2NH_3 + 2H_2O + Na_2SO_4$
問2 $2NH_3 + H_2SO_4 \longrightarrow (NH_4)_2SO_4$　問3 48%

**解説**　問1　操作1でタンパク質中の窒素原子Nがアンモニウムイオン$NH_4^+$に変化し,こ れが100mL中に含まれている。このうち10mLを分取し,NaOH水溶液(NaOHは十分量 でないと実験失敗である)を加えると弱塩基遊離反応によってアンモニアが発生する。

→**理**P.138

$$NH_4^+ + OH^- \longrightarrow NH_3 + H_2O$$

両辺を2倍して,$SO_4^{2-}$1個,$Na^+$2個を加えて整理すると化学反応式が完成する。

問2　$NH_3 + H^+ \longrightarrow NH_4^+$　→**理**P.146

両辺を2倍して,$SO_4^{2-}$を1個加えて整理すると化学反応式が完成する。

問3　試料10mLから$x$〔mol〕の$NH_3$が発生したとする。

$$n_{NH_3} + n_{NaOH} = n_{H^+}　より,$$

$$\underbrace{\underset{\underset{mol(NH_3) 1価}{}}{x\times 1} + \underset{\underset{mol(滴下したNaOH)}{}}{0.050〔mol/L〕\times \frac{18}{1000}〔L〕}\times \underset{1価}{1}}_{mol(OH^-)} = \underbrace{\underset{mol(H_2SO_4)}{0.050〔mol/L〕\times \frac{20}{1000}〔L〕}\times \underset{2価}{2}}_{mol(H^+)}$$

よって,$x = 1.10\times 10^{-3}$〔mol〕

これより,もとの100mLの溶液中に含まれる$NH_3$は,

$1.10\times 10^{-3}\times \dfrac{100〔mL〕}{10〔mL〕} = 1.10\times 10^{-2}$〔mol〕であり,$NH_3$1molにN原子が1mol含まれる

ことから,乾燥牛肉2.0gの$y$〔%〕がタンパク質であるとすると,

$$2.0\times \underset{g(タンパク質)}{\frac{y}{100}}\times \underset{g(N)}{\frac{16}{100}} = 1.10\times 10^{-2}\underset{mol(N)}{}\times \underset{g(N)}{14}$$

よって,$y \fallingdotseq \underline{48〔\%〕}$

**44** 問1　あ:赤　い:無　う:赤
問2　え:$NaHCO_3$　お:$NaCl$　か:$CO_2$
問3　$NaOH : 3.0\times 10^{-2}mol/L$　$Na_2CO_3 : 1.0\times 10^{-2}mol/L$

**解説**　問1　フェノールフタレインは強塩基性側で赤色,中~酸性側で無色を示し,メチ ルオレンジは中~塩基性側で黄色,強酸性側で赤色を示す。→**理**P.143

問2, 3　第一中和点までに起こる反応 →理P.150, 無P.30, 41

$$\begin{cases} \text{NaOH} + \text{HCl} \longrightarrow \text{NaCl} + \text{H}_2\text{O} \\ \text{Na}_2\text{CO}_3 + \text{HCl} \longrightarrow \text{NaHCO}_3 + \text{NaCl} \end{cases}$$

第一中和点から第二中和点までに起こる反応

$$\underset{え}{\text{NaHCO}_3} + \text{HCl} \longrightarrow \underset{お}{\text{NaCl}} + \text{H}_2\text{O} + \underset{か}{\text{CO}_2\uparrow}$$

発生した$CO_2$の物質量は，

$$n_{\text{CO}_2} = \frac{5.6 \times 10^{-3}\,[\text{L}]}{22.4\,[\text{L/mol}]} = 2.5 \times 10^{-4}\,[\text{mol}]$$

この値は，最初の$Na_2CO_3$の物質量に等しい。

最初の$NaOH$および$Na_2CO_3$のモル濃度をそれぞれ$x$[mol/L]，$y$[mol/L]とすると，

$$y\,[\text{mol/L}] \times \frac{25}{1000}\,[\text{L}] = 2.5 \times 10^{-4}\,[\text{mol}] \quad\cdots(1)$$

$$\underbrace{\text{mol(Na}_2\text{CO}_3)}$$

$$(x+y)\,[\text{mol/L}] \times \frac{25}{1000}\,[\text{L}] = 5.00 \times 10^{-2}\,[\text{mol/L}] \times \frac{20.0}{1000}\,[\text{L}] \quad\cdots(2)$$

$$\underbrace{\text{mol(NaOH + Na}_2\text{CO}_3)} \qquad \underbrace{\text{mol(HCl 第一中和点まで)}}$$

(1)式，(2)式より，$y = 1.0 \times 10^{-2}\,[\text{mol/L}]$，$x = 3.0 \times 10^{-2}\,[\text{mol/L}]$ 問3

## 07 酸化還元反応と物質量の計算

**45** 問1　ア：酸化　イ：還元　ウ：0　エ：+1　オ：還元　カ：+1

問2　$CrO_4^{2-}$

問3　$MnO_4^- + 3e^- + 2H_2O \longrightarrow MnO_2 + 4OH^-$

**解説** 問1　ア，イ：物質が電子を失うことを酸化された，電子を受けとることを還元されたという。→理P.152

ウ，エ：ナトリウム（単体）⇒ $\underset{0}{\text{Na}}$　塩素と反応すると ⇒ $\underset{+1\ -1}{\text{Na Cl}}$

カ：次亜塩素酸イオン$ClO^-$のClの酸化数を$x$とすると，$\underset{x\ -2}{\text{Cl O}^-}$

$x + (-2) = -1$　よって，$x = +1$

問2　Crの酸化数は+6のまま，次の変化が起こり，クロム酸イオン$CrO_4^{2-}$が生じる。→無P.97

$$\underset{+6}{\text{Cr}_2\text{O}_7^{2-}} + 2\text{OH}^- \longrightarrow 2\underset{+6}{\text{CrO}_4^{2-}} + \text{H}_2\text{O}$$

問3　$\underset{+7}{\text{MnO}_4^-} + 3e^- + 4\text{H}^+ \longrightarrow \underset{+4}{\text{MnO}_2} + 2\text{H}_2\text{O}$

塩基性および中性条件では，左辺の$H^+$は水$H_2O$由来であることを考慮して，両辺に$4OH^-$を加えて整理し，イオン反応式とする。

$$\text{MnO}_4^- + 3e^- + \underset{2H_2O}{\underline{4\text{H}^+ + 4\text{OH}^-}} \longrightarrow \text{MnO}_2 + 2\text{H}_2\text{O} + 4\text{OH}^- \quad\text{→無P.53}$$

**46** A：⑥　B：③

**解説**　共有電子対を電気陰性度が大きな元素のほうに割り当てて，酸化数を求める。電気陰性度は O＞C＞H であるから，

A

$$H-\overset{\displaystyle H}{\underset{\displaystyle H}{C}}\cdot\overset{\displaystyle H}{\underset{\displaystyle H}{C}}\cdot O-H$$

Hから電子を2つもらって，Oに電子を1つとられる
⇩
$C^-$
⇩
酸化数＝$\underline{-1}$

B

$$H-\overset{\displaystyle H}{\underset{\displaystyle H}{C}}\overset{\displaystyle O}{\underset{\displaystyle}{C}}O-H$$

Oに電子を3つとられる
⇩
$C^{3+}$
⇩
酸化数＝$\underline{+3}$

**47** ②と④

**解説**　単体が関与する反応は，①のような同素体間の変化を除けば酸化還元反応である。

① $3O_2 \longrightarrow 2O_3$ 　無 P.166

② $2AgBr \longrightarrow 2Ag + Br_2$ 　無 P.152

③ $FeS + 2HCl \longrightarrow H_2S + FeCl_2$ 　無 P.105

④ $CH_3-\overset{\displaystyle}{\underset{\displaystyle O}{C}}-CH_3 + 3I_2 + 4NaOH$
$\longrightarrow CH_3-\overset{\displaystyle}{\underset{\displaystyle O}{C}}-ONa + 3NaI + CHI_3\downarrow + 3H_2O$ 　有 P.108, 109, 111

⑤ $CH_3-CH_2-OH + CH_3-\overset{\displaystyle}{\underset{\displaystyle O}{C}}-OH \longrightarrow CH_3-CH_2-O-\overset{\displaystyle}{\underset{\displaystyle O}{C}}-CH_3 + H_2O$ 　有 P.132

⑥ $NaCl + H_2O + CO_2 + NH_3 \longrightarrow NaHCO_3\downarrow + NH_4Cl$ 　無 P.123

**48** 問1　$2.50 \times 10^{-2}$mol/L　　問2　$1.00 \times 10^{-3}$mol，17.0g

**解説**　問1　｜還元剤　$H_2C_2O_4 \longrightarrow 2CO_2 + 2H^+ + 2e^-$
　　　　　　 ｜酸化剤　$MnO_4^- + 5e^- + 8H^+ \longrightarrow Mn^{2+} + 4H_2O$

求める濃度を$x$〔mol/L〕とすると，$H_2C_2O_4$が出した$e^-$とKMnO$_4$が奪った$e^-$の物質量は等しいので，

$$\underbrace{0.0500〔\text{mol/L}〕\times \frac{10.0}{1000}〔\text{L}〕}_{\text{mol}(H_2C_2O_4)} \times \underset{\substack{\uparrow\\2価\\\text{mol}(e^-)}}{2} = \underbrace{x〔\text{mol/L}〕\times \frac{8.00}{1000}〔\text{L}〕}_{\text{mol}(KMnO_4)} \times \underset{\substack{\uparrow\\5価\\\text{mol}(e^-)}}{5}$$

よって，$x = \underline{2.50 \times 10^{-2}}$〔mol/L〕

問2　｜還元剤　$H_2O_2 \longrightarrow O_2 + 2H^+ + 2e^-$
　　　 ｜酸化剤　$MnO_4^- + 5e^- + 8H^+ \longrightarrow Mn^{2+} + 4H_2O$

希釈した後の10.0mLに含まれる$H_2O_2$を$y$〔mol〕とすると，問1と同様に，

$$y〔\text{mol}〕\times \underset{\substack{\uparrow\\2価\\\text{mol}(e^-)}}{2} = \underbrace{2.50 \times 10^{-2}〔\text{mol/L}〕\times \frac{16.0}{1000}〔\text{L}〕}_{\text{mol}(KMnO_4)} \times \underset{\substack{\uparrow\\5価\\\text{mol}(e^-)}}{5}$$

26

よって，$y = 1.00 \times 10^{-3}$〔mol〕

これより，希釈前の500mLに含まれる$H_2O_2$（分子量34.0）の質量を$z$〔g〕とすると，

$$\underbrace{\frac{z \text{〔g〕}}{34.0\text{〔g/mol〕}}}_{\substack{mol(H_2O_2) \\ 500mL中}} \times \underbrace{\frac{10.0\text{〔mL〕}}{500\text{〔mL〕}}}_{\substack{mol(H_2O_2) \\ メスフラスコに分取}} \times \underbrace{\frac{10.0\text{〔mL〕}}{100\text{〔mL〕}}}_{\substack{mol(H_2O_2) \\ コニカルビーカーに分取}} = 1.00 \times 10^{-3}\text{〔mol〕}$$

よって，$z = 17.0$〔g〕

---

**49** 問1　ア：$Cr_2O_7{}^{2-}$　　イ：$2Cr^{3+}$　　問2　6

問3　$\dfrac{ac}{2}$〔mol/L〕　　問4　$\dfrac{c(2a-b)}{12}$〔mol/L〕

**解説**　問1, 2　硫酸酸性下で$Cr_2O_7{}^{2-}$によって$Fe^{2+}$は酸化され$Fe^{3+}$となる。　→ 理 P.156, 157

酸化剤　$Cr_2O_7{}^{2-} + 14H^+ + 6e^- \longrightarrow 2Cr^{3+} + 7H_2O$　…(i)

還元剤　$Fe^{2+} \longrightarrow Fe^{3+} + e^-$　　　…(ii)

(i)式 + (ii)式 × 6より，

$$\underset{ア}{\underline{Cr_2O_7{}^{2-}}} + \underset{ウ}{\underline{6}}Fe^{2+} + 14H^+ \longrightarrow \underset{イ}{\underline{2Cr^{3+}}} + 6Fe^{3+} + 7H_2O$$

問3　$Fe^{2+}$の濃度を$x$〔mol/L〕とすると，

$$\underbrace{x\text{〔mol/L〕} \times \frac{10}{1000}\text{〔L〕}}_{\substack{mol(B液10mL中のFe^{2+}) \\ = mol(⊕e^-)}} = \underbrace{c\text{〔mol/L〕} \times \frac{a}{1000}\text{〔L〕} \times \overset{\uparrow}{5}}_{\substack{mol(MnO_4{}^-) \\ 5価}} \quad よって，x = \underline{\frac{ac}{2}}\text{〔mol/L〕}$$

問4　(1)式，(2)式の係数より，「B液20mLに含まれる$Fe^{2+}$の物質量」は「（A液10mLに含まれる$Cr_2O_7{}^{2-}$の物質量の6倍）と（C液$b$〔mL〕に含まれる$MnO_4{}^-$の物質量の5倍）」の和に等しい。

$Cr_2O_7{}^{2-}$の濃度を$y$〔mol/L〕とすると，

$$\underbrace{x\text{〔mol/L〕} \times \frac{20}{1000}\text{〔L〕}}_{mol(Fe^{2+})} = \underbrace{y\text{〔mol/L〕} \times \frac{10}{1000}\text{〔L〕} \times 6}_{\substack{mol(Cr_2O_7{}^{2-}) \\ (2)式の係数より}} + \underbrace{c\text{〔mol/L〕} \times \frac{b}{1000}\text{〔L〕} \times 5}_{\substack{mol(MnO_4{}^-) \\ (1)式の係数より}}$$

$x = \dfrac{ac}{2}$ を代入して整理すると，$y = \dfrac{c(2a-b)}{12}$〔mol/L〕

---

**50** 問1　6.44mg/L　　問2　誤差の原因になる塩化物イオンを沈殿させて除くため。

**解説**　問1　酸化剤　$MnO_4{}^- + 5e^- + 8H^+ \longrightarrow Mn^{2+} + 4H_2O$

還元剤　$C_2O_4{}^{2-} \longrightarrow 2CO_2 + 2e^-$

還元性物質が$MnO_4{}^-$に奪われた$e^-$の物質量を$x$〔mol〕とすると，　→ 理 P.163

$$\underbrace{x + (C_2O_4{}^{2-}が出した e^-の物質量)}_{放出した e^-の物質量} = \underbrace{(MnO_4{}^-が奪った e^-の物質量)}_{受けとった e^-の物質量}$$

$$x + 1.25 \times 10^{-2} \times \frac{10.00}{1000} \times 2 = 5.00 \times 10^{-3} \times \frac{10.00 + 3.22}{1000} \times 5$$

よって，$x = 8.05 \times 10^{-5}$〔mol〕

この還元性物質が出しうる電子を仮に$O_2$が受けとったと考えて，CODを求める。

$$O_2 + 4e^- \longrightarrow 2O^{2-}$$

$$COD = 8.05 \times 10^{-5} \underset{\text{mol}(e^-)}{\times} \underbrace{\frac{1 \text{ mol}(O_2)}{4 \text{ mol}(e^-)}}_{\text{mol}(O_2)} \underset{g(O_2)}{\times 32.0} \underset{mg(O_2)}{\times 10^3} \underbrace{\div \frac{100.00}{1000}}_{\substack{L(\text{試料水}) \\ mg/L}} = \underline{6.44}\,[\text{mg/L}]$$

問2　試料水に$Cl^-$が含まれていると，$KMnO_4$に$Cl^-$が酸化されるため，CODの値が大きくなってしまうので，

$$Cl^- + Ag^+ \longrightarrow AgCl\downarrow \quad \text{によって，とり除く。}$$

**51** $1.0 \times 10^{-3}\text{mol}$

**解説**　オゾンを過剰のヨウ化カリウム水溶液に加えると，次の反応が起こる。

$$O_3 + 2KI + H_2O \longrightarrow I_2 + O_2 + 2KOH \quad \boxed{\text{無}}\text{別冊P.11}❹$$

$O_3$ 1molから$I_2$は1mol生じるので，

$$\underbrace{n_{O_3} \times \frac{1\,[\text{mol}(I_2)]}{1\,[\text{mol}(O_3)]}}_{\text{生じた}I_2\text{の物質量}} \times \underbrace{\frac{2\,[\text{mol}(Na_2S_2O_3)]}{1\quad[\text{mol}(I_2)]}}_{\text{必要な}Na_2S_2O_3\text{の物質量}} = \underbrace{0.10\,[\text{mol/L}] \times \frac{20.0}{1000}\,[\text{L}]}_{\text{滴下した}Na_2S_2O_3\text{の物質量}}$$

よって，$n_{O_3} = \underline{1.0 \times 10^{-3}}\,[\text{mol}]$

**52** 問1　$4.0 \times 10^{-3}\text{mol}$　　問2　$1.3 \times 10^{-3}$　　問3　2.2

**解説**　問1　$H_2S$と$SO_2$は，次のように$I_2$を還元する。 $\boxed{\text{無}}$別冊P.12 ❹❺

$$\begin{cases} H_2S + I_2 \longrightarrow 2HI + S \\ SO_2 + I_2 + 2H_2O \longrightarrow 2HI + H_2SO_4 \end{cases}$$

混合気体に含まれている$H_2S$を$x$[mol]，$SO_2$を$y$[mol]とする。反応する物質量の関係を線分図で表すと，右の図1のようになり，

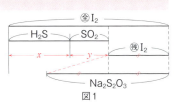

図1

$$\underbrace{0.050\,[\text{mol/L}] \times \frac{100}{1000}\,[\text{L}]}_{\textcircled{全}\text{mol}(I_2)} - (x+y) = \underbrace{0.10\,[\text{mol/L}] \times \frac{20}{1000}\,[\text{L}]}_{\textcircled{残}\text{mol}(I_2)} \times \underbrace{\frac{1}{2}\frac{[\text{mol}(I_2)]}{[\text{mol}(Na_2S_2O_3)]}}_{\text{mol}(Na_2S_2O_3)}$$

よって，$x+y = \underline{4.0 \times 10^{-3}}\,[\text{mol}]$

問2　$H_2S + Pb^{2+} \longrightarrow PbS\downarrow + 2H^+$ の反応で，$H_2S$をとり除くと，$SO_2$のみが$I_2$と反応するので，

$$\underbrace{0.050\,[\text{mol/L}] \times \frac{100}{1000}\,[\text{L}]}_{\textcircled{全}\text{mol}(I_2)} - y = \underbrace{0.10\,[\text{mol/L}] \times \frac{75}{1000}\,[\text{L}]}_{\textcircled{残}\text{mol}(I_2)} \times \underbrace{\frac{1}{2}}_{\text{mol}(Na_2S_2O_3)}$$

よって，$y = 1.25 \times 10^{-3} \fallingdotseq \underline{1.3 \times 10^{-3}}\,[\text{mol}]$

問3　問1，2より，$x = 2.75 \times 10^{-3}\,[\text{mol}]$

$$\frac{\text{mol}(H_2S)}{\text{mol}(SO_2)} = \frac{x}{y} = \frac{2.75 \times 10^{-3}}{1.25 \times 10^{-3}} = \underline{2.2}$$

**53** 問1　$2Mn(OH)_2 + O_2 \longrightarrow 2MnO(OH)_2$　問2　8.0mg

**解説**　問1　（還元剤　$\underset{+2}{Mn(OH)_2} + O^{2-} \longrightarrow \underset{+4}{MnO(OH)_2} + 2e^-) \times 2$

+）　酸化剤　$O_2 + 4e^- \longrightarrow 2O^{2-}$

$$\overline{2Mn(OH)_2 + O_2 \longrightarrow 2MnO(OH)_2}$$

問2　次の3つの連続した反応が起こる。

$$2Mn(OH)_2 + O_2 \longrightarrow 2MnO(OH)_2 \quad\quad\quad\quad \cdots(3)$$
$$MnO(OH)_2 + 2I^- + 4H^+ \longrightarrow Mn^{2+} + I_2 + 3H_2O \quad \cdots(1)$$
$$2Na_2S_2O_3 + I_2 \longrightarrow 2NaI + Na_2S_4O_6 \quad\quad\quad \cdots(2)$$

(3)式＋(1)式×2＋(2)式×2より，反応式を1つにまとめると　→ 理 P.121

$$4Na_2S_2O_3 + O_2 + 2Mn(OH)_2 + 4I^- + 8H^+$$
$$\longrightarrow 2Mn^{2+} + 4NaI + 2Na_2S_4O_6 + 6H_2O$$

この反応式の係数より，$Na_2S_2O_3$が4mol必要なとき$O_2$が1mol含まれていたとわかる。そこで，試料水1.0Lあたりに含まれている$O_2$の質量[mg]は，

$$4.0 \times 10^{-2}[mol/L] \times \underset{\text{mol}(Na_2S_2O_3)}{\frac{2.5}{1000}[L]} \times \underset{\text{mol}(O_2)}{\frac{1}{4}} \times \underset{\text{g}(O_2)}{32} \times \underset{\text{mg}(O_2)}{10^3} \div \underset{\substack{\text{試料水100mLを1.0Lあたりに} \\ \text{換算する}}}{\frac{100}{1000}[L]} = \underline{8.0[mg/L]}$$

## 08 熱化学・化学反応と光エネルギー

**54** 問1 ア：溶解熱 イ：水 問2 1molの物質が完全燃焼するときに発生する熱量
問3 (1) $C_3H_8$(気) + $5O_2$(気) = $3CO_2$(気) + $4H_2O$(液) + 2219kJ

(2) $\dfrac{1}{2}N_2$(気) + $\dfrac{1}{2}O_2$(気) = NO(気) − 90.3kJ

(3) C(黒鉛) + $O_2$(気) = $CO_2$(気) + 394kJ

**解説** 問1,2 溶解熱，中和熱，燃焼熱の定義を忘れた人は，もう一度反応熱の定義をよく復習しておくこと。 → 理P.172

問3 プロパン$C_3H_8$(気)，NO(気)，C(黒鉛)の係数が「1」になるように熱化学方程式をつくる。 → 理P.174

(3) 黒鉛の燃焼熱が，$\dfrac{788〔kJ〕}{24〔g〕÷12〔g/mol〕} = 394〔kJ/mol〕$ である点に注意。

**55** ④

**解説** 求める生成熱を$Q$〔kJ/mol〕とすると，熱化学方程式は，

2C(固) + $H_2$ = $C_2H_2$ + $Q$kJ

と表せる。ヘスの法則を用いて，$Q$を求める。 → 理P.175

**解法1** 消去法 → 理P.176

与えられた熱をすべて熱化学方程式に直す。

$$\begin{cases} C_2H_2 + \dfrac{5}{2}O_2 = 2CO_2 + H_2O(液) + 1309kJ & \cdots(1) \\ C(固) + O_2 = CO_2 + 394kJ & \cdots(2) \\ H_2 + \dfrac{1}{2}O_2 = H_2O(気) + 242kJ & \cdots(3) \\ H_2O(液) = H_2O(気) − 44kJ & \cdots(4) \end{cases}$$

(1)式×(−1) + (2)式×2 + (3)式 + (4)式×(−1)より，

2C(固) + $H_2$ = $C_2H_2$ − 235kJ よって，$Q = \underline{−235}$

**解法2** エネルギー図法 → 理P.177, 178

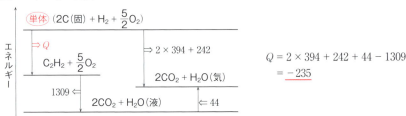

$Q = 2 × 394 + 242 + 44 − 1309$
$= \underline{−235}$

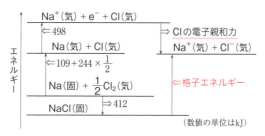

**56** 450kJ/mol　（図は解説参照）

**解説**　Si原子は4つの不対電子をもち，2つの不対電子で共有結合が1つできるので，1molのSiには $\frac{4}{2}$ =②molのSi−Si結合，1molの$SiO_2$には，4molのSi−O結合が存在する。

　結合エネルギーのデータが与えられているので，すべてが原子（気体）となったときを基準にしてエネルギー図をかくと，→理P.177

Siの結晶　　　　$SiO_2$の結晶
→理P.109

エネルギー

原子 (Si(気) + 2O(気))

⇐ 225 × ② + 490

Si(結晶) + $O_2$(気)

⇐ E × 4

860 ⇐ $SiO_2$(結晶)

ヘスの法則より，$E = \dfrac{860 + 225 \times 2 + 490}{4} = \underline{450〔kJ/mol〕}$

---

**57** 783kJ/mol

**解説**　一般に，NaCl（固）の格子エネルギーは次のエネルギー図から求められる。→理P.179

エネルギー

$Na^+$(気) + $e^-$ + Cl(気)

⇐ 498　　　⇒ Clの電子親和力

Na(気) + Cl(気)　　　$Na^+$(気) + $Cl^-$(気)

⇐ 109 + 244 × $\frac{1}{2}$

Na(固) + $\frac{1}{2}Cl_2$(気)　　⇐ 格子エネルギー

NaCl(固)　⇒ 412

（数値の単位はkJ）

　問題文に塩素Clの電子親和力の値が与えられていないので，(5)式，(6)式を用いて格子エネルギー（$x$〔kJ/mol〕とおく）を求める。

エネルギー

$Na^+$(気) + $Cl^-$(気) + aq

⇐ $x$

NaCl(固) + aq　　　⇒ 405 + 374

⇒ − 4

$Na^+$aq + $Cl^-$aq

よって，$x = 405 + 374 − (−4) = \underline{783}$

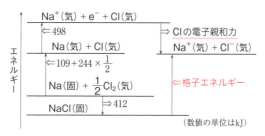

**58** $5.7 \times 10^4$ J/mol

**解説** NaOHの物質量は $0.050 \times 100 = 5.0$〔mmol〕であり，中和にHClは$5.0$〔mmol〕必要である。すなわち$0.10$mol/Lの塩酸を$50$mL加えたところが中和点である。また，反応後は

$$0.10〔\mathrm{mol/L}〕\times x〔\mathrm{mL}〕 = 5.0〔\mathrm{mmol}〕 \Rightarrow x = 50〔\mathrm{mL}〕$$

NaClと$H_2O$がそれぞれ$5.0$mmolずつ生じる。

混合後の溶液全体の質量は $100〔\mathrm{mL}〕\times 1.0〔\mathrm{g/cm^3}〕 + 50〔\mathrm{mL}〕\times 1.0〔\mathrm{g/cm^3}〕 = 150〔\mathrm{g}〕$ である。

よって，中和点において発生した熱量は，

$$\underbrace{4.2〔\mathrm{J/(K \cdot g)}〕\times 150〔\mathrm{g}〕\times 0.33〔℃ = \mathrm{K}〕}_{\text{溶液が吸収した熱量}} + \underbrace{240〔\mathrm{J/K}〕\times 0.33〔\mathrm{K}〕}_{\text{容器が吸収した熱量}} ≒ 287〔\mathrm{J}〕$$

今回の実験で生じた$H_2O$は$5.0$〔mmol〕，すなわち$5.0 \times 10^{-3}$〔mol〕なので，求める中和熱は次のように計算できる。 ▶️理P.172

$$\frac{287〔\mathrm{J}〕}{5.0 \times 10^{-3}〔\mathrm{mol}〕} ≒ \underline{5.7 \times 10^4〔\mathrm{J/mol}〕}$$

**59** 問1 点A→点B：⑦，㊉　　点B→点C：⑦　　問2 $-14$kJ/mol

**解説** 反応熱の測定実験は発熱によって温度が上昇するパターンの問題が多いが，本問は吸熱によって温度が下降している。 ▶️理P.180

問2 外からの熱の吸収による温度上昇と尿素の水への溶解による温度下降が，点A→点Bまで同時に起こる。そこで，BCを延長して点Eの温度を求める。点Eは，外からの熱の吸収が全くないと仮定した点である。

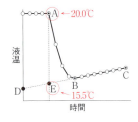

以上より，$Q_{溶解熱}$を求めると，

$$Q_{溶解熱} = \frac{\overset{\text{溶液全体の質量}}{4.20〔\mathrm{J/(g \cdot ℃)}〕\times (46.0 + 4.0)〔\mathrm{g}〕} \times \overset{\text{吸熱反応に注意}}{(15.5 - 20.0)〔℃〕} \times \overset{\mathrm{kJ}}{10^{-3}}〔\mathrm{kJ}〕}{\underset{\text{mol(尿素)}}{4.0〔\mathrm{g}〕\div 60〔\mathrm{g/mol}〕}} \quad 〔\mathrm{mol}〕$$

$$≒ -14〔\mathrm{kJ/mol}〕$$

**60** 特徴的な現象：青く発光する。

関係：ルミノールが過酸化水素によって酸化されると，生成した物質がエネルギーの高い状態から低い状態へ移行し，放出されるエネルギーが青色の波長の光として観察される。

**解説** 塩基性水溶液中において，ルミノールが過酸化水素により酸化されたときに生じる3-アミノフタル酸が，エネルギーの高い励起状態からエネルギーの低い基底状態に変化する。このとき放出されるエネルギーが波長460nm程度の青色の光として観測される。

$$ルミノール \xrightarrow[\text{酸化}]{H_2O_2} \left| \begin{array}{l} \text{3-アミノフタル酸（励起状態）} \\ \qquad\qquad \color{red}{\downarrow} \quad \text{光（460nm）} \\ \text{3-アミノフタル酸（基底状態）} \end{array} \right.$$

**61** 問1　A：$2H_2O \longrightarrow O_2 + 4H^+ + 4e^-$　　B：$2H^+ + 2e^- \longrightarrow H_2$
　　問2　1.5mA

**解説**　問1　電極AのTiO$_2$は光触媒としてはたらいていて変化しない。紫外線を吸収して，TiO$_2$内部の電子が移動し，正に帯電した部分（正孔）ができて，希硫酸中のH$_2$O分子を酸化し，O$_2$が発生する → 理P.202。e$^-$は電極Aから電極Bへと導線中を移動して，電極BでH$^+$が還元されてH$_2$が発生する。

問2　流れた電流を$i$〔mA〕とすると，

$$\underset{A=C/s}{i \times 10^{-3}} \times \underset{s}{\underbrace{(3 \times 3600 + 13 \times 60)}} \quad C$$

$$= \frac{2.00 \times 10^{-3}\ 〔\text{L}〕}{22.4\ 〔\text{L/mol}〕} \times 2 \times (9.65 \times 10^4)〔\text{C/mol}〕$$
$$\underset{\text{mol(H}_2)}{} \quad \underset{\text{mol(流れたe}^-)}{} \quad \underset{C}{}$$

よって，$i \fallingdotseq \underline{1.5〔\text{mA}〕}$

**62** 問1　$-2807$　　問2　①

**解説**　問1　与えられた反応熱を熱化学方程式に直すと，次のとおりである。 → 理P.172

$$
\begin{cases}
C(黒鉛) + O_2(気) &= CO_2(気) &+ 394\text{kJ} \quad \cdots(1) \\
H_2(気) + \dfrac{1}{2}O_2(気) &= H_2O(液) &+ 286\text{kJ} \quad \cdots(2) \\
6C(黒鉛) + 6H_2(気) + 3O_2(気) &= C_6H_{12}O_6(固) &+ 1273\text{kJ} \quad \cdots(3)
\end{cases}
$$

(1)式×(−6) + (2)式×(−6) + (3)式より，

$6CO_2(気) + 6H_2O(液) = C_6H_{12}O_6(固) + 6O_2(気) - 2807\text{kJ}$

よって，$Q_0 = \underline{-2807}$

**別解**　C(黒鉛)の燃焼熱がCO$_2$(気)の生成熱，H$_2$(気)の燃焼熱がH$_2$O(液)の生成熱と同じであることに注意して，単体を基準とした図1のようなエネルギー図をかいて解いてもよい。 → 理P.178

$Q_0 = 1273 - (394 \times 6 + 286 \times 6)$
$\quad = \underline{-2807}$

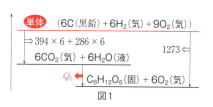

図1

問2　問1の結果より，光合成によってC$_6$H$_{12}$O$_6$(固)を1molつくるのに2807kJのエネルギーが必要となる。1.8kgのC$_6$H$_{12}$O$_6$(分子量180)をつくるには，

$$\underset{\text{kJ}/\text{mol}}{\underline{2807}} \times \underset{\text{mol}}{\underbrace{\frac{1.8 \times 10^3〔\text{g}〕}{180〔\text{g/mol}〕}}} = 28070〔\text{kJ}〕$$

のエネルギーが必要である。よって，エネルギーの効率は，

$$\frac{28070\text{kJ}\quad(\text{グルコース生成})}{5.0 \times 10^6\text{kJ}\,(\text{太陽光})} \times 100 \fallingdotseq 0.56〔\%〕\quad となり，①の値が最も近い。$$

# 09 電池・電気分解

**63** 問1　ア：無色　イ：青色　ウ：酸化　エ：イオン化傾向　オ：電子
　　カ：負　キ：正　　問2　②→③
　　問3　① $Zn \longrightarrow Zn^{2+} + 2e^-$　④ $Cu^{2+} + 2e^- \longrightarrow Cu$
　　⑥ $Ag^+ + e^- \longrightarrow Ag$　問4　③

**解説**　問1　CuはAgよりイオン化傾向が大きく，陽イオンになりやすいので，次の変化が起こる。→ 無P.56

$$Cu + 2Ag^+ \longrightarrow \underset{(青色)ア}{Cu^{2+}} + \underset{(青色)イ}{2Ag}$$
→ 無P.89

イオン化傾向が大きな金属は，水や水溶液中で電子を与えて陽イオンになりやすく，一般に還元剤として強く，酸化されやすい。

2種類の金属M，N(イオン化傾向M＞Nとする)とM$^{a+}$，N$^{b+}$を含む水溶液を用いたダニエル型電池では，イオン化傾向の大きなMが負極，小さなNが正極となる。
→ 理P.197

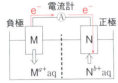

ダニエル型電池　$(-)M\,|\,M^{a+}aq\,|\,N^{b+}aq\,|\,N\,(+)$
$$\begin{cases} 負極 & M \longrightarrow M^{a+} + ae^- \\ 正極 & N^{b+} + be^- \longrightarrow N \end{cases}$$

問2　A，B，Cのうち，AとCがダニエル型電池である。イオン化傾向は Zn＞Cu＞Ag なので，Aは①＝負極，②＝正極，Cは⑤＝負極，⑥＝正極 であり，Bで電気分解が起こると電子は①→⑥，⑤→④，③→②と導線中を移動する。そこで，電流は逆に⑥→①→②→③→④→⑤→⑥ と流れる。

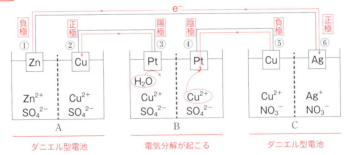

|  | ダニエル型電池 | 電気分解が起こる | ダニエル型電池 |

問3　A　① 負極　$Zn \longrightarrow Zn^{2+} + 2e^-$　←イオン化傾向 Zn＞Cu
電池　② 正極　$Cu^{2+} + 2e^- \longrightarrow Cu$

　　B　③ 陽極　$2H_2O \longrightarrow O_2\uparrow + 4H^+ + 4e^-$　→ 理P.201
電気分解　④ 陰極　$Cu^{2+} + 2e^- \longrightarrow Cu$　→ 理P.200

　　C　⑤ 負極　$Cu \longrightarrow Cu^{2+} + 2e^-$　←イオン化傾向 Cu＞Ag
電池　⑥ 正極　$Ag^+ + e^- \longrightarrow Ag$

問4　Bの陽極③で，水が酸化されて酸素が発生する。

**64** ア：酸化　イ：還元　ウ：+　エ：−

**解説** 〈放電時〉　負極　$Pb + SO_4^{2-} \longrightarrow PbSO_4 + 2e^-$
　　　　　　　　　正極　$PbO_2 + 4H^+ + 2e^- + SO_4^{2-} \longrightarrow PbSO_4 + 2H_2O$

負極のPbは酸化され，正極の$PbO_2$は還元されている。

〈充電時〉

負極は外部電源の−端子につなぎ，$PbSO_4$を還元してPbに戻す。

正極は外部電源の+端子につなぎ，$PbSO_4$を酸化して$PbO_2$に戻す。

**65** 問1　$w = 1$，$x = 1$，$y = 1$，$z = 2$　問2　ア：④　イ：①　ウ：⑩　問3　③

**解説** 問1　正極　$MnO_2 \rightarrow MnO(OH)$（Mnの酸化数 +4 → +3）と変化し，酸化数が1だけ減少するので$x = 1$である。

反応式の両辺の電荷とH原子数を合わせると，$y = 1$，$w = 1$と決まる。

$$\underset{+4}{MnO_2} + H_2O + e^- \longrightarrow \underset{+3}{MnO(OH)} + OH^- \quad \cdots ①$$

負極　$Zn \longrightarrow Zn^{2+} + \underset{z}{2e^-} \qquad\qquad\qquad \cdots ②$

問2　アルカリマンガン乾電池では負極で生じた$Zn^{2+}$が$[Zn(OH)_4]^{2-}$となり，②式と逆向きの変化が起こるのを抑える。ただし，負極のZnが両性金属であるため強塩基水溶液と反応する副反応が起こると，電池内部に水素が発生して液漏れの危険がある。

$$Zn + 2OH^- + 2H_2O \longrightarrow H_2\uparrow + [Zn(OH)_4]^{2-} \quad \rightarrow \text{無 P.136}$$

問3　高校化学では馴染みがない内容だが消去法で解答できる。
① 電解液中の水酸化カリウムがHClで中和されてしまう。
② $MnO_2$は正極活物質であり，負極に用いない。
④ 酸素を封入すると電池の内圧が上がり，液漏れの危険がある。
⑤ アルミニウムの溶融塩電解の融剤に用いた氷晶石$Na_3[AlF_6]$には，負極の反応に影響を与えるものが含まれていない。$\rightarrow$理 P.206, 無 P.140

よって，適切なものは③と判断できる。

なお，高濃度になるように塩化亜鉛を加えると，生じた$Zn^{2+}$と反応して$ZnCl_2 \cdot 4Zn(OH)_2$の形で析出することが知られている。

**66** 問1　$LiC_{12} + Li^+ + e^- \longrightarrow 2LiC_6$（$Li_{0.5}C_6 + 0.5Li^+ + 0.5e^- \longrightarrow LiC_6$）
　　　問2　965C　問3　3.92g

**解説** 問1　負極では充電率50%の$Li_{0.5}C_6$の黒鉛に$Li^+$が入り，満充電で$LiC_6$となる。

問2　負極の充電反応は$Li_{0.5}C_6 + 0.5Li^+ + 0.5e^- \longrightarrow LiC_6$

負極の黒鉛の質量が1.44gなので，$Li_{0.5}C_6$の物質量は，

$$\underset{\text{mol(C(黒鉛))}}{\frac{1.44 \text{〔g〕}}{12.0 \text{〔g/mol〕}}} \times \underset{\text{mol}(Li_{0.5}C_6)}{\frac{1}{6}} = 2.00 \times 10^{-2} \text{〔mol〕}$$

したがって，充電率50%から満充電までに充電された電気量は，

$$\underset{\text{mol(流れた } e^-)}{2.00 \times 10^{-2} \times 0.5} \times \underset{C}{9.65 \times 10^4 \text{〔C/mol}(e^-)\text{〕}} = 965 \text{〔C〕}$$

問3
$$\text{負極} \quad 6\text{C}(黒鉛) + \text{Li}^+ + \text{e}^- \longrightarrow \text{LiC}_6$$
$$\text{正極} \quad \text{LiCoO}_2 \longrightarrow \text{Li}_{0.5}\text{CoO}_2 + 0.5\text{Li}^+ + 0.5\text{e}^-$$

"正極と負極の充電容量が等しい ＝ 正極と負極に流れる電気量が同じ"なので，流れた $\text{e}^-$ の物質量も同じである。$\text{LiCoO}_2$ の式量 ＝ 98.0 より，

$$\underbrace{\frac{1.44\ (\text{g})}{12.0\,(\text{g/mol})}}_{\substack{\text{mol(C(黒鉛))}}} \times \underbrace{\frac{1}{6}}_{\substack{\text{mol(負極に流れる e}^-) \\ = \text{mol(正極に流れる e}^-)}} \times \underbrace{2}_{\substack{\text{mol(LiCoO}_2)}} \times \underbrace{98.0}_{\substack{\text{g(LiCoO}_2)}} = \underline{3.92(\text{g})}$$

**67** 問1 ⓐ   問2 ⓒ   問3 ⓒ

**解説**

電解槽 →理P.203
$$\text{陽極} \quad 2\text{H}_2\text{O} \longrightarrow \text{O}_2 + 4\text{H}^+ + 4\text{e}^-$$
$$\text{陰極} \quad 2\text{H}^+ + 2\text{e}^- \longrightarrow \text{H}_2$$

燃料電池 →理P.195
$$\text{正極} \quad \text{O}_2 + 4\text{H}^+ + 4\text{e}^- \longrightarrow 2\text{H}_2\text{O}$$
$$\text{負極} \quad \text{H}_2 \longrightarrow 2\text{H}^+ + 2\text{e}^-$$

問1 電極Fで$\text{H}_2\text{O}$が生成したので，Fが正極，つまり，$\text{O}_2$が供給される側なので，Dが陽極，Bが正極となる。よって，負極は$\underline{\text{A}}$。

問2 負極Aにつないだ$\underline{\text{C}}$が陰極で，Eに$\text{H}_2$が供給される。

問3 ⓐ 陽極Dで $\text{Cu} \longrightarrow \text{Cu}^{2+} + 2\text{e}^-$ が起こり，$\text{O}_2$が供給されず発電しない。
　　ⓑ 陰極Cで $\text{Cu}^{2+} + 2\text{e}^- \longrightarrow \text{Cu}$ が起こり，$\text{H}_2$が供給されず発電しない。
　　ⓒ 白金電極を用いたときと同じ反応が起こるので発電する。誤り。
　　ⓓ 陰極Cで $\text{Ag}^+ + \text{e}^- \longrightarrow \text{Ag}$ が起こり，$\text{H}_2$が供給されず発電しない。

**68** 問1 ア：陽　イ：陰　ウ：酸化　エ：還元
　　問2 回路A：$1.93 \times 10^3$C　回路B：$1.21 \times 10^3$C
　　問3 Ⅰの陽極：$2\text{H}_2\text{O} \longrightarrow \text{O}_2 + 4\text{H}^+ + 4\text{e}^-$
　　　　Ⅱの陰極：$2\text{H}_2\text{O} + 2\text{e}^- \longrightarrow \text{H}_2 + 2\text{OH}^-$
　　問4 70.2mL　問5 12.4

**解説**　各電解槽の電極の反応式は，

電解槽Ⅰ
$$\text{陽極} \quad 2\text{H}_2\text{O} \longrightarrow \text{O}_2 + 4\text{H}^+ + 4\text{e}^- \quad 問3$$
$$\text{陰極} \quad \text{Ag}^+ + \text{e}^- \longrightarrow \text{Ag} \cdots ①$$
回路A

電解槽Ⅱ
$$\text{陽極} \quad 2\text{Cl}^- \longrightarrow \text{Cl}_2 + 2\text{e}^-$$
$$\text{陰極} \quad 2\text{H}_2\text{O} + 2\text{e}^- \longrightarrow \text{H}_2 + 2\text{OH}^- \quad 問3$$
回路B

電解槽Ⅲ
$$\text{陽極} \quad 2\text{H}_2\text{O} \longrightarrow \text{O}_2 + 4\text{H}^+ + 4\text{e}^-$$
$$\text{陰極} \quad 2\text{H}^+ + 2\text{e}^- \longrightarrow \text{H}_2$$

問2 回路Aに流れた電気量は，電解槽Ⅰの陰極で析出した銀の質量と①式より，

$$\underbrace{\frac{2.16(\text{g})}{108(\text{g/mol})}}_{\substack{\text{mol(Ag)} \\ = \\ \text{mol(回路Aに流れた e}^-)}} \times 9.65 \times 10^4\,(\text{C/mol}) = \underline{1.93 \times 10^3}\,(\text{C})$$

全体に流れた電気量は，

$$2.00\,(\text{C/s})^{※1} \times (26 \times 60 + 10)\,(\text{s}) = 3.14 \times 10^3\,(\text{C})$$

※1　A＝C/s →理P.188

よって，回路Bに流れた電気量は，

$$\underline{3.14 \times 10^3} - \underline{1.93 \times 10^3} = \underline{1.21 \times 10^3 \,[C]} \quad \text{理P.204}$$

総電気量　回路Aに流れた電気量

問4　$\dfrac{1.21 \times 10^3 \,[C]}{9.65 \times 10^4 \,[C/mol]} \times \dfrac{1}{4} \times 22.4 \,[L/mol] \times 10^3 \fallingdotseq \underline{70.2 \,[mL]}$

mol(流れた$e^-$)　mol(発生した$O_2$)　L　mL

問5　$2H_2O + 2e^- \longrightarrow H_2 + 2OH^-$　より，流れた$e^-$[mol]と生成した$OH^-$[mol]は同じだから，

$$[OH^-] = \dfrac{1.21 \times 10^3 \,[C]}{9.65 \times 10^4 \,[C/mol]} \div \dfrac{500}{1000} \,[L] \fallingdotseq 2.50 \times 10^{-2} \,[mol/L]$$

mol(流れた$e^-$) = mol(生成した$OH^-$)

水のイオン積 $K_w = [H^+][OH^-]$ より，　理P.140

$$[H^+] = \dfrac{K_w}{[OH^-]} = \dfrac{1.0 \times 10^{-14} \,[(mol/L)^2]}{2.50 \times 10^{-2} \,[mol/L]} = 4.0 \times 10^{-13} \,[mol/L]$$

$$pH = -\log_{10}(4.0 \times 10^{-13}) = 13 - 2\log_{10}2 = \underline{12.4}$$

**69**　$2.7 \times 10^{-3}$ cm

**解説**　ニッケルは水素よりイオン化傾向が大きいが，本問では問題文より，陰極で$H_2O$が還元されて$H_2$が発生するのではなく，$Ni^{2+}$が還元されて$Ni$が析出することがわかる。

陽極　$Ni \longrightarrow Ni^{2+} + 2e^-$
陰極　$Ni^{2+} + 2e^- \longrightarrow Ni$　　理P.200

また，陽極では$Ni$が酸化されて$Ni^{2+}$となるため，電気分解中は電解液の$Ni^{2+}$の濃度は変化せず，陰極に$Ni$が析出し続け，$e^-$ 2molあたり1molの$Ni$が析出する。

ニッケルめっきの厚さを$x$[cm]とすると，Bに析出した$Ni$の質量[g]について次の式が成立する。

$$\dfrac{2.6 \,[C/s] \times 2970 \,[s]}{9.65 \times 10^4 \,[C/mol]} \times \dfrac{1}{2} \times 58.7 \,[g/mol] = \underbrace{100 \,[cm^2]}_{\text{表面積}} \times \underbrace{x \,[cm]}_{\text{厚さ}} \times 8.85 \,[g/cm^3]$$

mol(流した$e^-$)　mol(析出した$Ni$)　g(析出した$Ni$)　体積(めっき)　$cm^3$(Ni)　g(Ni)

よって，$x \fallingdotseq \underline{2.7 \times 10^{-3} \,[cm]}$

# 第5章 物質の状態

## ⑩ 理想気体の状態方程式・混合気体・実在気体・状態変化

**70** 問1 $1.03 \times 10^4$  問2 (1) ⓑ  (2) $1.01 \times 10^5$Pa

**解説** 問1 高さ $760\text{mm} = 760 \times 10^{-3}\text{m}$，断面積 $S(\text{m}^2)$ の水銀柱の質量[kg]は，密度が $1.36 \times 10^4\text{kg/m}^3$ なので，

$$M = \underbrace{760 \times 10^{-3} \times S}_{\text{水銀の体積[m}^3\text{]}} \times \underbrace{1.36 \times 10^4}_{\text{[kg/m}^3\text{]}} = \underline{1.033\cdots \times 10^4} \times S(\text{kg})$$

問2 (1) $P = \dfrac{\text{水銀柱に働く重力 [N]}}{\text{断面積} \quad (\text{m}^2)} = \dfrac{9.81M}{S}(\text{Pa})$

(2) 問1の値を(1)の式に代入すると，

$$P = \frac{9.81 \times 1.033 \times 10^4 \times S}{S} \fallingdotseq \underline{1.01 \times 10^5}(\text{Pa})$$

**71** 問1 ⓐ：ボイルの法則  ⓑ：シャルルの法則

問2 ア：$PV$  イ：$\dfrac{V}{T}$  問3 ウ：$\dfrac{p_1 v_1}{p_2}$  エ：$\dfrac{v_2 t_1}{t_2}$  オ：$\dfrac{p_2}{t_1}$  カ：$\dfrac{p_2 v_2}{t_2}$

問4 キ：22.4L/mol  ク：8.31Pa・$\text{m}^3/(\text{mol}\cdot\text{K})$

問5 ケ：$Rt_3$  コ：$nv_3$  サ：$nRT$

**解説** 問1, 2 ボイルの法則は $\underset{\text{ⓐ}}{PV} = $ 一定，シャルルの法則は $\underset{\text{ⓑ}}{\dfrac{V}{T}} = $ 一定 と表される。

問3 $(p_1, v_1, t_1) \xrightarrow{T-\text{定}} (p_2, v', t_1)$ では，$n$，$T$ 一定なのでボイルの法則が成立する。

$$p_1 v_1 = p_2 v' \quad \text{より，} \quad v' = \underset{\text{ウ}}{\underline{\dfrac{p_1}{p_2}}} v_1 \quad \cdots ①$$

$(p_2, v', t_1) \xrightarrow{P-\text{定}} (p_2, v_2, t_2)$ では，$n$，$P$ 一定なのでシャルルの法則が成立する。

$$\frac{v'}{t_1} = \frac{v_2}{t_2} \quad \text{より，} \quad v' = v_2 \underset{\text{エ}}{\underline{\dfrac{t_1}{t_2}}} \quad \cdots ②$$

①式，②式より，$\dfrac{p_1}{p_2} v_1 = v_2 \dfrac{t_1}{t_2}$ なので，両辺に $\underset{\text{オ}}{\underline{\dfrac{p_2}{t_1}}}$ をかけると $\dfrac{p_1 v_1}{t_1} = \underset{\text{カ}}{\underline{\dfrac{p_2 v_2}{t_2}}}$ となる。

これがボイル・シャルルの法則である。

問4 標準状態($1.013 \times 10^5$Pa，273K)での気体の1molあたりの体積，すなわちモル体積は $\underset{\text{キ}}{\underline{22.4}}(\text{L/mol}) = 22.4 \times 10^{-3}(\text{m}^3/\text{mol})$ なので，

$$\frac{p_3 v_3}{t_3} = \frac{1.013 \times 10^5(\text{Pa}) \times 22.4 \times 10^{-3}(\text{m}^3/\text{mol})}{273(\text{K})} \fallingdotseq \underset{\text{ク}}{\underline{8.31(\text{Pa}\cdot\text{m}^3/(\text{mol}\cdot\text{K}))}}$$

問5 問4より，

$$\frac{p_3 v_3}{t_3} = R \quad \text{なので，} \quad p_3 v_3 = \underset{\text{ケ}}{\underline{Rt_3}} \quad \cdots ⑥$$

38

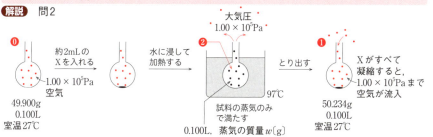

標準状態の気体のモル体積 $v_3 = \dfrac{V}{n}$ なので，$V = \underline{nv_3}$ と表せ，これと⑥式より，

$$p_3\left(\dfrac{V}{n}\right) = Rt_3 \qquad \text{よって，} \quad p_3 V = nRt_3$$

すなわち，$PV = \underline{nRT}$ という関係が成立する。

**72** 問1　Xを入れる前と放冷した後の質量差からXの分子量を求めることができるから。
　　　問2　103　　問3　110

**解説**　問2

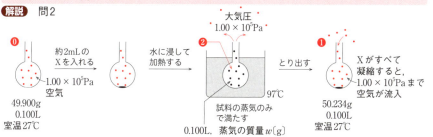

大気圧
$1.00 \times 10^5 \text{Pa}$

❶約2mLの
Xを入れる
$1.00 \times 10^5 \text{Pa}$
空気
49.900g
0.100L
室温27℃

❷水に浸して
加熱する
97℃
試料の蒸気のみ
で満たす
$0.100\text{L}$, 蒸気の質量 $w$〔g〕

❸とり出す
Xがすべて
凝縮すると，
$1.00 \times 10^5 \text{Pa}$ まで
空気が流入
50.234g
0.100L
室温27℃

❸容器の質量　＋　$1.00 \times 10^5 \text{Pa}$ の空気の質量　＋　Xの質量　＝　50.234〔g〕
−）❶容器の質量　＋　$1.00 \times 10^5 \text{Pa}$ の空気の質量　　　　　　　＝　49.900〔g〕
　　　　　　　　　　　　　　　　　　　　　　Xの質量　＝　0.334〔g〕
　　　　　　　　　　　　　　　　　　　↑
　　　　　　　　　97℃において，大気圧下，100mL = 0.100L 中で，
　　　　　　　　　すべて気体で存在しているときの質量

❷に状態方程式 $PV = \dfrac{w}{M}RT$ を用いる。

$$M = \dfrac{wRT}{PV} = \dfrac{0.334 \times 8.31 \times 10^3 \times (97 + 273)}{1.00 \times 10^5 \times 0.100} \fallingdotseq 103$$

問3

❸
$0.20 \times 10^5 \text{Pa}$
空気
$0.80 \times 10^5 \text{Pa}$
空気
27℃における
Xの蒸気圧
50.234g
0.100L　＝
室温27℃　$0.20 \times 10^5 \text{Pa}$

Xがすべて凝縮せず，27℃の蒸気圧（$0.20 \times 10^5 \text{Pa}$）分だけ残るとすると，$0.80 \times 10^5 \text{Pa}$ しか空気が流入しない。流入できなかった（27℃，0.100L，$0.20 \times 10^5 \text{Pa}$）に相当する空気の質量（$w_{\text{air}}$ とする）をまず求めると，

$PV = \dfrac{w}{M}RT$ より，　$0.20 \times 10^5 \times 0.100 = \dfrac{w_{\text{air}}}{28.8} \times 8.31 \times 10^3 \times (27 + 273)$

よって，$w_{\text{air}} = 0.02310\cdots$〔g〕

次に，❸の50.234gに $w_{\text{air}}$ を足してから，❶の49.900gとの差をとると，中味の空気の質量が相殺されて，❷の蒸気の質量 $w$ が得られる。問2と同様に状態方程式を用いると，

$$M = \dfrac{wRT}{PV} = \dfrac{(50.234 + 0.02310 - 49.900) \times 8.31 \times 10^3 \times (97 + 273)}{1.00 \times 10^5 \times 0.100} \fallingdotseq 110$$

**73** 問1 $M = \dfrac{mRT_2}{pv}$  問2 ①

**解説** 問1 割れたガラス小球から出てきた液体は，Aの
底で蒸発し，押し出された空気がAの上部からガスビュ
レット（室温 $T_2$）へ移動する。

図2の点線の枠で囲まれた気相は圧力，温度，体積が一
定なので，気体の物質量が変化しない。そこで，試料蒸気
の物質量と押し出された空気の物質量は等しい。

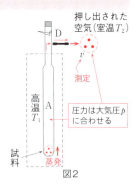

図2

$$n = \underbrace{\frac{m}{M}}_{\text{試料化合物の物質量}} = \underbrace{\frac{pv}{RT_2}}_{\text{押し出された空気の物質量}} \xleftarrow{pv=nRT_2 \text{ より}} \quad \text{よって，} \underline{M = \frac{mRT_2}{pv}}$$

問2 水銀の代わりに水を使うと，管内が水蒸気で満たされ
る。この実験では，試料蒸気がB側の液体の水に触れる前
に，押し出された空気の体積を測定するので，試料が水によく溶ける物質でも適用でき
る。ただし，押し出された空気の物質量を求めるには，空気の分圧が必要であり，空気の
分圧は大気圧 $p$ から水の蒸気圧を差し引かなくてはならない。→理P.220

よって，①

---

**74** 問1 ㋹  問2 ㋹

**解説** 問1

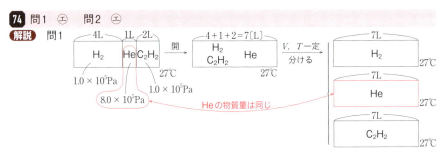

求める分圧を $P_{He}$ とする。Heについて，容器B（1L，27℃，$8.0 \times 10^5$ Pa）と7L，27℃で
のHe分圧を比べると，→理P.216

$$\left| \begin{array}{c} 8.0 \times 10^5 \text{Pa} \\ 1\text{L} \\ 27℃ \end{array} \right. \xleftrightarrow[\substack{\Downarrow \\ \text{ボイルの法則} \\ PV = P'V' \text{が成立}}]{\text{同じ物質量}} \left| \begin{array}{c} P_{He} \\ 7\text{L} \\ 27℃ \end{array} \right.$$

$$8.0 \times 10^5 [\text{Pa}] \times 1[\text{L}] = P_{He}[\text{Pa}] \times 7[\text{L}]$$

よって，$P_{He} = \dfrac{8}{7} \times 10^5 \fallingdotseq 1.1 \times 10^5 [\text{Pa}]$　したがって，㋹。

問2 同様にして，7L，27℃でのH₂分圧とC₂H₂分圧を求める。ボイルの法則 $PV = P'V'$ より，

$$\left| \begin{array}{l} H_2 \Rightarrow 1.0 \times 10^5 [\text{Pa}] \times 4[\text{L}] = P_{H_2}[\text{Pa}] \times 7[\text{L}] \\ C_2H_2 \Rightarrow 1.0 \times 10^5 [\text{Pa}] \times 2[\text{L}] = P_{C_2H_2}[\text{Pa}] \times 7[\text{L}] \end{array} \right.$$

よって，$P_{H_2} = \dfrac{4}{7} \times 10^5 \text{(Pa)}$　　$P_{C_2H_2} = \dfrac{2}{7} \times 10^5 \text{(Pa)}$

$V$，$T$一定下で反応が起こるので，各成分気体の分圧に注目して変化量を計算する➡理 P.223。

|  | アセチレン H–C≡C–H | + | 2H₂ | ⟶ | エタン C₂H₆ | He | 〔単位〕 |
|---|---|---|---|---|---|---|---|
| 反応前 | $\dfrac{2}{7}$ |  | $\dfrac{4}{7}$ |  | 0 | $\dfrac{8}{7}$ | $(\times 10^5 \text{Pa})$ |
| 変化量 | $-\dfrac{2}{7}$ |  | $-\dfrac{2}{7} \times 2$ |  | $+\dfrac{2}{7}$ | 0 | $(\times 10^5 \text{Pa})$ |
| 反応後 | 0 |  | 0 |  | $\dfrac{2}{7}$ | $\dfrac{8}{7}$ | $(\times 10^5 \text{Pa})$ |

反応後は，27℃，7Lでエタンの分圧が$\dfrac{2}{7} \times 10^5$Pa，Heの分圧が$\dfrac{8}{7} \times 10^5$Paなので，ドルトンの分圧の法則より全圧は分圧の和に等しいから，

$$\text{全圧} = \dfrac{2}{7} \times 10^5 + \dfrac{8}{7} \times 10^5 = \dfrac{10}{7} \times 10^5 \fallingdotseq 1.4 \times 10^5 \text{(Pa)}　　よって，㋔。$$

**75** 問1　$H_2 : 10\text{mL}$，$N_2 : 5.0\text{mL}$　　問2　5.0mL

**解説**　0℃，$1.0 \times 10^5$Pa一定で，混合気体の各成分を体積で分け，次のようにおく。

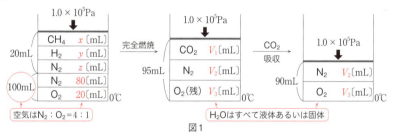

図1

成分気体の体積の和は全体積に等しいから，次の式が成り立つ。

$$\begin{cases} x + y + z = 20 & \cdots(1) \\ z + 80 = V_2 & \cdots(2) \end{cases}$$

$CH_4$と$H_2$の燃焼によって，成分気体の体積は次のように変化する。

$$CH_4 + 2O_2 \longrightarrow CO_2 + 2H_2O$$
変化量〔mL〕　$-x$　　$-2x$　　$+x$　　液体or固体になる

$$2H_2 + O_2 \longrightarrow 2H_2O$$
変化量〔mL〕　$-y$　　$-\dfrac{1}{2}y$

$P$，$T$一定では，
$$V = \dfrac{RT}{P} \times n$$
一定
$$= k \times n\,(k : 定数)$$
となり，$V$は$n$に比例する。

そこで，燃焼後の成分気体の体積について次式が成立する。

$$\begin{cases} V_1 = x & \cdots(3) \\ V_3 = 20 - 2x - \dfrac{1}{2}y & \cdots(4) \end{cases}$$

問1　図1より，$V_1 + V_2 + V_3 = 95$，$V_2 + V_3 = 90$ なので，(1)式～(4)式より，

　　$x = 5.0\text{(mL)}$，$y = 10\text{(mL)}$，$z = 5.0\text{(mL)}$

問2　(4)式より，$V_3 = 20 - 2 \times 5.0 - \dfrac{1}{2} \times 10 = 5.0\text{(mL)}$

**76** 問1　横軸の値によらず縦軸の値は1.0を示す直線となる。
　　問2　高圧にするほど分子自身の体積の影響が顕著になるから。
　　問3　分子間が接近し，分子間力の影響が大きくなったから。
　　問4　分子の運動エネルギーと分子間距離を大きくするため高温，低圧とする。

**解説**　問1　理想気体では $PV = nRT$ が成立し，$n = 1$ の場合，$\dfrac{PV}{RT} = 1$ が常に成立する。

問2，3　実在気体は $\dfrac{PV}{nRT} > 1$ の領域では，分子自身の体積による体積の増加効果が，分子間力による体積の減少効果を上回っている。

　　逆に $\dfrac{PV}{nRT} < 1$ の領域では，分子間力による体積の減少効果が，分子自身の体積による体積の増加効果を上回っている。

問4　分子自身の体積の影響と分子間力の影響が小さくなる条件を考えればよい。

**77** 問1　三重点　　問2　臨界点，③　　問3　②　　問4　昇華

**解説**　問1，2　間違えた人は状態図の見方をよく復習しておくこと。→理 P.232
問3　理想気体とすると，$P$，$n$一定では，シャルルの法則にしたがって，体積が直線的に変化する。→理 P.213　蒸気圧曲線XYと交差するまではすべて気体であり，交点($2.0 \times 10^6$Pa，$-20℃$)で凝縮する。気液が共存する間は外に奪われる熱と凝縮熱がつり合っているので，温度が$-20℃$で一定のまま，体積が減少する。すべて液体になると，気体のときに比べて体積は大幅に減少する。→理 P.237, 238

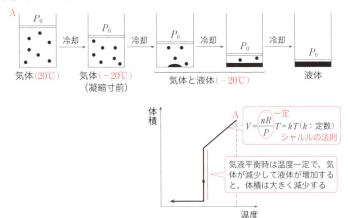

　　液体を$-56℃$まで冷却すると凝固が始まる。凝固中は温度が$-56℃$のまま$CO_2$分子どうしが密に配列し→理 P.111，体積が減少する。すべて固体のまま，$-70℃$まで冷却すると状態Bとなる。なお，すべて液体あるいはすべて固体のときは，温度が変化しても体積はあまり変化しない。よって，②が正しい。
問4　固体から気体に変わる状態変化を昇華という。→理 P.110

**78** 問1　271kJ

問2　氷に対して，糸につけた重りによりゆっくり圧力を加えていくと，糸の下方では氷が融解し糸が食い込む。しかし，糸の上方では重りによる圧力がなくなるので再び凝固して氷に戻る。したがって，糸だけが上端から下端へゆっくり通り抜ける。

**解説**　問1　$6.01 \times \dfrac{90.0}{18} + \left\{ 4.18 \times 90.0 \times (100 - 0) \right\} \times \dfrac{1}{1000} + 40.7 \times \dfrac{90.0}{18} ≒ \underline{271〔\text{kJ}〕}$

$\underbrace{\dfrac{\text{kJ}}{\text{mol}} \quad \text{mol}}_{\substack{\text{融解熱} \\ =凝固熱〔\text{kJ}〕}}$　$\underbrace{\dfrac{\text{J}}{\text{g·K}} \quad \text{g} \quad \text{℃}=\text{K(温度差)}}_{\substack{\text{水を0℃から100℃にするのに} \\ \text{必要な熱量〔J〕}}} \quad \underbrace{\dfrac{\text{kJ}}{\text{mol}} \quad \text{mol}}_{\text{100℃の蒸発熱〔kJ〕}}$

問2

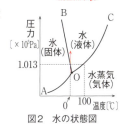

液体と固体の境界を示す曲線BOを融解曲線とよび，水は曲線の傾きが負（左上がり）となっている。

↑のように温度一定で氷を加圧すると，固体の氷は融解して液体の水へと変化する。→理P.112, 233

図2　水の状態図

**79** 問1　水面から蒸発した水分子によって生じた。

問2　水柱の高さ：10.3m　　圧力：ⓐ　　理由：空間が広がっても，さらに蒸発し，その空間の飽和蒸気圧が一定に保たれるから。

問3　ⓒ　　理由：100℃の飽和蒸気圧は，標準大気圧と同じ$1.01 \times 10^5$Paだから。

**解説**　問1　水面から気相へと $H_2O$ 分子が飛び出してくる。→理P.234

問2

$t$〔℃〕において，次式が成立する。

大気圧 ＝ 10.3mの水柱に相当する圧力 ＋ $3.0 \times 10^3$〔Pa〕

　　　　　　　　　　　　　　　　　$t$〔℃〕における飽和蒸気圧

問3　100℃のとき，水の飽和蒸気圧は標準大気圧に一致する。→理P.235

**80** 問1　$p_{atm} = p_A + p_W$　　問2　(1) ②　　(2) $2.35 \times 10^{-2}$mol

**解説**　亜鉛と希硫酸が反応すると水素が発生する。Aは水素である。→無P.103

$$Zn + H_2SO_4 \longrightarrow H_2 \uparrow + ZnSO_4$$

水素を水上置換で捕集すると，液面から気相へと水が一部蒸発して気液平衡の状態になるため，捕集した気体は水素と水蒸気の混合気体となる。→無P.113

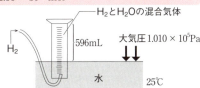

問1　メスシリンダーの中と外の水面の高さをそろえているので，

メスシリンダー内の全圧は，外の大気圧 $p_{atm} = 1.010 \times 10^5 Pa$ と一致している。

水蒸気の分圧は25℃の蒸気圧に一致し，Aの分圧との和は全圧に等しい。　▶理P.220

よって，$\underline{p_{atm} = p_A + p_W}$

問2　(1)　水は，標準大気圧1atm $= 1.013 \times 10^5 Pa = 101.3kPa$ では100℃で沸騰するから，
水の100℃の蒸気圧は101.3kPaである。よって，②が正しい。

(2)

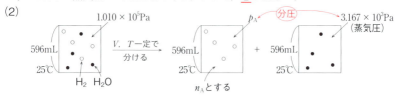

表1より25℃の水の蒸気圧は，$3.167〔kPa〕= 3.167 \times 10^3〔Pa〕$ となっている。よって，
$H_2$の分圧 $p_A$ は，

$$p_A = \underset{\text{全圧}}{\underline{1.010 \times 10^5}} - \underset{p_W}{\underline{3.167 \times 10^3}} = 9.783\cdots \times 10^4〔Pa〕$$

$H_2$の物質量を $n_A$ とすると，理想気体の状態方程式より，

$$n_A = \frac{p_A V}{RT} = \frac{9.783 \times 10^4 \times (596 \times 10^{-3})}{8.31 \times 10^3 \times (25 + 273)} \fallingdotseq \underline{2.35 \times 10^{-2}〔mol〕}$$

**81**　問1　$1.0 \times 10^5 Pa$
　　　問2　$8.0 \times 10^4 Pa$
　　　問3　分圧：$3.0 \times 10^4 Pa$　　温度：$8.3 \times 10^2 K$
　　　問4

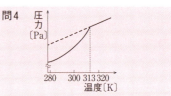

**解説**　問1, 2　反応前の$H_2$と$O_2$の分圧はモル分率から次のように求められる。　▶理P.220

$$P_{H_2} = \underset{\text{全圧}}{\underline{1.1 \times 10^5}} \times \underset{\text{モル分率}}{\underline{\frac{2.0}{2.0 + 9.0}}} = 2.0 \times 10^4〔Pa〕$$

$$P_{O_2} = 1.1 \times 10^5 \times \frac{9.0}{2.0 + 9.0} = 9.0 \times 10^4〔Pa〕$$

$V$，$T$一定なので，分圧に注目して変化量を考える。　▶理P.223

|  | $2H_2$ | $+$　$O_2$ | $\longrightarrow$　$2H_2O$(気) | 全体 | 〔単位〕 |
|---|---|---|---|---|---|
| 反応前 | 2.0 | 9.0 | 0 | 11 | 〔$\times 10^4 Pa$〕 |
| 変化量 | $-2.0$ | $-1.0$ | $+2.0$ | $-1.0$ | 〔$\times 10^4 Pa$〕 |
| 反応後 | 0 | 8.0 | 2.0 | 10 | 〔$\times 10^4 Pa$〕 |

よって，反応後の全圧は $10 \times 10^4 = \underset{\text{問1}}{\underline{1.0 \times 10^5}}〔Pa〕$，$O_2$の分圧は $\underset{\text{問2}}{\underline{8.0 \times 10^4}}〔Pa〕$である。

問3　冷却すると313Kで$H_2O$が凝縮を開始する。気液平衡時の$H_2O$の分圧は蒸気圧7.5 $\times$ $10^3 Pa$に等しい。

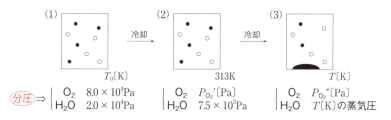

$$\boxed{分圧} \Rightarrow \begin{array}{ll} O_2 & 8.0 \times 10^4 Pa \\ H_2O & 2.0 \times 10^4 Pa \end{array} \quad \begin{array}{ll} O_2 & P_{O_2}'[Pa] \\ H_2O & 7.5 \times 10^3 Pa \end{array} \quad \begin{array}{ll} O_2 & P_{O_2}''[Pa] \\ H_2O & T[K]の蒸気圧 \end{array}$$

(1)の$O_2$と$H_2O$の物質量の比は分圧の比に等しく，$8.0 \times 10^4 : 2.0 \times 10^4 = 4 : 1$ である。そこで(2)でも$O_2$の分圧は$H_2O$の分圧の4倍であり，

$$313Kの O_2 の分圧 P_{O_2}' = \underbrace{7.5 \times 10^3}_{H_2O分圧} \times \frac{4}{1} = \underline{3.0 \times 10^4 [Pa]}$$

(1)から(2)へ移る過程では体積と気体の物質量が一定なので，

$$P = \underbrace{\frac{nR}{V}}_{一定} T = kT (k：定数) \ が成立し，圧力Pは絶対温度Tに比例する。$$

$H_2O$の分圧も絶対温度に比例するから次式が成立する。

$$\underbrace{7.5 \times 10^3}_{\substack{313Kでの \\ 水の分圧}} = \underbrace{2.0 \times 10^4}_{\substack{T_0[K]での \\ 水の分圧}} \times \frac{313[K]}{T_0[K]} \qquad よって，T_0 \doteqdot \underline{8.3 \times 10^2 [K]}$$

**問4**　$H_2O$がすべて気体のときは，問3で説明したように圧力は絶対温度に比例する。313Kで$H_2O$が凝縮し気液平衡となると，$H_2O$の分圧は蒸気圧曲線に沿って変化する。凝縮しにくい$O_2$の分圧は絶対温度に比例する。両者の分圧の和を求めてグラフをかく。

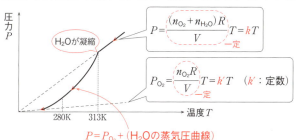

$$P = \frac{(n_{O_2} + n_{H_2O})R}{V}T = kT$$

$$P_{O_2} = \frac{n_{O_2}R}{V}T = k'T \quad (k'：定数)$$

$P = P_{O_2} + (H_2Oの蒸気圧曲線)$

---

**82** 問1　A：㋖　B：㋒　　問2　$9.4 \times 10^4 Pa$　　問3　$1.4 g/L$　　問4　10g

**解説**

問1　A：$PV = nRT$ より，$P_全 = \dfrac{\overset{②mol}{\overbrace{(0.30 + 0.90)}} \times 8.3 \times 10^3 \times (27 + 273)}{16.6} = \underline{1.8 \times 10^5 [Pa]}$

B： $CH_4$ ＋ $2O_2$ ⟶ $CO_2$ ＋ $2H_2O$

| | | | | |
|---|---|---|---|---|
| 反応前 | 0.30 | 0.90 | 0 | 0 〔mol〕 |
| 変化量 | − 0.30 | − 0.60 | ＋ 0.30 | ＋ 0.60 〔mol〕 |
| 反応後 | 0 | 0.30 | 0.30 | 0.60 〔mol〕 |

$$P_{O_2} = P_{CO_2} = \frac{0.30 \times 8.3 \times 10^3 \times (27 + 273)}{16.6} = \underline{4.5 \times 10^4 \,[\text{Pa}]}$$

問2　生成した水0.60molがすべて気体で存在すると仮定して圧力を求めると，

$$P_{H_2O \cdot 仮} = \frac{0.60 \times 8.3 \times 10^3 \times (27 + 273)}{16.6} = 9.0 \times 10^4 [\text{Pa}] > \underline{4.0 \times 10^3 [\text{Pa}]}$$

27℃の水の飽和蒸気圧

⇒　よって，気液平衡に

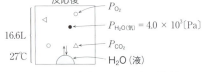

$P_{全} = P_{O_2} + P_{CO_2} + P_{H_2O}$ より → 理 P.220

$= 4.5 \times 10^4 + 4.5 \times 10^4 + 4.0 \times 10^3$

$= \underline{9.4 \times 10^4 [\text{Pa}]}$

問3　気体として存在している水の物質量は，

$$n_{H_2O \cdot 気} = \frac{4.0 \times 10^3 \times 16.6}{8.3 \times 10^3 \times (27 + 273)} = \frac{2}{75} [\text{mol}]$$

よって，質量は $\frac{2}{75} [\text{mol}] \times 18 [\text{g/mol}] = 0.48 [\text{g}]$

残った$O_2$と生成した$CO_2$の質量は，それぞれ

$O_2$：$0.30 [\text{mol}] \times 32 [\text{g/mol}] = 9.6 [\text{g}]$　　　$CO_2$：$0.30 [\text{mol}] \times 44 [\text{g/mol}] = 13.2 [\text{g}]$

そこで，混合気体の密度$d [\text{g/L}]$は，→ 理 P.225

$$d [\text{g/L}] = \frac{0.48 + 9.6 + 13.2 \,[\text{g}]}{16.6 \,[\text{L}]} ≒ \underline{1.4 [\text{g/L}]}$$

問4　液体の水〔g〕＝全水〔g〕－気体の水〔g〕＝$(0.60 [\text{mol}] \times 18 [\text{g/mol}]) − 0.48 [\text{g}] ≒ \underline{10 [\text{g}]}$

## ⑪ 溶解度・希薄溶液の性質・コロイド

**83** 問1　D　　理由：温度を変えても溶解度があまり変わらない。　　問2　31g

**解説**　問1　固体を適当な溶媒に溶かし，温度による溶解度の変化を利用して純度の高い結晶を析出させる操作を再結晶という。再結晶は物質Dのように温度を変えても溶解度があまり変化しない物質の精製には適さない。

問2　物質Eの溶解度は，80℃で80〔g/100g 水〕，40℃で30〔g/100g 水〕である。

110gの飽和溶液に含まれる水の質量は，$110 [\text{g}] \times \frac{100 \,[\text{g(水)}]}{100 + 80 \,[\text{g(溶液)}]} ≒ 61.1 [\text{g}]$ で冷却しても一定なので，80℃の飽和溶液を冷却して40℃の飽和溶液が残るとき，水100gあたり $80 − 30 = 50 [\text{g}]$ のEが析出するから，

$$\frac{50 \,[\text{g(E)}]}{100 \,[\text{g(水)}]} \times 61.1 ≒ \underline{31 [\text{g}]}$$

g(水)

別解  析出するEを$x$〔g〕とすると，Eの質量に関して次の保存則が成立する。

$$\underbrace{110\,[g(溶液)] \times \frac{80 \quad [g(E)]}{100+80\,[g(溶液)]}}_{\substack{80℃の飽和溶液110gに含まれる \\ Eの質量〔g〕}} = \underbrace{x}_{\substack{40℃で \\ 析出した \\ Eの質量〔g〕}} + \underbrace{(110-x)\,[g(溶液)] \times \frac{30 \quad [g(E)]}{100+30\,[g(溶液)]}}_{\substack{40℃の飽和溶液 110-x〔g〕に \\ 含まれるEの質量〔g〕}}$$

よって，$x \fallingdotseq 31$〔g〕

**84** 24.8g

解説  60.0gの硫酸銅(Ⅱ)五水和物は，$\underset{160}{CuSO_4}\cdot\underset{90}{5H_2O}$のモル質量250〔g/mol〕より，

$$\begin{cases} CuSO_4 \ \cdots \ 60.0 \times \dfrac{160}{250} = 38.4〔g〕 \ < \ 40.0(60℃の溶解度) \quad →すべて溶解する \\[3mm] H_2O \ \cdots \ 60.0 \times \dfrac{90}{250} = 21.6〔g〕 \end{cases}$$

60℃における硫酸銅(Ⅱ)の溶解度が 40.0〔g/100g水〕なので，60.0gの硫酸銅(Ⅱ)五水和物はすべて溶解する。

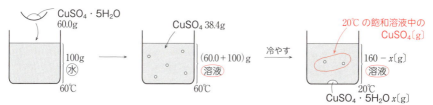

析出する硫酸銅(Ⅱ)五水和物を$x$〔g〕とおくと，$CuSO_4$の質量に関して次式が成立する。

$$\underbrace{38.4}_{\text{⊛}CuSO_4〔g〕} = \underbrace{x \times \frac{160}{250}}_{\substack{x〔g〕の結晶中に \\ 含まれるCuSO_4〔g〕}} + \underbrace{(160-x) \times \frac{20.0}{120}}_{\substack{20℃の飽和溶液中の \\ CuSO_4〔g〕}} \qquad よって，x \fallingdotseq 24.8〔g〕 \quad →\text{理}P.246$$

**85** 問1 0.70g  問2 $6.7 \times 10^{-2}$g

解説  問1 溶解平衡時の$O_2$分圧は，水の蒸気圧を無視してよいので，$1.013 \times 10^5$Paである。ヘンリーの法則より，

$$\underbrace{\frac{0.0490〔L〕}{22.4〔L/mol〕}}_{\substack{mol(O_2)(水1Lあたり)}} \times 10.0〔L(水)〕 \times \underbrace{32.0〔g/mol〕}_{\substack{mol(O_2) \quad g(O_2)}} = 0.70〔g〕$$

問2 標準状態(0℃，$1.013 \times 10^5$Pa)で0.100molの$O_2$が示す体積は $0.100 \times 22.4 = 2.24$〔L〕である。このうち10.0Lの水に溶けたのは $0.0490 \times 10.0 = 0.490$〔L〕に相当し，気相に残る体積は $2.24 - 0.490 = 1.75$〔L〕である。これが容器内の気相の体積となる。ここに0.300molの$H_2$を加えて，溶解平衡としたときの，気相の$H_2$分圧を$P \times 1.013 \times 10^5$〔Pa〕とする。

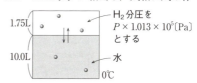

気相に存在する $H_2$ の物質量を $n$〔mol〕とすると，

$$n = \frac{PV}{RT} \underset{※1}{=} \frac{(P \times 1.013 \times 10^5) \times 1.75}{\dfrac{1.013 \times 10^5 \times 22.4}{1 \times 273} \times 273} = \frac{1.75P}{22.4} \quad \cdots(1)$$

※1 ここで $R$ は標準状態で1molの気体が22.4Lを示すことより，

$$R = \frac{PV}{nT}$$

$$= \frac{1.013 \times 10^5 \times 22.4}{1 \times 273}$$

と求められる。▶理P.214

水中に存在する $H_2$ の物質量を $N$〔mol〕とすると，ヘンリーの法則より，

$$N = \underset{\text{mol}(H_2)(\text{水}1L\text{あたり})}{\frac{0.0220〔L〕}{22.4〔L/mol〕}} \times 10.0〔L（水）〕 \underset{\text{mol}(H_2)}{\times \overset{\text{分圧に比例}}{P}} = \frac{0.220P}{22.4} \quad \cdots(2)$$

全 $H_2$ の物質量 $= n + N = 0.300$ なので，(1)式，(2)式より，$P = 3.41\cdots$
よって，(2)式より，

$$\underset{\text{mol}(H_2)}{\frac{0.220 \times 3.41}{22.4}} \times \underset{\text{g}(H_2)}{2.0〔g/mol〕} \fallingdotseq \underline{6.7 \times 10^{-2}〔g〕}$$

**86** $x = 43$　　$y = 30$

**解説**　ピストンと大気による圧力を $P_1$，おもりを1個のせたときの圧力の増加分を $P_2$ とする。(a)〜(c)にボイルの法則を用いる。$PV = $ 一定 なので，(図2参照)
▶理P.213, 216

$$\begin{cases} P_1 \times 100 = (P_1 + P_2) \times 60 & \cdots(1) \\ P_1 \times 100 = (P_1 + 2P_2) \times x & \cdots(2) \end{cases}$$

(1)式より，$P_2 = \dfrac{2}{3}P_1$ 　代入

(2)式より，$x = \dfrac{100P_1}{P_1 + 2P_2} = \dfrac{300}{7} \fallingdotseq \underline{43}〔mL〕$

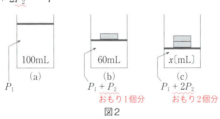

図2

ヘンリーの法則は「一定温度で，一定量の水に溶ける気体の体積は，圧力によらず一定である」とも表現できる。そこで，(a)と(d)を比べると，溶ける $CO_2$ の体積は圧力 $P_1$ で
▶理P.252
$100 - 70 = 30$〔mL〕であり，(b)から圧力 $P_1 + P_2$ で30mLの $CO_2$ が溶けて(e)になるので，$y = 60 - 30 = \underline{30}$〔mL〕

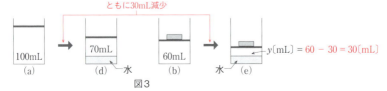

図3

**87** 質量モル濃度：$2.0 \times 10^{-2}$ mol/kg　水の増加量：50mL

**解説**

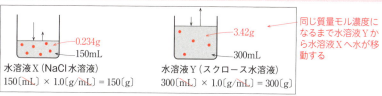

NaClは水溶液中でNa$^+$とCl$^-$に電離しているので，水溶液Xの全溶質粒子の質量モル濃度は，

$$\frac{0.234\,[\text{g}]}{58.5\,[\text{g/mol}]} \times 2 \div \frac{150}{1000}\,[\text{kg}] \fallingdotseq 0.053\,[\text{mol/kg}]$$

水溶液Yの溶質の質量モル濃度は，

$$\frac{3.42\,[\text{g}]}{342\,[\text{g/mol}]} \div \frac{300}{1000}\,[\text{kg}] \fallingdotseq 0.033\,[\text{mol/kg}]$$

水溶液Yから水溶液Xへ水が移動することによって，平衡状態では，水溶液Xと水溶液Yの全溶質粒子の質量モル濃度が等しくなる。移動する水の量を$x$[mL]とおくと，

$$\frac{\frac{0.234}{58.5}\times 2\,[\text{mol}]}{\frac{(150+x)}{1000}\,[\text{kg}]} = \frac{\frac{3.42}{342}\,[\text{mol}]}{\frac{(300-x)}{1000}\,[\text{kg}]} \quad \text{よって，}\ x = 50\,[\text{mL}]$$

平衡状態におけるNaClの質量モル濃度[mol/kg]は，

$$\frac{\frac{0.234\,[\text{g}]}{58.5\,[\text{g/mol}]}\,[\text{mol}]}{\frac{(150+50)}{1000}\,[\text{kg}]} = 2.0 \times 10^{-2}\,[\text{mol/kg}]$$

**88** ⑤

**解説**　沸点上昇により，時間$t_0$の温度は100℃より高い。沸騰が起こると，溶液から水は気体として逃げていくため，溶液の濃度が高くなり，沸点がさらに上昇する。時間$t_1$で，濃度は$t_0$の約2倍になるので，時間$t_1$の沸点上昇度が，約2倍になっている⑤が適当である。

→理 P.259

**89** $-1.50$℃

**解説**　この水溶液の凝固点降下度を$\Delta T_f$[K]とする。CaCl$_2 \longrightarrow$ Ca$^{2+}$ + 2Cl$^-$ の電離を考慮すると，CaCl$_2$ 1molからCa$^{2+}$とCl$^-$を合わせて3mol生じる。$\Delta T_f = K_f \cdot m$ より，

$$\Delta T_f = 1.85 \times \left(\frac{3.00}{111} \times 3 \div \frac{100}{1000}\right) = 1.50\,[\text{K}]^{※1}$$

※1　$1.85 = \frac{37}{20}$，$111 = 37 \times 3$ に気づくと，計算が楽になる。

絶対温度で1.50K下がるのは，摂氏温度で1.50℃下がるのと同じことなので，$1.01 \times 10^5$Paでの水の凝固点が0℃だから，求める凝固点は，

$$0 - 1.50 = -1.50\,[\text{℃}]$$

**問1** 0.41g

**問2** 溶媒の凝固が進むにつれて，溶液の濃度が高くなるため凝固点が降下するから。

**問3**

**問4** 238　**問5** 2.6%

ベンゼン →有P.146　　ナフタレン →有P.146　　安息香酸 →有P.118
（分子量78）　　　　（分子量128）　　　　（分子量122）

今回の実験では，ベンゼンが溶媒である。

**問1**　求めるナフタレン（分子式$C_{10}H_8$）の質量を$x$〔g〕とする。

$$\underset{\Delta T_f}{\underline{5.500 - 5.170}} = \underset{K_f}{\underline{5.12}} \times \left( \underset{mol(C_{10}H_8)}{\frac{x}{128}} \div \underset{kg(C_6H_6)}{\frac{50.0}{1000}} \right) \quad →\text{理}P.259$$

よって，$x \doteqdot \underline{0.41}$〔g〕

**問2**　$\Delta T_f = K_f \times m$ で，

ベンゼンの凝固進行 → $m$ 大 → $\Delta T_f$ 大 である。→理P.263

**問3**　分子間水素結合により二量体を形成する。→理P.257

**問4**　ベンゼン溶液中での安息香酸の見かけの分子量を$\overline{M}$とすると，

$$\underset{\Delta T_f}{\underline{5.500 - 5.180}} = \underset{K_f}{\underline{5.12}} \times \left( \underset{mol(溶質)}{\frac{0.550}{\overline{M}}} \div \underset{kg(C_6H_6)}{\frac{37.0}{1000}} \right)$$

よって，$\overline{M} \doteqdot \underline{238}$

**問5**　会合度を$\alpha$$(0 < \alpha < 1)$とおいて，安息香酸$C_7H_6O_2$ 1mol（$= 122$g）で考えると，

$$2C_7H_6O_2 \rightleftharpoons (C_7H_6O_2)_2$$

| | | | |
|---|---|---|---|
| 初期量 | 1 | 0 | 〔mol〕 |
| 変化量 | $-\alpha$ | $+\dfrac{\alpha}{2}$ | 〔mol〕 |
| 平衡量 | $1-\alpha$ | $\dfrac{\alpha}{2}$ | 〔mol〕 |

（平衡時の全物質量）　$1-\alpha + \dfrac{\alpha}{2} = 1 - \dfrac{\alpha}{2}$〔mol〕

$1 - \dfrac{\alpha}{2}$〔mol〕の溶質が122gとなるので，見かけのモル質量$\overline{M}$〔g/mol〕は，

$$\overline{M} = \frac{122 \quad 〔g〕}{\underset{問4の値}{1 - \dfrac{\alpha}{2}}〔mol〕} = 238$$

よって，$\alpha = 0.974\cdots$

二量体を形成せず1分子の状態で存在している安息香酸の割合は $1 - \alpha$ なので，求める値は，

$$(1 - 0.974) \times 100 = \underline{2.6}〔\%〕$$

**91** 問1　(1) ④　(2) ⑨　(3) ㊤　(4) ⑦　問2　61.9%

**解説**　図1の$H_2O$-$NaCl$混合物の相平衡図は，混合物100gに含まれる$NaCl$の質量〔g〕を横軸に，温度を縦軸にとっている。

　この図からは，混合物100gあたり$NaCl$を23.3g含む系を，0.15℃にすると$NaCl$水溶液，−21.1℃にすると$NaCl \cdot 2H_2O$と氷が共存することがわかる。

問1　(1)　0.15℃より高い温度の$NaCl$水溶液に，さらに$NaCl$を加えた領域なので，④である。

　　(2)　$NaCl$の含有率が低い$NaCl$水溶液を冷却すると，凝固によってまず氷が析出する。
→理P.262, 263　よって，⑨。

　　(3)　$NaCl$の含有率が高い$NaCl$水溶液を冷却すると，溶解度をこえた温度で$NaCl$の結晶が析出する。0.15℃以下では問題文より，水和水（結晶水）を含み$NaCl \cdot 2H_2O$が析出する。よって㊤。

　　(4)　$NaCl$水溶液と$NaCl \cdot 2H_2O$の共存状態に，0.15℃以下でさらに$NaCl$を加えていくと，水溶液中の$H_2O$が$NaCl$と結びついて，$NaCl \cdot 2H_2O$の割合が増加し，やがて$NaCl \cdot 2H_2O$のみになる。ここに，さらに$NaCl$を加えた領域なので，⑦である。

問2　$x$は(3)と(4)の境界温度であり，$NaCl \cdot 2H_2O$のみが存在する。$NaCl$の式量 = 58.5，$H_2O$の分子量 = 18.0なので，

$$x = \frac{\overset{\text{g(NaCl)}}{58.5}}{\underset{\text{g(NaCl} \cdot \text{2H}_2\text{O)}}{58.5 + 18.0 \times 2}} \times 100 \fallingdotseq 61.9 \text{〔%〕}$$

**92** 1：0.280　2：697　3：0.819

**解説**　1：溶液100gあたりブドウ糖を5.04g含む。よって，

$$\text{モル濃度〔mol/L〕} = \frac{\overset{\text{g(ブドウ糖)}}{5.04} \times \dfrac{1}{180}}{\underset{\text{g(溶液)}}{100} \div \underset{}{1.00} \times \underset{\text{mL}}{10^{-3}}} {\scriptstyle \text{〔mol(ブドウ糖)〕}\atop \text{〔L〕}} = \underline{0.280} \text{〔mol/L〕}$$

→理P.126

2：ブドウ糖（グルコース）は非電解質である→理P.257。ファントホッフの法則より，

$$\pi = CRT = 0.280 \text{〔mol/L〕} \times 8.30 \text{〔kPa} \cdot \text{L/(K} \cdot \text{mol)〕} \times 300 \text{〔K〕} \fallingdotseq 697 \text{〔kPa〕}$$

3：同じ浸透圧を示すには，全溶質粒子のモル濃度が等しければよい。$NaCl$がすべて$Na^+$と$Cl^-$に電離している点を考慮して，

$$\underset{\text{mol/L}}{0.280} \times \underset{\text{mol(全溶質)}}{\frac{100}{1000} \text{〔L〕}} \times \underset{\text{mol(NaCl)}}{\frac{1}{2}} \times \underset{\text{g(NaCl)}}{58.5} = \underline{0.819} \text{〔g〕}$$

$$\underset{\text{Na}^+ \text{と} \text{Cl}^- \text{の物質量の和}}{\underline{\phantom{xxxxxxxxxxxxxxxxxxxx}}}$$

**93** A：⑦　B：㊦

**解説**　A：淡水と海水を半透膜で仕切り，海水側から浸透圧より大きな圧力をかけると海水側から淡水側へと水が移動する。これを逆浸透という。

B：

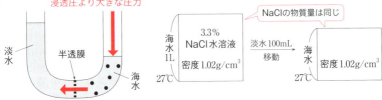

海水1Lから水100mL移動した後に残る海水の浸透圧より大きな圧力をかければよい。海水1L＝1000cm³に含まれるNaClの物質量を求める。

$$n_{NaCl} = \frac{1000〔cm^3〕 \times 1.02〔g/cm^3〕 \times \dfrac{3.3}{100}\ \ \text{g(NaCl)}}{58.5〔g/mol〕} ≒ 0.575〔mol〕$$

淡水100mLは密度が1.00g/cm³より100gなので，移動後の海水の質量は1000 × 1.02 − 100 = 920〔g〕である。海水の密度は1.02g/cm³で一定としてよいので，移動後の海水の体積は，

$$\frac{920〔g〕}{1.02〔g/cm^3〕} ≒ 902〔cm^3〕$$

NaCl ⟶ Na⁺ + Cl⁻ と電離することを考慮して，ファントホッフの法則より，残った海水の浸透圧は，

$$\pi = CRT = \left( \underset{\text{mol(NaCl)}}{0.575} \times \underset{\text{mol(全溶質)}}{2} ÷ \underset{\text{L}}{\frac{902}{1000}} \right) \times 8.3 \times 10^3 \times (27 + 273) ≒ \underline{32 \times 10^5}〔Pa〕$$

**94** 問1　タンパク質水溶液　問2　$4.0 \times 10^2$Pa　問3　$3.8 \times 10^4$　問4　$3.0 \times 10^{-4}$K
問5　浸透圧を測定する方法
　　理由：凝固点降下度は小さすぎて測定が困難だが，浸透圧による液面差は正確に測定できる程度に大きいから。

**解説**　問1

左から右へ水が移動
断面積1.0cm²
2.0cm↑
↓2.0cm
液面差4.0cm
左が2.0cm下がると右が2.0cm上がる
8.0mL　8.0mL
タンパク質0.061g
平衡状態
27℃

→理P.264

問2　液面差4.0cmの液柱がおよぼす圧力が，平衡状態でのタンパク質水溶液の浸透圧に相当する。1.0cmの液柱の圧力が$1.0 \times 10^2$Paなので，

$$4.0〔cm（液柱）〕 \times \underset{\text{単位換算}}{\frac{1.0 \times 10^2〔Pa〕}{1.0〔cm（液柱）〕}} = \underline{4.0 \times 10^2〔Pa〕}$$

問3　求める分子量を$M$とする。浸透平衡時の水溶液の体積は，最初より液面の高さ2.0cmぶんだけ増加しているので，

$$\underset{\text{mL(最初)}}{8.0} + \underset{\text{cm}^3\text{=mL(増加分)}}{2.0\,\text{(cm)} \times \overset{\text{断面積}}{1.0\,\text{(cm}^2\text{)}}} = 10\,\text{(cm}^3\text{)}$$

ファントホッフの法則　$\pi = CRT$ より，

$$\underset{\pi}{4.0 \times 10^2} = \left(\underset{\text{mol(タンパク質)}}{\frac{0.061}{M}} \div \underset{\text{L}}{\frac{10}{1000}}\right) \times \overset{R}{8.31 \times 10^3} \times \overset{T}{(27 + 273)}$$

よって，$M \fallingdotseq 3.80 \times 10^4$

**問4** 平衡状態でのタンパク質溶液の質量モル濃度 $m$(mol/kg)は，

$$m = \frac{\underset{\text{mol(タンパク質)}}{\dfrac{0.061}{3.80 \times 10^4}}}{} \div \left(\frac{\overset{\text{g(溶液)} \quad \text{g(溶質)}}{10 \times 1.0 - 0.061}}{\underset{\text{kg(水)}}{1000}}\right) \fallingdotseq 1.61 \times 10^{-4}\,\text{(mol/kg)} \quad \rightarrow \boxed{\text{理}}\,\text{P.126}$$

この溶液の凝固点降下度 $\Delta T_{\text{f}} = K_{\text{f}} \times m = 1.85 \times 1.61 \times 10^{-4} \fallingdotseq \underline{3.0 \times 10^{-4}\,\text{(K)}} \quad \rightarrow \boxed{\text{理}}\,\text{P.259}$

**問5**　$3.0 \times 10^{-4}$K は値が小さすぎて測定困難だが，液面差4.0cmは十分に測定可能である。

---

**95** 問1　(1) せっけんの泡　　(2) 活性炭　　(3) 霧　　(4) 牛乳　　(5) ゼリー
　　　(6) 煙　　(7) 墨汁　　(8) ルビー
　　問2　(1) $FeCl_3 + 3H_2O \longrightarrow Fe(OH)_3 + 3HCl$　　(2) チンダル現象
　　　(3) 電気泳動　　(4) 正

**解説**　問1　分散質は分散しているコロイド粒子，分散媒は分散させている物質である。
$\rightarrow \boxed{\text{理}}\,\text{P.269}$

問2　(1)　沸騰水に$FeCl_3$を加えると，水酸化鉄(Ⅲ)のコロイドが得られる。$\rightarrow \boxed{\text{理}}\,\text{P.271}$
(2)　チンダル現象という。コロイド粒子が光を散乱する性質が強いために起こる現象である。$\rightarrow \boxed{\text{理}}\,\text{P.273, 274}$
(4)　「陰極の方に引き寄せられて」とあるので，このコロイド粒子は正の電荷をもつ。$\rightarrow \boxed{\text{理}}\,\text{P.274}$

---

**96** ④

**解説**　①，②，⑤　正しい。ブラウン運動やチンダル現象，保護コロイドなどのコロイド
溶液の性質の内容をよく確認しておくこと。$\rightarrow \boxed{\text{理}}\,\text{P.273, 274}$
③　正しい。デンプンのような高分子化合物は，分子1個でコロイド粒子となる(分子コロ
イド)。$\rightarrow \boxed{\text{理}}\,\text{P.270}$
④　誤り。流動性のある状態をゾル(sol)，流動性を失った状態をゲル(gel)という。$\rightarrow \boxed{\text{理}}\,\text{P.269}$

---

**97** 問1　④　　問2　④

**解説**　問1　$1\text{nm}(10^{-9}\text{m})$から$100\text{nm}(10^{-7}\text{m})$程度の直径をもつ粒子をコロイド粒子という。
問2　pHが4より大きくなると，コロイド粒子から$H^+$が離れて，カオリナイトは負電荷を
もつ。そこで，価数の大きな陽イオンを含む電解質ほど凝析効果が高いので，2価の陽イ
オンを含む④が最も少ない滴下量で凝析できる。$\rightarrow \boxed{\text{理}}\,\text{P.272}$
　⑦　$NaCl \longrightarrow Na^+ + Cl^-$　　　　④　$CaCl_2 \longrightarrow Ca^{2+} + 2Cl^-$
　⑨　$Na_2SO_4 \longrightarrow 2Na^+ + SO_4^{2-}$　　④　$C_6H_{12}O_6$(非電解質)

## 12 反応速度・化学平衡・酸と塩基の電離平衡・溶解度積

**98** 問1　(A) 0.441mol/L　　(B) 0.038mol/(L・min)
問2　ア：0.087　イ：0.086　ウ：0.085　エ：0.087　オ：/min(もしくは $min^{-1}$)
　カ：$V = k[H_2O_2]$　キ：③　ク：傾き

**解説**

$$2H_2O_2 \xrightarrow{V} O_2 + 2H_2O \quad [触媒：FeCl_3]$$

の反応速度式を $V = k[H_2O_2]^x$ とおく。仮に $x = 1$ であるならば，

$$k = \frac{V}{[H_2O_2]} = 温度一定なら一定　になる。$$

問1　平均濃度(A)　$\overline{[H_2O_2]} = \dfrac{0.497 + 0.384}{2} \fallingdotseq \underline{0.441}\,[mol/L]$

　　　平均速度(B)　$\overline{V} = -\dfrac{0.497 - 0.384}{1 - 4} \fallingdotseq \underline{0.038}\,[mol/(L・min)]$

問2　(1)　$\dfrac{\overline{V}}{\overline{[H_2O_2]}}$ の値を計算する。単位は $\dfrac{[mol/(L・min)]}{[mol/L]} = \underline{[/min] = [min^{-1}]}$ である。
　　　　　　　　　　　　　　　　　　　　　　　　　　　　　　　　　　　　　オ

ア：$\dfrac{0.045}{0.520} = 0.0865\cdots \fallingdotseq \underline{0.087}$　　　イ：$\dfrac{0.038}{0.441} = 0.0861\cdots \fallingdotseq \underline{0.086}$

ウ：$\dfrac{0.030}{0.354} = 0.0847\cdots \fallingdotseq \underline{0.085}$　　　エ：$\dfrac{0.025}{0.287} = 0.0871\cdots \fallingdotseq \underline{0.087}$

カ：$\dfrac{\overline{V}}{\overline{[H_2O_2]}}$ の平均値 $= \dfrac{0.087 + 0.086 + 0.085 + 0.087}{4} \fallingdotseq 0.086$ で，ほぼ一定である。

　　この平均値0.086を $k$ とし，反応速度式は $\underline{V = k[H_2O_2]}$ と表せる。

(2)　$\overline{V} = k\overline{[H_2O_2]}$ は原点を通る直線なので③，直線の傾きが $k$ である。
　　　　　　　　　　　　　　　　　　　　　　　キ　　　　　　　ク

**99** 問1　$v = k[A]^2[B]$　　問2　$7.5 \times 10^{-2}\,L^2/(mol^2・s)$　　問3　1.9
問4　温度を上げると，活性化エネルギーより大きな運動エネルギーをもつ分子の割
　　　合が増加するから。

**解説**　問1　表1の実験1，2の結果を比べると，[A]が同じで，[B]が $\dfrac{0.80}{0.40} = 2倍$ になる

と，速度 $v$ は $\dfrac{6.0 \times 10^{-2}}{3.0 \times 10^{-2}} = 2倍$ になっている。よって，$v$ は[B]に比例する。

　　　次に実験2，3の結果を比べると，[B]が同じで，[A]が $\dfrac{2.0}{1.0} = 2倍$ になると，速度 $v$

は $\dfrac{2.4 \times 10^{-1}}{6.0 \times 10^{-2}} = 4 = 2^2倍$ になっている。よって，$v$ は[A]の2乗に比例する。

　　　以上より，反応速度式は $\underline{v = k[A]^2[B]}$ となる。

問2　実験1の結果を問1で求めた反応速度式に代入すると,

$$3.0 \times 10^{-2} = k(1.0)^2 \times 0.40 \quad \text{よって, } k = \frac{3.0 \times 10^{-2}}{(1.0)^2 \times 0.40} = \underline{7.5 \times 10^{-2}}$$

単位は $\dfrac{[\mathrm{mol/(L \cdot s)}]}{[\mathrm{mol/L}]^2 \times [\mathrm{mol/L}]} = \underline{[\mathrm{L^2/(mol^2 \cdot s)}]}$ である。

問3　$v_4 = k[\mathrm{A}]^2[\mathrm{B}] = 7.5 \times 10^{-2} \times (4.0)^2 \times 1.6 \fallingdotseq \underline{1.9}\,[\mathrm{mol/(L \cdot s)}]$

問4　温度が高くなると, 活性化エネルギーより大きな運動エネルギーをもつ分子の割合が増加することを書けばよい。 →理P.281

---

**100** 問1　ア：ⓐ(もしくはⓑ)　イ：ⓓ　ウ：ⓑ　エ：ⓖ　オ：ⓗ　カ：ⓕ
　　　キ：ⓗ　ク：ⓘ

問2　$\log_e k = -\dfrac{E_a}{R} \times \dfrac{1}{T} + \log_e A$　傾き：$-\dfrac{E_a}{R}$　切片：$\log_e A$

**解説**　問1　間違えた人は基本事項をもう一度よく確認すること。

問2　(1)式の両辺の自然対数をとると,

$$\log_e k = -\frac{E_a}{R}\left(\frac{1}{T}\right) + \log_e A$$

$\log_e k$ を $y$, $\dfrac{1}{T}$ を $x$ とおくと, $y = -\dfrac{E_a}{R}x + \log_e A$ となり,

図1のような, 傾き $\underline{-\dfrac{E_a}{R}}$, $y$ 切片が $\underline{\log_e A}$ の直線を表す。

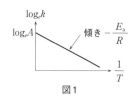

図1

---

**101** 問1　$t = \dfrac{1}{k}\log_e \dfrac{x_0}{x}$

問2　$t_{\frac{1}{2}} = \dfrac{\log_e 2}{k}$　**特有な性質**：一次反応の半減期は, 初期量によらず一定の値となる。

問3　文化財の試料には外界から $^{14}\mathrm{C}$ が補充されないから。

**解説**　問1　$x = x_0 e^{-kt}$ より, $e^{-kt} = \dfrac{x}{x_0}$

両辺の自然対数をとると,

$$-kt = \log_e \frac{x}{x_0}$$

よって, $t = -\dfrac{1}{k}\log_e \dfrac{x}{x_0} = \underline{\dfrac{1}{k}\log_e \dfrac{x_0}{x}}$

問2　$t = t_{\frac{1}{2}}$ では, $\dfrac{x}{x_0} = \dfrac{1}{2}$ なので,

$$t_{\frac{1}{2}} = -\frac{1}{k}\log_e \frac{1}{2} = \frac{\log_e 2}{k} \quad →理P.288 \quad , \text{ すなわち } t_{\frac{1}{2}} \text{ は } x_0 \text{ によらない。}$$

問3　動植物が生命活動を行っている間は, 外界から $^{14}\mathrm{C}$ がとり込まれる。生物が死ぬと $^{14}\mathrm{C}$ は新たにとり込まれなくなり, 半減期にしたがって $^{14}\mathrm{C}$ の割合が減少していくので, 死んでから現在までの経過時間を推定できる。 →理P.287

**102** 問1　$\alpha = 0.50$　　$K = 5.1 \times 10^{-2}\,\text{mol/L}$

　　問2　温度を上げると吸熱方向に平衡が移動するため二酸化窒素が増加し，赤褐色が
　　　　さらに濃くなる。

　　問3　$\alpha = 0.25$　　$5.0 \times 10^5\,\text{Pa}$

**解説**　問1

| | $N_2O_4$ | $\rightleftharpoons$ | $2NO_2$ | | 合計 | |
|---|---|---|---|---|---|---|
| はじめ | 3.0 | | 0 | | 3.0 | 〔mol〕 |
| 変化量 | $-3.0\alpha$ | | $+6.0\alpha$ | | $+3.0\alpha$ | 〔mol〕 |
| 平衡時 | $3.0(1-\alpha)$ | | $6.0\alpha$ | | $3.0(1+\alpha)$〔mol〕 | |

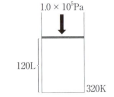

$n = \dfrac{PV}{RT}$ より $n = \dfrac{1.0 \times 10^5 \times 120}{8.31 \times 10^3 \times 320} \fallingdotseq 4.51$〔mol〕 であり，

気体の全物質量$3.0(1+\alpha)$〔mol〕に等しい。

　　$3.0(1+\alpha) = 4.51$　　　よって，$\alpha = 0.503\cdots \fallingdotseq \underline{0.50}$

　　化学平衡の法則より，

$$K = \frac{[NO_2]^2}{[N_2O_4]} = \frac{\left(\dfrac{6.0 \times 0.503}{120}\right)^2 \,\text{〔(mol/L)}^2\text{〕}}{\left(\dfrac{3.0(1-0.503)}{120}\right)\,\text{〔mol/L〕}} = 5.09\cdots \times 10^{-2} \fallingdotseq \underline{5.1 \times 10^{-2}}\text{〔mol/L〕}$$

→ 理 P.289

問2　ルシャトリエの原理より，温度を上げると吸熱方向，すなわち右に平衡が移動するた
　　め，$NO_2$が増加し，赤褐色が濃くなる。

問3　$\alpha$の値は問1と異なるが，温度が一定なので，平衡定数$K$の値は変化しない。

$$5.09 \times 10^{-2} = \frac{\left(\dfrac{6.0\alpha}{20}\right)^2}{\left(\dfrac{3.0(1-\alpha)}{20}\right)} \quad \text{と表せ，両辺に20をかけると，}$$

$$1.01\cdots = \frac{12\alpha^2}{1-\alpha}$$

左辺を1と近似すると，

　　$12\alpha^2 + \alpha - 1 = 0$　$\Leftrightarrow$　$(4\alpha - 1)(3\alpha + 1) = 0$

$\alpha > 0$ なので，$\alpha = \dfrac{1}{4} = \underline{0.25}$ となる。気体の全物質量は$3.0(1+\alpha)$〔mol〕なので，

$$P = \frac{nRT}{V} = \frac{3.0(1+0.25) \times 8.31 \times 10^3 \times 320}{20} \fallingdotseq \underline{5.0 \times 10^5\text{Pa}}$$

**103** 問1　$K = \dfrac{k_1}{k_2}$　　　問2　(1) 25mol　　(2) 14倍

**解説**　問1　$H_2 + I_2 \underset{v_2}{\overset{v_1}{\rightleftharpoons}} 2HI$

　　　　正反応の反応速度式：$v_1 = k_1[H_2][I_2]$　　　　逆反応の反応速度式：$v_2 = k_2[HI]^2$

　　　平衡状態では，$v_1 = v_2$ なので，$k_1[H_2][I_2] = k_2[HI]^2$ だから，化学平衡の法則より，

$$K = \frac{[HI]^2}{[H_2][I_2]} = \frac{k_1}{k_2} \quad \text{と表せる。}$$

問2 （1）

| | $H_2$ | + | $I_2$ | $\rightleftarrows$ | 2HI | |
|---|---|---|---|---|---|---|
| はじめ | 30.0 | | 20.0 | | 0 | 〔mol〕 |
| 変化量 | $-18.0$ | | $-18.0$ | | $+36.0$ | 〔mol〕 |
| 平衡時 | 12.0 | | 2.0 | | 36.0 | 〔mol〕 |

これが下線部の平衡状態である。容器の体積を $V$ とすると，化学平衡の法則より，

$$K = \frac{\left(\dfrac{36.0}{V}\right)^2}{\dfrac{12.0}{V} \times \dfrac{2.0}{V}} = 54 \quad と表せる。$$

$x$〔mol〕の $I_2$ を追加し，$y$〔mol〕の $I_2$ が反応して，新たな平衡状態になったとする。

| | $H_2$ | + | $I_2$ | $\rightleftarrows$ | 2HI | |
|---|---|---|---|---|---|---|
| 追加時 | 12.0 | | $2.0 + x$ | | 36.0 | 〔mol〕 |
| 変化量 | $-y$ | | $-y$ | | $+2y$ | 〔mol〕 |
| 平衡時 | $12.0 - y$ | | $2.0 + x - y$ | | $36.0 + 2y$ | 〔mol〕 |

温度一定なので速度定数の値は変化せず，逆反応の速度が2.25倍になったことから，

$$\frac{k_2\left(\dfrac{36.0 + 2y}{V}\right)^2}{k_2\left(\dfrac{36.0}{V}\right)^2} = 2.25 \quad よって，y = 9.0〔mol〕$$

さらに，化学平衡の法則と $K = 54$ であることから，

$$54 = \frac{\left(\dfrac{36.0 + 2 \times 9.0}{V}\right)^2}{\left(\dfrac{12.0 - 9.0}{V}\right)\left(\dfrac{2.0 + x - 9.0}{V}\right)} \quad よって，x = \underline{25〔mol〕}$$

（2） $I_2$ を25mol追加した直後の反応速度式は，

$$v_1 = k_1\left(\frac{12.0}{V}\right) \times \left(\frac{2.0 + 25}{V}\right) \quad , \quad v_2 = k_2\left(\frac{36.0}{V}\right)^2 \quad となるから，$$

$$\frac{v_1}{v_2} = \frac{k_1}{k_2} \times \frac{12.0 \times (2.0 + 25)}{36.0^2} = \frac{k_1}{k_2} \times 0.25 \fallingdotseq \underline{14}$$

> 問1より $\dfrac{k_1}{k_2} = K = 54$ なので

---

**104** 問1 （1）左　（2）移動しない　（3）左
問2　増える
　　理由：平衡は移動しなくても，黒鉛と二酸化炭素の間で炭素原子の交換反応が起こっているから。

**解説** 問1 （1）気相中のCOの濃度を小さくする方向（左）へ平衡が移動する。
（2）貴ガスであるArは反応に関与せず，またArを加えても容器の体積は10Lのままなので，気相中の$CO_2$やCOの濃度（あるいは分圧）は変化していない。よって，平衡状態のままで，どちらにも移動しない。→理P.295(4)
（3）温度を下げると，発熱方向（左）へ平衡が移動する。

問2　$[C(黒鉛)] = \dfrac{n_{黒鉛}}{V_{黒鉛}} = $ 一定　であり，固体の絶対量を増やしても平衡は移動しない。

　　ただし，平衡状態は止まって見えるだけで，絶えず正反応および逆反応が起こっている。黒鉛$^{13}$C は $^{12}CO_2$ と反応し，$^{13}CO$ が生じる。$^{13}CO$ が $^{12}CO$ と反応すると，$^{13}CO_2$ や黒鉛 $^{12}C$ が生じる。

**105** 問1　$K = \dfrac{[H^+][A^-]}{[HA]}$　　問2　左へ移動する

　　問3　$\dfrac{[HA]}{[A^-]} = 0.1$ のとき：pH $= 10.52$　　$\dfrac{[HA]}{[A^-]} = 10$ のとき：pH $= 8.52$

　　問4　HA：無色　　$A^-$：赤色

**解説**　問1　HA $\rightleftharpoons$ H$^+$ + A$^-$ で化学平衡の法則より，電離定数 $K$ は，　▶理P.301

　　　　$K = \dfrac{[H^+][A^-]}{[HA]}$　と表せる。

問2　ルシャトリエの原理より，$[H^+]$ を減らす方向，すなわち<u>左へ移動する</u>。　▶理P.293

問3　$K = \dfrac{[H^+][A^-]}{[HA]}$ $\Rightarrow$ $[H^+] = K \times \dfrac{[HA]}{[A^-]}$　より，

　　$\dfrac{[HA]}{[A^-]} = 0.1$ のときは，$[H^+] = 3.0 \times 10^{-10} \times 0.1 = 3.0 \times 10^{-11}$〔mol/L〕

　　　　よって，pH $= -\log_{10}(3.0 \times 10^{-11}) = 11 - \log_{10}3 \fallingdotseq \underline{10.52}$

　　$\dfrac{[HA]}{[A^-]} = 10$ のときは，$[H^+] = 3.0 \times 10^{-10} \times 10 = 3.0 \times 10^{-9}$〔mol/L〕

　　　　よって，pH $= -\log_{10}(3.0 \times 10^{-9}) = 9 - \log_{10}3 \fallingdotseq \underline{8.52}$

問4　フェノールフタレインは次のような構造をもつ。<u>分子型 HA が無色，イオン型 $A^-$ が赤色</u>を示す。

HA（無色）$\underset{H^+}{\overset{OH^-}{\rightleftharpoons}}$ A$^-$（赤色）

（※ 2価の陰イオンだが問題にあわせて $A^-$ としておく。）

**106** ア：$C$　　イ：$C$　　ウ：$-\log_{10}\left(\dfrac{K_w}{C}\right)$

　　エ：$s$　　オ：$C + s$　　カ：$-\log_{10}\left(\dfrac{-C + \sqrt{C^2 + 4K_w}}{2}\right)$

**解説**

$\left|\begin{array}{l} NaOH \longrightarrow Na^+ + OH^- \\ \quad C \qquad\quad C \qquad \underline{C}_{\,\mathcal{P}}\,\text{〔mol/L〕} \\ H_2O \rightleftharpoons H^+ + OH^- \\ \quad 大量 \qquad\quad s \qquad s \text{〔mol/L〕} \end{array}\right.$

$\left|\begin{array}{l} [OH^-] = C + s \\ [H^+] = s \end{array}\right.$

$C \geqq 10^{-6}$ のときは $C \gg s$ としてよいので，$[\mathrm{OH}^-] \fallingdotseq C[\mathrm{mol/L}]$ となり，

→理P.303

$$[\mathrm{H}^+] = \frac{K_\mathrm{w}}{[\mathrm{OH}^-]} = \frac{K_\mathrm{w}}{C} \qquad \text{よって，} \mathrm{pH} = -\log_{10}\left(\frac{K_\mathrm{w}}{C}\right)$$

ウ

$C < 10^{-6}$ のときは

$$(C + s) \times s = K_\mathrm{w} \text{ より，} s^2 + Cs - K_\mathrm{w} = 0$$

オ エ

$s > 0$ なので，$s = \dfrac{-C + \sqrt{C^2 + 4K_\mathrm{w}}}{2}$

$$\text{よって，} \mathrm{pH} = -\log_{10}s = -\log_{10}\left(\frac{-C + \sqrt{C^2 + 4K_\mathrm{w}}}{2}\right)$$

カ

**107** $\dfrac{1}{2}\log_{10}CK_\mathrm{b} - \log_{10}K_\mathrm{w}$

**解説** $[\mathrm{OH}^-] = \sqrt{CK_\mathrm{b}}$ ※1

$K_\mathrm{w} = [\mathrm{H}^+][\mathrm{OH}^-]$ より，

$$[\mathrm{H}^+] = \frac{K_\mathrm{w}}{[\mathrm{OH}^-]} = \frac{K_\mathrm{w}}{\sqrt{CK_\mathrm{b}}}$$

$\mathrm{pH} = -\log_{10}[\mathrm{H}^+]$ より，

$$\mathrm{pH} = -\log_{10}\left(\frac{K_\mathrm{w}}{\sqrt{CK_\mathrm{b}}}\right)$$

$$= \frac{1}{2}\log_{10}CK_\mathrm{b} - \log_{10}K_\mathrm{w}$$

※1

| | $\mathrm{NH_3}$ | $+$ | $\mathrm{H_2O}$ | $\rightleftarrows$ | $\mathrm{NH_4^+}$ | $+$ | $\mathrm{OH^-}$ |
|---|---|---|---|---|---|---|---|
| 電離前 | $C$ | | 大量 | | 0 | | 0 |
| 変化量 | $-C\alpha$ | | $-C\alpha$ | | $+C\alpha$ | | $+C\alpha$ |
| 電離後 | $C(1-\alpha)$ | | 大量 | | $C\alpha$ | | $C\alpha$ |

（単位：mol/L，$\alpha$：電離度）

$$K_\mathrm{b} = \frac{[\mathrm{NH_4^+}][\mathrm{OH^-}]}{[\mathrm{NH_3}]}$$

$$= \frac{C\alpha \cdot C\alpha}{C(1-\alpha)} = \frac{C\alpha^2}{1-\alpha}$$

$\alpha \ll 1$ ならば，$1 - \alpha \fallingdotseq 1$ とできるから，

$$K_\mathrm{b} \fallingdotseq C\alpha^2$$

よって，$\alpha = \sqrt{\dfrac{K_\mathrm{b}}{C}}$

これを $[\mathrm{OH^-}] = C\alpha$ に代入すると，

$$[\mathrm{OH^-}] = \sqrt{CK_\mathrm{b}}$$

**108** $6.7 \times 10^{-3}\,\mathrm{mol/L}$

**解説** 求める硫酸のモル濃度を $C[\mathrm{mol/L}]$ とし，②式の電離度を $\alpha(0 \leqq \alpha \leqq 1)$ とする。

$$\mathrm{H_2SO_4} \longrightarrow \mathrm{HSO_4^-} + \mathrm{H^+}$$

$C$ $C$ $C$ 〔mol/L〕← ①式は完全電離

| | $\mathrm{HSO_4^-}$ | $\rightleftarrows$ | $\mathrm{H^+}$ | $+$ | $\mathrm{SO_4^{2-}}$ | |
|---|---|---|---|---|---|---|
| 電離前 | $C$ | | $C$ | | 0 | 〔mol/L〕 |
| 電離量 | $-C\alpha$ | | $+C\alpha$ | | $+C\alpha$ | 〔mol/L〕 |
| 電離後 | $C(1-\alpha)$ | | $C(1+\alpha)$ | | $C\alpha$ | 〔mol/L〕 |

②式の電離定数を $K_\mathrm{a}$ とすると，代入

$$K_\mathrm{a} = \frac{[\mathrm{H^+}][\mathrm{SO_4^{2-}}]}{[\mathrm{HSO_4^-}]} = \frac{C(1+\alpha) \cdot C\alpha}{C(1-\alpha)} = \frac{C(1+\alpha) \cdot \alpha}{1-\alpha} \quad \cdots③$$

また，$[\mathrm{H^+}] = C(1+\alpha) = 1.0 \times 10^{-2}[\mathrm{mol/L}]$ $\qquad \cdots④$

pH = 2.0なので

③式，④式より， $C(1+\alpha)$

$K_\mathrm{a}$

$$1.0 \times 10^{-2} = \frac{1.0 \times 10^{-2} \times \alpha}{1-\alpha} \qquad \text{よって，} \alpha = 0.50 \quad \cdots⑤$$

④式, ⑤式より,

$$C(1 + 0.50) = 1.0 \times 10^{-2} \qquad よって, \ C \doteqdot \underline{6.7 \times 10^{-3} \, [mol/L]}$$

**109** ア：⑤  イ：②

**解説** 酢酸の電離定数は $K_a = \dfrac{[CH_3COO^-][H^+]}{[CH_3COOH]}$ であり ▶[理]P.301, 変形すると

$$[H^+] = K_a \times \boxed{\dfrac{[CH_3COOH]}{[CH_3COO^-]}} \quad \cdots ⓐ$$

ⓐ式の $\boxed{\phantom{xx}}$ は混合溶液中の $CH_3COO^-$ に対する $CH_3COOH$ の物質量の比率に等しい。

| 中和前 | [mol/L] × [mL] = [mmol] |
|---|---|

$\begin{cases} CH_3COOH & 0.200 \times 50.0 = 10.0 \\ NaOH & 0.100 \times V = 0.100V \end{cases}$

$\Vert$ $CH_3COOH + NaOH \longrightarrow CH_3COONa + H_2O$
が起こる。pH3.5～5.0では，まだ未中和の酢酸が
$\Downarrow$ 残っているので，$V < 100$ である

| 一部中和 | [mmol] |
|---|---|

$\begin{cases} CH_3COOH(残) & 10.0 - 0.100V \\ CH_3COONa & 0.100V \end{cases}$

$CH_3COONa$ が共存していると，$CH_3COOH$ の電離はさらにおさえられているから，反応後の溶液1L中の酢酸と酢酸イオンの物質量の比は， ▶[理]P.311

$$[CH_3COOH] : [CH_3COO^-] \doteqdot (10.0 - 0.100V) : 0.100V \ と表せる。$$

ⓐ式より，

$$[H^+] = K_a \times \frac{10.0 - 0.100V}{0.100V} = K_a \times \frac{\underset{イ}{\underline{\underset{}{100 - V}}}}{\underset{}{V}}{}^{ア}$$

**110** 問1 $NH_4^+ \rightleftharpoons NH_3 + H^+$（もしくは $NH_4^+ + H_2O \rightleftharpoons NH_3 + H_3O^+$）
問2 ⓑ  問3 ⓒ

**解説** 問1, 2 $\begin{cases} NH_4Cl \longrightarrow NH_4^+ + Cl^- & （電離） \\ \underline{NH_4^+ \rightleftharpoons NH_3 + H^+}^{問1} & （加水分解） \\ C(1-\alpha) \quad C\alpha \quad C\alpha \\ C \quad \left(\begin{array}{l} NH_4Cl のモル濃度を C [mol/L]，\\ 加水分解度を \alpha とする。 \end{array}\right) \end{cases}$

$NH_4^+$ の加水分解定数を $K_h$ とすると， [理]P.311

$$K_h = \frac{[NH_3][H^+]}{[NH_4^+]} = \frac{[NH_3][H^+][OH^-]}{[NH_4^+][OH^-]} = \frac{K_w}{K_b} = \frac{1.0 \times 10^{-14}}{4.0 \times 10^{-5}} = \frac{1}{4} \times 10^{-9}$$

$$[H^+] \doteqdot \sqrt{CK_h} = \sqrt{0.10 \times \frac{1}{4} \times 10^{-9}} = \frac{1}{2} \times 10^{-5}$$

よって，$pH = 5 + \log_{10}2 = \underline{5.3}^{問2}$

問3 ⓒ以外は弱酸とその塩，もしくは弱塩基とその塩の水溶液であり，緩衝作用をもつ。ⓒに少量の塩酸を加えると，$HSO_4^-$ や $SO_4^{2-}$ は塩酸中の $H_3O^+$ から $H^+$ を受け取りにくいため，添加した HCl のぶんだけ水素イオン濃度が増加する。そこで，ⓒは緩衝作用をもたない。

**111** 問1 $C = \left(1 + K + \dfrac{KK_{a1}}{[H^+]} + \dfrac{KK_{a1}K_{a2}}{[H^+]^2}\right)[CO_2]$ 〔mol/L〕

問2 $[HCO_3^-] > [CO_2] > [CO_3^{2-}] > [H_2CO_3]$

**解説** 問1

$K = \dfrac{[H_2CO_3]}{[CO_2]}$ ……(Ⅳ)

$K_{a1} = \dfrac{[HCO_3^-][H^+]}{[H_2CO_3]}$ ……(1)

$K_{a2} = \dfrac{[CO_3^{2-}][H^+]}{[HCO_3^-]}$ ……(2)

$C = [CO_2] + [H_2CO_3] + [HCO_3^-] + [CO_3^{2-}]$ ……(3)

(Ⅳ)式より，$[H_2CO_3] = K[CO_2]$ ……(4)

(4)式を(1)式に代入して整理する。

$[HCO_3^-] = \dfrac{KK_{a1}[CO_2]}{[H^+]}$ ……(5)

残す項を考えて整理する

(5)式を(2)式に代入して整理する。

$[CO_3^{2-}] = \dfrac{KK_{a1}K_{a2}[CO_2]}{[H^+]^2}$ ……(6)

(4)式，(5)式，(6)式を(3)式に代入して整理する。

$C = \left(1 + K + \dfrac{KK_{a1}}{[H^+]} + \dfrac{KK_{a1}K_{a2}}{[H^+]^2}\right)[CO_2]$

問2 $[CO_2] : [H_2CO_3] : [HCO_3^-] : [CO_3^{2-}]$

$= [CO_2] : K[CO_2] : \dfrac{KK_{a1}[CO_2]}{[H^+]} : \dfrac{KK_{a1}K_{a2}[CO_2]}{[H^+]^2}$

$= 1 : K : \dfrac{KK_{a1}}{[H^+]} : \dfrac{KK_{a1}K_{a2}}{[H^+]^2}$

pH = 8，すなわち，$[H^+] = 10^{-8}$〔mol/L〕を他の数値とともに代入する

$= 1 : 4.0 \times 10^{-3} : \dfrac{4.0 \times 10^{-3} \times 1.5 \times 10^{-4}}{10^{-8}} : \dfrac{4.0 \times 10^{-3} \times 1.5 \times 10^{-4} \times 5.0 \times 10^{-11}}{(10^{-8})^2}$

$= 1 : 4.0 \times 10^{-3} : 60 : 0.30$

よって，$[HCO_3^-] > [CO_2] > [CO_3^{2-}] > [H_2CO_3]$

**112** ア：共通イオン　イ：$[Ba^{2+}][CrO_4^{2-}]$　溶解度：$2.4 \times 10^{-9}$ mol/L

**解説** 0.050mol/Lの$K_2CrO_4$水溶液は$[CrO_4^{2-}] = 0.050$〔mol/L〕である。求める値を$x$〔mol/L〕とすると，1Lあたり$x$〔mol〕の$BaCrO_4$が溶解できるので，溶液中のイオン濃度は$[Ba^{2+}] = x$，$[CrO_4^{2-}] = 0.050 + x$ と表せる。共通イオン効果によって$BaCrO_4$の溶解度は非常に小さいので $x \ll 0.050$ であり，$[CrO_4^{2-}] = 0.050 + x \fallingdotseq 0.050$ と近似できる。$[Ba^{2+}][CrO_4^{2-}] = K_{sp}$ の式に代入すると，

$x \times 0.050 = 1.2 \times 10^{-10}$　　よって，$x = 2.4 \times 10^{-9}$〔mol/L〕

**113** 問1 $2CrO_4^{2-} + 2H^+ \longrightarrow Cr_2O_7^{2-} + H_2O$

問2 $+6$

問3 $2Ag^+ + 2OH^- \longrightarrow Ag_2O + H_2O$

問4 $Ag_2O + 4NH_3 + H_2O \longrightarrow 2[Ag(NH_3)_2]^+ + 2OH^-$

問5 $2Ag^+ + CrO_4^{2-} \longrightarrow Ag_2CrO_4$

問6 $4.0 \times 10^{-12}(mol/L)^3$

問7 (1) $1.2 \times 10^{-4}\,mol/L$ (2) 85%

**解説** 〔I〕 問1 $2CrO_4^{2-}$(黄色)$+ 2H^+ \rightleftharpoons Cr_2O_7^{2-}$(橙赤色)$+ H_2O$ …①

酸性にすると$[H^+]$㊜ $\rightarrow$ ①の平衡は右へ $\rightarrow$ $Cr_2O_7^{2-}$㊜   ➔無 P.97

〔II〕 問3 $Ag^+$を含む水溶液に$OH^-$を加えると，褐色の沈殿$Ag_2O$が生じる。

問4 $Ag_2O$に過剰の$NH_3$水を加えると$[Ag(NH_3)_2]^+$の錯イオンを形成して溶解する。

〔III〕 $2AgNO_3 + K_2CrO_4 \longrightarrow Ag_2CrO_4\downarrow$(暗赤色)$+ 2KNO_3$

$AgNO_3 + NaCl \longrightarrow AgCl\downarrow$(白色)$+ NaNO_3$

問6 両対数のグラフ（図1）より（○）の破線を読みとると，

$[CrO_4^{2-}] = 1.0 \times 10^{-4}(mol/L)$, $[Ag^+] = 2.0 \times 10^{-4}(mol/L)$ なので，

$K_{sp} = [Ag^+]^2[CrO_4^{2-}] = (2.0 \times 10^{-4})^2[(mol/L)^2] \times 1.0 \times 10^{-4}(mol/L)$

$\quad = 4.0 \times 10^{-12}[(mol/L)^3]$

問7 (1) 同様に（●）の破線を読みとると，$[Cl^-] = 3.0 \times 10^{-5}(mol/L)$, $[Ag^+] = 6.0 \times 10^{-6}$

$(mol/L)$ なので，

$K_{sp} = [Ag^+][Cl^-] = 6.0 \times 10^{-6}(mol/L) \times 3.0 \times 10^{-5}(mol/L)$

$\quad = 1.8 \times 10^{-10}[(mol/L)^2]$

混合前の$NaCl$水溶液の濃度を$x(mol/L)$とおくと，混合後のそれぞれの濃度は次のようになる。

$NaCl \longrightarrow Na^+ + Cl^-$

$\dfrac{x}{2} \qquad \dfrac{x}{2} \qquad \dfrac{x}{2}(mol/L)$

$K_2CrO_4 \longrightarrow 2K^+ + CrO_4^{2-}$

$1.0 \times 10^{-2} \qquad 2.0 \times 10^{-2} \qquad 1.0 \times 10^{-2}(mol/L)$

$K_{sp} = [Ag^+][Cl^-]$ より，

$1.8 \times 10^{-10} = 3.0 \times 10^{-6} \times \dfrac{x}{2}$
$\quad [(mol/L)^2] \qquad (mol/L) \qquad (mol/L)$

よって，$x = 1.2 \times 10^{-4}(mol/L)$

$\left([Cl^-] = \dfrac{x}{2} = \dfrac{1.2 \times 10^{-4}}{2} = 6.0 \times 10^{-5}(mol/L)\right)$

はじめ（混合後）   …（※）

$AgNO_3$

$3.0 \times 10^{-6}\,mol/L$ で沈殿しはじめる

$Cl^-$ $Cl^-$ $Ag^+$ (Cl) $\dfrac{x}{2}(mol/L)$ $Cl^-$ $Cl^-$

$AgCl$（白）

体積が2倍になるので濃度は$\dfrac{1}{2}$倍となる

(2)　まず$Ag_2CrO_4$の暗赤色沈殿が生じはじめる
　　ときの$[Ag^+]$を求める。

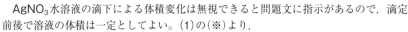

　　　　$K_{sp} = [Ag^+]^2[CrO_4^{2-}]$ より，

　　　　　$\underset{((mol/L)^3)}{4.0 \times 10^{-12}} = [Ag^+]^2 \times \underset{(mol/L)}{1.0 \times 10^{-2}}$

　　　　よって，$[Ag^+] = 2.0 \times 10^{-5}$〔mol/L〕

　　　　このとき溶液中に残っている$Cl^-$の濃度は，

　　　　$K_{sp} = [Ag^+][Cl^-]$ より，

　　　　　$\underset{((mol/L)^2)}{1.8 \times 10^{-10}} = \underset{(mol/L)}{2.0 \times 10^{-5}} \times [Cl^-]$

　　　　よって，$[Cl^-] = 9.0 \times 10^{-6}$〔mol/L〕

　　$AgNO_3$水溶液の滴下による体積変化は無視できると問題文に指示があるので，滴定
前後で溶液の体積は一定としてよい。(1)の(※)より，

$$\frac{[Cl^-] \text{沈殿}}{[Cl^-] \text{はじめ}} \times 100 = \frac{\overset{\text{はじめ}}{6.0 \times 10^{-5}} - \overset{\text{溶液中に残っている}}{9.0 \times 10^{-6}}}{\underset{\text{はじめ}}{6.0 \times 10^{-5}}} \times 100 = \underline{85〔\%〕}$$

## 13 イオン分析・気体の製法と性質

**114** 問1 （ⅰ）③，④，⑥ （ⅱ）①，⑤ （ⅲ）②
問2 $SO_3$ 化学反応式：$SO_3 + H_2O \longrightarrow H_2SO_4$
問3 $MgO$ 化学反応式：$MgO + 2HCl \longrightarrow MgCl_2 + H_2O$
問4 ア：3 イ：1 ウ：2 問5 A：$Fe_3O_4$ B：$Fe_2O_3$ C：$Fe_2O_3$

**解説** 問1 一般に金属元素の酸化物は塩基性酸化物，非金属元素の酸化物は酸性酸化物である。 ➡ 無 P.33, 35 ただし，Al，Zn，Sn，Pb ➡ 無 P.83, 134 などの金属酸化物は，酸や $NaOH$ などの強塩基と反応するので両性酸化物という。

問2 ③ $SO_3$ は水と反応して $H_2SO_4$（2価の強酸）を生じる。
④ $P_4O_{10}$ に水を加えて加熱すると $H_3PO_4$ が生じるが，$H_3PO_4$ は3価の弱酸である。
⑥ $SiO_2$ は塩基と反応するので酸性酸化物に分類される。ただし，水には溶けない。

➡ 無 P.27, 35

問3 ①の $MgO$ は水に溶けにくいが，塩酸に溶解し，塩化マグネシウムが生じる。
⑤の $Na_2O$ は水と反応し，$NaOH$ が生じるので該当しない。

$$Na_2O + H_2O \longrightarrow 2NaOH$$ ➡ 無 P.32

問4,5 Aは磁鉄鉱などの主成分である四酸化三鉄 $\underset{A}{Fe_3O_4}(= \overset{Ⅱ}{Fe}O \cdot \overset{Ⅲ}{Fe_2}O_3)$ で，

$Fe^{2+} : Fe^{3+} : O^{2-} = \underset{ア}{1} : \underset{イ}{2} : \underset{ウ}{4}$ の組成をもつ。 ➡ 無 P.142, 143

BとCは，Aに対し同じ割合で質量が変化することから，同じ組成式で表されるので，$\underset{B, C}{Fe_2O_3}$ と考えられる。

$$4Fe_3O_4 + O_2 \longrightarrow 6Fe_2O_3$$

同じ $Fe_2O_3$ でも，赤褐色のBと黒褐色のCは結晶構造が異なり，前者を $\alpha$ 態，後者を $\gamma$ 態という。$\alpha$ 態は赤鉄鉱の主成分であり，$\gamma$ 態は強磁性である。

**115** ア：Na イ：Mg ウ：Al エ：Pb オ：Ag カ：Cu キ：Fe

**解説** 一般にアルカリ金属 ➡ 無 P.117，2族 ➡ 無 P.127，Al ➡ 無 P.134 の単体は，密度が小さく軽金属とよばれる。これら以外の金属は密度が大きく，重金属という。
ア：冷水と反応して $H_2$ が発生するのは Na である。

$$2Na + 2H_2O \longrightarrow H_2 + 2NaOH$$

イ：冷水とは反応せず，熱水と反応するのは Mg である。

$$Mg + 2H_2O \longrightarrow H_2 + Mg(OH)_2$$

ウ：軽金属で濃硝酸には不動態を形成して溶けないのは Al である。
エ：両性元素であり，$NaOH$ 水溶液にも濃硝酸にも溶けるのは Pb である。 ➡ 無 P.83
オ：Ag は金属の単体のうち，電気や熱の伝導性が最大である。 ➡ 無 P.148
カ：赤味を帯びた金属なので Cu である。
キ：Fe は重金属であり ➡ 無 P.142，濃硝酸には不動態を形成して溶けない。

**116** 問1　A：1　E：2
　　　問2　C：$CaCO_3$　D：CaO　G：MgO
　　　問3　B→C：一酸化炭素　　C→D：二酸化炭素

**解説**　問1　Aを$CaC_2O_4 \cdot x H_2O$，Eを$MgC_2O_4 \cdot y H_2O$とする。100℃から250℃の間は$H_2O$の脱離が起こったので，Bは$CaC_2O_4$，Fは$MgC_2O_4$となる。よって質量の変化と式量の変化が一致するので，

$$\frac{CaC_2O_4}{CaC_2O_4 \cdot x H_2O} = \frac{0.88〔g〕}{1.00〔g〕} = \frac{128}{128 + 18x} \quad \cdots(1)$$

（↑式量の比）

$$\frac{MgC_2O_4}{MgC_2O_4 \cdot y H_2O} = \frac{0.76〔g〕}{1.00〔g〕} = \frac{112}{112 + 18y} \quad \cdots(2)$$

(1)式より $x ≒ 1$，
(2)式より $y ≒ 2$

問2, 3　B→C→D の質量変化より，

$$\begin{cases} Cの式量 = 128 \times \dfrac{0.68}{0.88} ≒ 99 \\[2mm] Dの式量 = 128 \times \dfrac{0.38}{0.88} ≒ 55 \end{cases}$$

（Bの式量）

$CaCO_3$の式量＝100，CaOの式量＝56 なので，計算結果とほぼ一致する。よって，

$$\begin{cases} CaC_2O_4 \longrightarrow \underset{C}{CaCO_3} + \underset{問3}{CO\uparrow} \\[2mm] CaCO_3 \longrightarrow \underset{D}{CaO} + \underset{問3}{CO_2\uparrow} \end{cases} \quad が起こったと判断できる。$$

F→Gの質量変化より，

$$Gの式量 = 112 \times \frac{0.27}{0.76} ≒ 40$$

（Fの式量）

MgOの式量＝40 に一致する。よって，

$$MgC_2O_4 \longrightarrow \underset{G}{MgO} + CO\uparrow + CO_2\uparrow \quad が起こったと判断できる。$$

**117** 問1　(a) ○　(b) ×　(c) ○　(d) ×　(e) ○
　　　問2　(a) ×　(b) ○　(c) ○　(d) ×　(e) ×

**解説**　問1, 2　代表的な金属イオンと塩基の反応を示す。

| | NaOH水溶液 | | アンモニア水 | |
|---|---|---|---|---|
| | 少量 | 過剰 | 少量 | 過剰 |
| $Ag^+$ | $Ag_2O\downarrow$暗褐色 | $Ag_2O\downarrow$ | $Ag_2O\downarrow$ | $[Ag(NH_3)_2]^+$ |
| (a) $Al^{3+}$ | $Al(OH)_3\downarrow$白色 | $[Al(OH)_4]^-$ | $Al(OH)_3\downarrow$ | $Al(OH)_3\downarrow$ |
| (b) $Cu^{2+}$青色 | $Cu(OH)_2\downarrow$青白色 | $Cu(OH)_2\downarrow$ | $Cu(OH)_2\downarrow$ | $[Cu(NH_3)_4]^{2+}$深青色 |
| (c) $Zn^{2+}$ | $Zn(OH)_2\downarrow$白色 | $[Zn(OH)_4]^{2-}$ | $Zn(OH)_2\downarrow$ | $[Zn(NH_3)_4]^{2+}$ |
| (d) $Fe^{3+}$黄褐色 | $Fe(OH)_3\downarrow$赤褐色 | $Fe(OH)_3\downarrow$ | $Fe(OH)_3\downarrow$ | $Fe(OH)_3\downarrow$ |
| (e) $Pb^{2+}$ | $Pb(OH)_2\downarrow$白色 | $[Pb(OH)_4]^{2-}$ | $Pb(OH)_2\downarrow$ | $Pb(OH)_2\downarrow$ |

**118** 問1　A：$Pb^{2+}$　　B：$Al^{3+}$　　C：$Fe^{2+}$　　D：$Zn^{2+}$　　E：$Ba^{2+}$

　　　問2　(1) $Al^{3+} + 3OH^- \longrightarrow Al(OH)_3$

　　　　　　(2) $Al(OH)_3 + OH^- \longrightarrow [Al(OH)_4]^-$

　　　問3　$Pb^{2+} + CrO_4^{2-} \longrightarrow PbCrO_4$　　問4　$Zn^{2+}$, ⓒ

**解説**　問1　実験1　$SO_4^{2-}$と沈殿をつくるのは$Ba^{2+}$と$Pb^{2+}$なので，AとEは$Ba^{2+}$か$Pb^{2+}$のいずれかである。→無P.76

　　実験2　$NH_3$と錯イオンをつくるのは$Zn^{2+}$なので，<u>D＝$Zn^{2+}$</u>である。また実験1と合わせて考えると，塩基性で沈殿をつくる<u>A＝$Pb^{2+}$</u>であり，<u>E＝$Ba^{2+}$</u>と決まる。

　　実験3　A，B，Dは$OH^-$と錯イオンをつくる。よって<u>B＝$Al^{3+}$</u>である。

　　実験4　$PbCl_2$の沈殿が生じる。→無P.76

　　実験5　Baは炎色反応（黄緑色）を示す。→無P.90

　　　以上より，最後に残った<u>C＝$Fe^{2+}$</u>である。

　問3　$PbCrO_4$の黄色沈殿が生じる。→無P.77

　問4　<u>$[Zn(NH_3)_4]^{2+}$</u>は<u>正四面体形</u>の錯イオンである。→無P.80

**119**　a：非共有　　b：錯イオン　　c：4　　d：$[Cu(NH_3)_4]^{2+}$

　　ア：$1.7 \times 10^{-5}$　　イ：$6.9 \times 10^{-2}$

**解説**　a～d：間違えた人は，復習しておくこと。→無P.80〜83

ア：飽和水溶液1LあたりAgClが$x$〔mol〕溶けているとすると，

　　　$[Ag^+] = [Cl^-] = x$　なので，(3)式より，→理P.316〜319

　　　$x^2 = 2.8 \times 10^{-10}$

　　　よって，$x = \sqrt{2.8} \times 10^{-5} \fallingdotseq \underline{1.7 \times 10^{-5}}$

イ：$1.0\,mol/L$の$NH_3$水1LあたりAgClが$y$〔mol〕溶けているとする。AgCl由来の$Ag^+$は，$Ag^+$あるいは$[Ag(NH_3)_2]^+$として溶液中に存在するから，

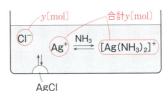

$$\begin{cases} y = [Ag^+] + [[Ag(NH_3)_2]^+] & \cdots① \\ y = [Cl^-] & \cdots② \end{cases}$$

(5)式より，$\dfrac{[[Ag(NH_3)_2]^+]}{[Ag^+] \times (1.0)^2} = 1.7 \times 10^7 \,[(mol/L)^{-2}]$

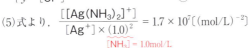
　　　　　　　　　$[NH_3] = 1.0mol/L$

よって，$[[Ag(NH_3)_2]^+] = 1.7 \times 10^7 [Ag^+]$　　$\cdots③$

③式を①式に代入すると，

　　　$y = [Ag^+] + 1.7 \times 10^7 [Ag^+] = (1 + 1.7 \times 10^7)[Ag^+] \fallingdotseq 1.7 \times 10^7 [Ag^+]$
　　　　　　　　　　　　　　　　　　　　　　無視してよい

よって，$[Ag^+] = \dfrac{y}{1.7 \times 10^7}$　　$\cdots④$

②式，④式を(3)式に代入すると，

　　　$\dfrac{y}{1.7 \times 10^7} \times y = 2.8 \times 10^{-10}$

よって，$y = \sqrt{2.8 \times 10^{-10} \times 1.7 \times 10^7} = \sqrt{2.8} \times 10^{-5} \times \sqrt{17} \times 10^3 \fallingdotseq \underline{6.9 \times 10^{-2}}$

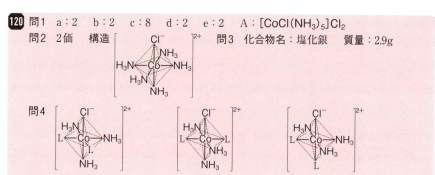

**120** 問1　a：2　b：2　c：8　d：2　e：2　A：[CoCl(NH₃)₅]Cl₂

問2　2価　構造
$$\left[\begin{array}{c} \text{Cl}^- \\ \text{NH}_3 \\ \text{H}_3\text{N}-\text{Co}-\text{NH}_3 \\ \text{H}_3\text{N} \\ \text{NH}_3 \end{array}\right]^{2+}$$
　　問3　化合物名：塩化銀　質量：2.9g

問4
$$\left[\cdots\right]^{2+}\quad\left[\cdots\right]^{2+}\quad\left[\cdots\right]^{2+}$$

**解説**　塩化物イオンCl⁻は非共有電子対をもち，配位子になりうる。→無P.80　Co 1つに対してNH₃ 5分子とCl⁻ 3つの組成で化合物をつくっていて，Coの配位数が6であることから，3つのCl⁻のうち，1つが配位子，残り2つが2価の正電荷をもつ錯イオンとイオン結合を形成しているとわかる。

問1　NH₃＋NH₄Cl水溶液中で，$Co^{2+}$にNH₃やCl⁻と配位結合させ，H₂O₂によって，錯イオンの中心の$Co^{2+}$を$Co^{3+}$へと酸化している。

$$\begin{cases} \text{酸化剤　} H_2O_2 + 2H^+ + 2e^- \longrightarrow 2H_2O & \cdots(1) \\ \text{還元剤　} Co^{2+} \longrightarrow Co^{3+} + e^- & \cdots(2) \end{cases}$$

(1)式＋(2)式×2より，e⁻を消去する。

$$2Co^{2+} + 2H^+ + H_2O_2 \longrightarrow 2Co^{3+} + 2H_2O$$

両辺に10NH₃，6Cl⁻を加えて整理する。

$$2CoCl_2 + 2HCl + 10NH_3 + H_2O_2 \longrightarrow 2[CoCl(NH_3)_5]Cl_2 + 2H_2O$$

⇓　2HCl + 2NH₃ → 2NH₄Cl　とする

$$2CoCl_2 + 2NH_4Cl + 8NH_3 + H_2O_2 \longrightarrow 2[CoCl(NH_3)_5]Cl_2 + 2H_2O$$
　a　　　　 b　　　　 c　　　　　　　　　 d　　　　　　 A　 e

問2　$Co^{3+}$にNH₃ 5分子とCl⁻ 1つが配位結合しているので，2価である（$[CoCl(NH_3)_5]^{2+}$）。

八面体の中心にCoを配置し，どれか1つの頂点にCl⁻をおけば，残り5つの頂点がNH₃の位置となる。

問3　Aの式量は $58.9 + 17.0 \times 5 + 35.5 \times 3 = 250.4$ となる。Aを水に溶かすと，

$$[CoCl(NH_3)_5]Cl_2 \xrightarrow{\text{水}} [CoCl(NH_3)_5]^{2+} + 2Cl^-$$

と電離する。このとき生じたCl⁻がAg⁺を加えるとAgClとして沈殿する。

$$\underbrace{\frac{2.5\,[\text{g}]}{250.4\,[\text{g/mol}]}}_{\text{mol(A)}} \times 2 \times \underbrace{143.4\,[\text{g/mol}]}_{\text{mol(AgCl)}} \fallingdotseq \underbrace{2.9\,[\text{g}]}_{\text{g(AgCl)}}$$

問4　$[CoCl(NH_3)_3L_2]^{2+}$の配位子の位置は，次のように1個のCl⁻および2個のLの位置を先に決めれば，八面体の残り3つの頂点がNH₃の入る場所になる。

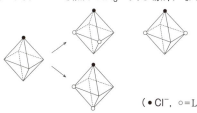

（●Cl⁻，○＝L）

**121** 問1　AgCl　　問2　$1.41 \times 10^{-1}$g

問3　色：黒　　化学反応式：$2AgCl \longrightarrow 2Ag + Cl_2$

問4　$AgCl + 2Na_2S_2O_3 \longrightarrow Na_3[Ag(S_2O_3)_2] + NaCl$

問5　鉄(Ⅲ)イオンがチオシアン酸イオンと錯イオンを形成したから。

**解説**　問1　試料水に含まれる$Cl^-$が加えた$Ag^+$と反応し，<u>$AgCl$</u>の沈殿が生じた。➡無P.76

問3　$AgCl$は感光性があるため，光を当てると$Ag$が生じ<u>黒</u>くなる。➡無P.96

問4　$Ag^+$はチオ硫酸イオン$S_2O_3{}^{2-}$と錯イオンを形成する。➡無P.83, 別冊P.29 **121**

$\qquad Ag^+ + 2S_2O_3{}^{2-} \longrightarrow [Ag(S_2O_3)_2]^{3-}$

化学反応式に直す場合は，両辺に$Na^+$4個，$Cl^-$1個を足して整理する。

問2,5　$Cl^-$に十分量の$Ag^+$を加えて$AgCl$として沈殿させ，ろ過している。

$Fe^{3+}$を指示薬とし，ろ液中に残った$Ag^+$に$SCN^-$を加えると，

$\qquad Ag^+ + SCN^- \longrightarrow AgSCN\downarrow$

の当量点をわずかに過ぎると，$[Fe(SCN)]^{2+}$の錯イオンが生じ血赤色を呈する。➡無P.92

この実験での物質量の関係は，$Ag^+$に注目すると次式が成立しているとしてよい。

$\qquad n(全Ag^+) = n(AgCl) + n(AgSCN)$

$\qquad\qquad\qquad = n(試料水中のCl^-) + n(滴下したKSCN)$

$AgCl$の式量は143.5，

$\qquad n(AgCl) = n(全Ag^+) - n(滴下したKSCN)$　なので，

$\left(0.100 \times \dfrac{15.00}{1000} - 0.100 \times \dfrac{5.20}{1000}\right) \times 143.5 [g/mol] \fallingdotseq \underline{1.41 \times 10^{-1} [g]}$

（下注：$mol(全Ag^+)$　$mol(SCN^-)$　$mol(AgCl)$　$g(AgCl)$）

全$Ag^+$　$Cl^-$　$SCN^-$　$AgCl\downarrow$　$AgSCN\downarrow$

---

**122** 問1　㋒　　問2　㋑　　問3　㋒　　問4　㋑　　問5　㋒　　問6　㋐　　問7　㋓

問8　㋑

**解説**　問1　$Ca^{2+}$はアンモニア塩基性では沈殿しにくいが，他のイオンは水酸化物が沈殿する。$Zn^{2+}$，$Cu^{2+}$，$Ni^{2+}$はアンモニア分子の濃度が大きい溶液中では錯イオンを形成するので，水酸化物の沈殿が再溶解する。➡無P.74, 83

問2　$SO_4{}^{2-}$と沈殿を生じるイオンは，$Pb^{2+}$である。➡無P.76

問3

$\qquad Ag^+ \xrightarrow[\text{➡無P.74}]{\text{塩基性}} Ag_2O\downarrow$

$\qquad\qquad Ag_2O\downarrow \xrightarrow[\text{十分}]{NH_3} [Ag(NH_3)_2]^+$　➡無P.93

$\qquad\qquad\qquad\quad\; \xrightarrow[\text{十分}]{NaOH} Ag_2O\downarrow$（暗褐色）

問4　$Cl^-$と沈殿を生じるイオンは$Ag^+$である。➡無P.76, 93

問5　$S^{2-}$と中性・塩基性でのみ沈殿を生じるイオンは$Fe^{2+}$である。➡無P.75

問6　$Ag^+ \xrightarrow{H_2S} Ag_2S\downarrow$（黒）$\xrightarrow[\text{十分}]{KCN} [Ag(CN)_2]^-$　➡無P.83

問7　$Ba^{2+}$は$OH^-$とは沈殿しにくいが，$SO_4{}^{2-}$とは沈殿をつくる。

<u>$Ba(OH)_2$は強塩基</u>

問8　$Ag^+$と白色の沈殿を生じるのは$Cl^-$である。➡無P.96, 97

**123** ア：②　　イ：⑤　　ウ：⑧　　（ア～ウは順不同）

**解説**　解答群に与えられた金属イオンを次のように6つのグループに整理する。→ 無P.94

| グループ | 操作 | 起こる現象 | 対応する金属イオン |
|---|---|---|---|
| (1) | ( i ) | $Cl^-$ と沈殿 | $Ag^+$, $Pb^{2+}$ |
| (2) | ( ii ) | $S^{2-}$（酸性下）と沈殿 | $Cu^{2+}$ ← CuSは黒色 |
| (3) | ( iii ) | $OH^-$（アンモニア塩基性）と沈殿 | $Al^{3+}$, $Fe^{3+}$ ← $Al(OH)_3$は白色 |
| (4) | ( iv ) | $S^{2-}$（塩基性下）と沈殿 | $Mn^{2+}$, $Zn^{2+}$ ← MnSは淡赤色 |
| (5) | ( vi ) | $CO_3{}^{2-}$ と沈殿 | $Ca^{2+}$, $Ba^{2+}$ ← 炎色反応は黄緑色 |
| (6) | ( viii ) | 上記の操作で沈殿しない | $Na^+$ |

沈殿や炎色反応の色の情報から，沈殿B＝CuS，沈殿D＝$Al(OH)_3$，沈殿F＝MnS，沈殿I＝$BaCO_3$ とわかる。

**124** 問1　A：$AgCl$，白色　　　　B：$PbCrO_4$，黄色　　　C：$CuS$，黒色
　　　　D：$Fe(OH)_3$，赤褐色　　E：$ZnS$，白色　　　　F：$CaCO_3$，白色
　　　問2　$AgCl + 2NH_3 \longrightarrow [Ag(NH_3)_2]Cl$
　　　問3　$Fe^{3+}$は②の操作で$H_2S$によって$Fe^{2+}$に還元されているので，$Fe^{2+}$を酸化して，$OH^-$とより沈殿しやすい$Fe^{3+}$に戻す。
　　　問4　$2 \times 10^{-12}$mol/L　　問5　5.0

**解説**　問1～3

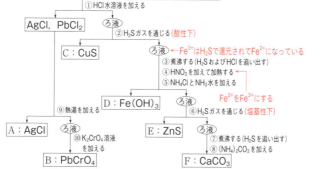

問4　$ZnS \rightleftharpoons Zn^{2+} + S^{2-}$ の溶解平衡時は $[Zn^{2+}][S^{2-}] = 2 \times 10^{-18}\,[(mol/L)^2]$ が成立するので，→ 理P.316

$$[S^{2-}] = \frac{2 \times 10^{-18}}{[Zn^{2+}]} \quad \cdots (1)$$

99.9%以上の$Zn^{2+}$が沈殿したときに溶液に残った$Zn^{2+}$の濃度は，

$$[Zn^{2+}] \leqq 1 \times 10^{-3} \times \left( \frac{100 - 99.9}{100} \right) = 1 \times 10^{-6}\,[mol/L] \quad \cdots (2)$$

(1)式，(2)式より，

$$[S^{2-}] = \frac{2 \times 10^{-18}}{[Zn^{2+}]} \geqq \frac{2 \times 10^{-18}}{1 \times 10^{-6}} = \underline{2 \times 10^{-12}\,[mol/L]}$$

問5 $K_1 \times K_2 = \dfrac{[\text{HS}^-][\text{H}^+]}{[\text{H}_2\text{S}]} \times \dfrac{[\text{S}^{2-}][\text{H}^+]}{[\text{HS}^-]} = \dfrac{[\text{H}^+]^2[\text{S}^{2-}]}{[\text{H}_2\text{S}]}$

よって，$[\text{H}^+] = \sqrt{\dfrac{K_1 K_2 [\text{H}_2\text{S}]}{[\text{S}^{2-}]}} \leqq \sqrt{\dfrac{1 \times 10^{-7} \times 2 \times 10^{-14} \times 0.1}{2 \times 10^{-12}}} = 1 \times 10^{-5}$

したがって，$\text{pH} = -\log_{10}[\text{H}^+] \geqq \underline{5.0}$

**125** 問1 $\text{F}^-$，$\text{SiO}_2 + 6\text{HF} \longrightarrow \text{H}_2\text{SiF}_6 + 2\text{H}_2\text{O}$

問2 $\text{CO}_3{}^{2-}$，$\text{CO}_3{}^{2-} + 2\text{H}^+ \longrightarrow \text{CO}_2 + \text{H}_2\text{O}$

問3 $\text{C}_2\text{O}_4{}^{2-}$，0.4mol

問4 $\text{I}^-$，$2\text{I}^- + \text{Br}_2 \longrightarrow \text{I}_2 + 2\text{Br}^-$

① 塩素を通じた後，デンプンを加えると青紫色に変化する。

② 硝酸銀水溶液を加えると，黄色沈殿が生じる。

**解説**

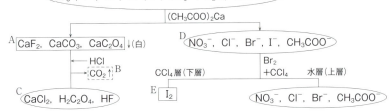

問1 フッ化カルシウムを濃硫酸に加えて加熱すると，フッ化水素が生じる。→無 P.106

$\text{CaF}_2 + \text{H}_2\text{SO}_4 \longrightarrow 2\text{HF}\uparrow + \text{CaSO}_4$

フッ化水素の水溶液，すなわち，フッ化水素酸は二酸化ケイ素を溶かす。→無 P.184

$\text{SiO}_2 + 6\text{HF} \longrightarrow \text{H}_2\text{SiF}_6 + 2\text{H}_2\text{O}$

問2 炭酸カルシウムに塩酸を加えると，弱酸遊離反応により二酸化炭素 $\text{CO}_2$ が発生する。

→無 P.106

問3 シュウ酸イオン $\underline{\text{C}_2\text{O}_4{}^{2-}}$ は $\text{MnO}_4{}^-$ に酸化されるため，$\text{MnO}_4{}^-$ の赤紫色が消失する。

$\left|\begin{array}{l}\text{還元剤}\quad \text{C}_2\text{O}_4{}^{2-} \longrightarrow 2\text{CO}_2 + 2\text{e}^- \qquad\qquad \cdots(1)\\ \text{酸化剤}\quad \text{MnO}_4{}^- + 5\text{e}^- + 8\text{H}^+ \longrightarrow \text{Mn}^{2+} + 4\text{H}_2\text{O}\ \cdots(2)\end{array}\right.$

$(1)$式$\times 5 + (2)$式$\times 2$ より，

$5\text{C}_2\text{O}_4{}^{2-} + 2\text{MnO}_4{}^- + 16\text{H}^+ \longrightarrow 10\text{CO}_2 + 2\text{Mn}^{2+} + 8\text{H}_2\text{O}$

$\text{C}_2\text{O}_4{}^{2-}$ 5mol に対し，$\text{MnO}_4{}^-$ 2mol が反応する。すなわち，$\text{C}_2\text{O}_4{}^{2-}$ 1mol に対し，

$\dfrac{2}{5} = \underline{0.4}\,[\text{mol}]$ が反応する。

問4 酸化力の強さは $\text{Cl}_2 > \text{Br}_2 > \text{I}_2$ なので，$\underline{\text{I}^-}$ が $\text{Br}_2$ に酸化される。→無 別冊 P.15 ⓭

$\underline{2\text{I}^- + \text{Br}_2 \longrightarrow \text{I}_2 + 2\text{Br}^-}$ （$\text{CCl}_4$ は溶媒である。→理 P.242)

$\text{I}_2$ を検出する方法としては次のようなものがある。

① $2\text{I}^- \xrightarrow{\text{Cl}_2} \text{I}_2 \xrightarrow{\text{デンプン}}$ 青紫色 →無 P.111

② $\text{I}^- \xrightarrow{\text{Ag}^+} \text{AgI}\downarrow$ （黄色）→無 P.93

**126** 問1 （ア）$NO_2$, ④　（イ）$NH_3$, ③　（ウ）$Cl_2$, ①　（エ）$H_2S$, ⑤
（オ）$HCl$, ②
　問2 図1：（イ）　図2：（ア），（エ）
　問3 表面に酸化被膜を形成し，溶けない。

**解説** 問1 （ア）$Cu + 4HNO_3 \longrightarrow 2NO_2 + Cu(NO_3)_2 + 2H_2O$
　　　　（イ）$2NH_4Cl + Ca(OH)_2 \longrightarrow 2NH_3 + 2H_2O + CaCl_2$
　　　　（ウ）$MnO_2 + 4HCl \longrightarrow Cl_2 + MnCl_2 + 2H_2O$
　　　　（エ）$FeS + H_2SO_4 \longrightarrow H_2S + FeSO_4$
　　　　（オ）$NaCl + H_2SO_4 \longrightarrow HCl + NaHSO_4$

（ア）　$NO_2$は赤褐色の気体で，水溶液は強い酸性を示す。
　　　　$3NO_2 + H_2O \longrightarrow 2HNO_3 + NO$
（イ）　$NH_3$は塩基性の気体で，湿った赤色リトマス紙を青変する。
（ウ）　$Cl_2$は黄緑色の気体で，ヨウ化カリウムデンプン紙を青紫色に変える。
　　　　$\begin{cases} Cl_2 + 2I^- \longrightarrow I_2 + 2Cl^- \\ I_2 + デンプン \longrightarrow 青紫色 \end{cases}$
（エ）　$H_2S$は酢酸鉛（Ⅱ）水溶液をしみ込ませたろ紙を黒変させる。
　　　　$H_2S + Pb^{2+} \longrightarrow PbS\downarrow（黒） + 2H^+$
（オ）　$HCl$は$NH_3$と反応し，$NH_4Cl$の白煙が生じる。
　　　　$HCl + NH_3 \longrightarrow NH_4Cl$

問2 図1：上方置換で捕集するのは$NH_3$である。よって，（イ）。
　　図2：固体と液体を混ぜ，加熱せずに気体が発生するのは（ア）と（エ）である。
問3 アルミニウムは，濃硝酸には不動態を形成するため溶けない。➡無 P.57

**127** 問1 B：塩化水素を水に溶かして除去する。
　　C：水蒸気を濃硫酸に吸収させて除去する。
　問2 ⑦　理由：塩素は水によく溶け，空気より密度が大きいから。
　問3 反応1では塩化水素に対して酸化剤として働く。反応2では過酸化水素の分解
　　反応の触媒として働く。

**解説** 問1,2 $MnO_2 + 4HCl \longrightarrow Cl_2\uparrow + MnCl_2 + 2H_2O$➡無 P.104 の反応が起こる。
ここで発生する気体には$Cl_2$以外に濃塩酸から揮発した$HCl$や$H_2O$も含まれる。$HCl$は水に
よく溶けるのでBでとり除かれる。なお，$Cl_2$は共存する$HCl$によって，次の平衡が左
へ移動するので，Bでは溶けにくい。
　　$Cl_2 + H_2O \underset{\text{左へ}}{\rightleftharpoons} HCl + HClO$　➡無 P.110

　　$H_2O$はCで濃硫酸に吸収させ，乾燥した$Cl_2$を下方置換で捕集する。➡無 P.113
　　　　　　　　　　　　　　　　　　　　　　　　　　　　問2
問3 $MnO_2$は，（反応1）では酸化剤，（反応2）$2H_2O_2 \longrightarrow O_2 + 2H_2O$ では触媒として
　働いている。➡無 P.103

## ⑭ 1族・2族・両性元素

**128** 1つ

**解説** ① 塩化物の溶融塩電解によってつくられる。正しい。

② 水に溶かすと次のような反応が起こり,溶液は塩基性を示す。正しい。

$$Na_2O + H_2O \longrightarrow 2NaOH$$

③ NaOHの固体は潮解性をもつ。正しい。

④ $NaHCO_3$は酸性塩に分類されるが,水溶液は弱塩基性を示す。誤り。➡理P.140

⑤ 正しい。

　よって,④のみが誤りである。

**129** 1:ⓐ　2:ⓕ　3:ⓕ　4:ⓐ　5:ⓓ

**解説** 1,2:アルカリ金属の単体の結晶は,すべて体心立方格子をとる。➡理P.94

　原子番号が大きいほど,原子半径が増大し,単位体積あたりの自由電子数が低下して金属結合が弱くなるため,反応性は高く,融点は低くなる。

　そこで,反応性は $\underset{1}{Li < Na < K}$ の順に,融点は $\underset{2}{K < Na < Li}$ の順に高くなる。

3:第一イオン化エネルギーは,原子番号が大きいほど最外殻の電子を引きつける力が弱くなるため,$K < Na < Li$ の順に大きくなる。➡理P.44

4:陽イオンの半径は,最外殻がより外側にあるほうが大きいので,$Li < Na < K$ の順に大きくなる。

5:イオン化傾向は,単体の昇華熱,イオン化エネルギー,陽イオンの水和熱で決まり,➡理P.189 $Na < K < Li$ の順に大きくなる。➡理P.190, 無P.57

**130** ②

**解説**
$$\begin{array}{l} 陰極 \quad 2H_2O + 2e^- \longrightarrow H_2 + 2OH^- \quad \cdots(1) \\ 陽極 \quad 2Cl^- \longrightarrow Cl_2 + 2e^- \qquad\qquad \cdots(2) \end{array}$$

(1)式+(2)式より,$2Cl^- + 2H_2O \longrightarrow H_2 + Cl_2 + 2OH^-$

両辺に$2Na^+$を加えて整理する。

$$2NaCl + 2H_2O \longrightarrow H_2 + Cl_2 + 2NaOH \quad \cdots(3)$$

　(1)式,(2)式,(3)式より,全体では$e^-$ 2molが流れると,$H_2$と$Cl_2$が1molずつ生じ,陰極側で2molのNaOHが生成したことがわかる。

　よって,流れた$e^-$の物質量と生成したNaOH(式量40)の物質量は等しいので,流れた電流を$i$〔A〕とすると,

$$\underset{mol(e^-)}{\frac{\overset{C/s\quad s}{i \times 3600}\ 〔C〕}{9.65 \times 10^4 〔C/mol〕}} = \underset{mol(NaOH)}{\frac{2.00\ 〔g〕}{40\ 〔g/mol〕}} \qquad よって,\ i ≒ \underline{1.34〔A〕}$$

**131** 問1 ③　問2 Ca(OH)$_2$

問3 （ア）NaCl + H$_2$O + NH$_3$ + CO$_2$ ⟶ NaHCO$_3$ + NH$_4$Cl

（イ）2NaHCO$_3$ ⟶ Na$_2$CO$_3$ + CO$_2$ + H$_2$O

問4 50%

問5 3.7 × 10L

**解説** 問1〜3

反応（エ）：CaCO$_3$ ⟶ CaO + CO$_2$ ⋯(1)

反応（ア）：NaCl + H$_2$O + NH$_3$ + CO$_2$
⟶ NaHCO$_3$ + NH$_4$Cl ⋯(2)
問3

反応（オ）：CaO + H$_2$O ⟶ Ca(OH)$_2$ ⋯(3)
問2

反応（イ）：2NaHCO$_3$ ⟶ Na$_2$CO$_3$ + CO$_2$ + H$_2$O ⋯(4)
問3

反応（ウ）：2NH$_4$Cl + Ca(OH)$_2$
⟶ 2NH$_3$ + 2H$_2$O + CaCl$_2$ ⋯(5)

　塩化ナトリウム飽和水溶液にアンモニアと二酸化炭素を吹き込むと，生成する塩のうち，相対的に溶解度が小さい炭酸水素ナトリウムが沈殿する。
問1

問4　(1)式，(2)式，(4)式の化学反応式の係数に注目する。

回収

| 石灰石CaCO$_3$ | 反応（エ） | (A)CO$_2$ | 反応（ア） | 炭酸水素ナトリウムNaHCO$_3$ | 反応（イ） | (A)CO$_2$ |

係数
1 —(1)式→ 1
1 —(2)式→ 1
2 —(4)式→ 1

　反応（エ）によるCO$_2$を$a$〔mol〕，反応（イ）によるCO$_2$を$b$〔mol〕とする。この$b$〔mol〕のCO$_2$が回収され，定常的に反応（ア）に使用されているから，

$$\underset{\substack{反応（ア）で使用される\\ mol(CO_2)}}{(a+b)} \times \frac{1\,〔mol(NaHCO_3)〕}{1\,〔mol(CO_2)〕} \times \frac{1\,〔mol(CO_2)〕}{2\,〔mol(NaHCO_3)〕} = \underset{\substack{反応（イ）で生じる\\ mol(CO_2)}}{b}$$

よって，$a = b$

求める割合は，$\dfrac{b}{a+b} \times 100 = 50\,〔\%〕$　←代入

問5　(1)式＋(2)式×2＋(3)式＋(4)式＋(5)式 より，NH$_3$とCO$_2$を消去すると，全体の化学反応式が得られる。

2NaCl + CaCO$_3$ ⟶ Na$_2$CO$_3$ + CaCl$_2$

　求める体積を$x$〔L〕とすると，

$$\frac{x \times 10^3\,〔cm^3(溶液)〕 \times 1.2\,〔g/cm^3〕 \times \overset{g(NaCl)}{\dfrac{26.5}{100}}}{\underset{mol(NaCl)}{58.5\,〔g/mol〕}} \times \frac{1\,〔mol(Na_2CO_3)〕}{2\,〔mol(NaCl)〕} = \frac{10.6 \times 10^3\,〔g〕}{\underset{mol(Na_2CO_3)}{106\,〔g/mol〕}}$$

よって，$x ≒ \underline{3.7 \times 10\,〔L〕}$

**132** 問1　A：マグネシウム　　C：ストロンチウム

問2　色：白色　　化学式：$BaSO_4$

問3　黄緑色

**解説**　問1　2族元素は，Be，$\underset{A}{Mg}$，Ca，$\underset{C}{Sr}$，Ba，Ra である。

問2　$Ba(OH)_2 + H_2SO_4 \longrightarrow \underset{\overset{\uparrow}{P.76}}{BaSO_4}\downarrow(白) + 2H_2O$　が起こる。

問3　アルカリ土類金属元素が示す炎色反応は次のとおり。

| 元素 | Ca | Sr | Ba | Ra |
|------|-----|-----|------|------|
| 炎色 | 橙赤 | 紅 | 黄緑 | 洋紅 |

**133** 問1　ア：$Ca(OH)_2$　　イ：CaO　　ウ：$CaCl_2$

問2　(a)　$Ca + 2H_2O \longrightarrow Ca(OH)_2 + H_2$

(b)　$Ca(OH)_2 + CO_2 \longrightarrow CaCO_3 + H_2O$

(c)　$CaCO_3 + H_2O + CO_2 \longrightarrow Ca(HCO_3)_2$

(d)　$CaCO_3 \longrightarrow CaO + CO_2$

(e)　$CaC_2 + 2H_2O \longrightarrow Ca(OH)_2 + C_2H_2$

問3　84

**解説**　問1,2　(a)　カルシウムは常温の水と次のように反応する。➡ P.128

$Ca + 2H_2O \longrightarrow \underset{ア}{Ca(OH)_2} + H_2$

(b), (c)　$Ca(OH)_2 \xrightarrow{CO_2} \underset{(溶解度\textcircled{小})}{CaCO_3\downarrow} \xrightarrow{CO_2} \underset{(溶解度\textcircled{大})}{Ca(HCO_3)_2}$　➡ P.129

(d)　炭酸カルシウムを加熱すると，酸化物が生じる。➡ P.128

$CaCO_3 \longrightarrow \underset{イ}{CaO} + CO_2$

(e)　炭化カルシウム$CaC_2$は，生石灰とコークスを高温に加熱すると得られる。

$CaO + 3C \longrightarrow CaC_2 + CO\uparrow$

$CaC_2$に水を加えるとアセチレンが発生する。➡ P.82, 83

問3　石灰石10.00gに含まれる$CaCO_3$を$x$〔mol〕，$MgCO_3$を$y$〔mol〕とする。

$\underset{g(石灰石)}{10.00} = \underset{g(CaCO_3)}{x〔mol〕\times 100.1〔g/mol〕} + \underset{g(MgCO_3)}{y〔mol〕\times 84.3〔g/mol〕}$　…(1)

加熱すると次の分解反応が起こる。

$\begin{cases} CaCO_3 \longrightarrow CaO + CO_2\uparrow \\ MgCO_3 \longrightarrow MgO + CO_2\uparrow \end{cases}$　➡ P.69

$\underset{g(残った固体)}{5.47} = \underset{g(CaO)}{x〔mol〕\times 56.1〔g/mol〕} + \underset{g(MgO)}{y〔mol〕\times 40.3〔g/mol〕}$　…(2)

(1)式，(2)式より，$x = 8.36\cdots \times 10^{-2}$〔mol〕

よって，求める値は，

$\dfrac{8.36\times 10^{-2}〔mol〕\times 100.1〔g/mol〕\ \ {\color{red}g(CaCO_3)}}{10.00\ \ {\color{red}g(石灰石)}} \times 100 \fallingdotseq 84〔\%〕$

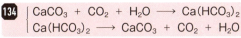

**134**
$$CaCO_3 + CO_2 + H_2O \longrightarrow Ca(HCO_3)_2$$
$$Ca(HCO_3)_2 \longrightarrow CaCO_3 + CO_2 + H_2O$$

**解説** 石灰岩質の地層が空気中の二酸化炭素を含んだ雨水や地下水に浸食されることで，鍾乳洞が形成される。

$$CaCO_3 + CO_2 + H_2O \longrightarrow Ca(HCO_3)_2$$

炭酸水素カルシウムを含む水が鍾乳洞内部で蒸発すると，再び水に難溶な炭酸カルシウムが生じる。

$$Ca(HCO_3)_2 \longrightarrow CaCO_3 + CO_2 + H_2O$$

これにより，天井からつらら状の鍾乳石や地面からタケノコ状の石筍が形成される。

**135** 問1　ア：溶融塩電解(融解塩電解)　イ：陰　ウ：陽　エ：一酸化炭素(CO)
オ：二酸化炭素($CO_2$)　カ：テルミット　キ：水素($H_2$)　ク：両性金属
（エ，オは順不同）

問2　(a) 陽極　$C + O^{2-} \longrightarrow CO + 2e^-$, $C + 2O^{2-} \longrightarrow CO_2 + 4e^-$
　　　　　陰極　$Al^{3+} + 3e^- \longrightarrow Al$
　　 (b) $2Al + Fe_2O_3 \longrightarrow Al_2O_3 + 2Fe$

問3
$$2Al + 6HCl \longrightarrow 2AlCl_3 + 3H_2$$
$$2Al + 2NaOH + 6H_2O \longrightarrow 2Na[Al(OH)_4] + 3H_2$$

問4　134時間

**解説** 問1〜3　下線部(a)の記述は<u>溶融塩電解</u>である。Alはイオン化傾向が大きいので，
　　　　　　　　　　　　　　　　　ア
水溶液の電気分解では$Al^{3+}$を還元しにくいため，固体を融解し液体状態とした溶融塩の電気分解を行う必要がある。➡無 P.139, 140, 理 P.206, 207

$$\text{陽極}\underset{\text{ウ}}{} \quad C + O^{2-} \longrightarrow \underset{\text{エ}}{CO} + 2e^-, \quad C + 2O^{2-} \longrightarrow \underset{\text{オ}}{CO_2} + 4e^-$$
$$\text{陰極}\underset{\text{イ}}{} \quad Al^{3+} + 3e^- \longrightarrow Al$$

下線部(b)の記述は<u>テルミット反応</u>である。AlがFe$_2$O$_3$を還元する。➡無 P.138
　　　　　　　　　　　　　　カ

$$2Al + Fe_2O_3 \longrightarrow Al_2O_3 + 2Fe$$

下線部(c)の記述にあるように，アルミニウムのような両性元素の単体(<u>両性金属</u>)は，
　　　　　　　　　　　　　　　　　　　　　　　　　　　　　　　　　　ク
塩酸やNaOHのような強塩基と反応し，<u>水素</u>を発生しながら溶ける。➡無 P.136
　　　　　　　　　　　　　　　　　　キ

問4　$x$〔時間〕必要だとすると，Al 1mol製造するのに，$e^-$は3mol必要なので(問2(a)の陰極の反応式より)，

$$\underbrace{2.00 \times 10^4}_{A = C/s} \times \underbrace{x\text{〔h〕} \times \frac{3600\text{〔s〕}}{1\text{〔h〕}}}_{s} = \frac{900 \times 10^3 \text{〔g〕}}{27.0 \text{〔g/mol〕}} \times 3 \times 96500\text{〔C/mol〕}$$
$$\underset{C}{} \qquad\qquad \underset{mol(Al)}{} \quad \underset{mol(e^-)}{} \qquad \underset{C}{}$$

よって，$x \fallingdotseq \underline{134}$〔時間〕

**136** 問1　マンガン乾電池の負極，トタン，黄銅，白色顔料　などから3つ。

問2　$\left| \begin{array}{l} Zn + 2HCl \longrightarrow H_2 + ZnCl_2 \\ Zn + 2NaOH + 2H_2O \longrightarrow Na_2[Zn(OH)_4] + H_2 \end{array} \right.$

問3　$Zn(OH)_2 + 4NH_3 \longrightarrow [Zn(NH_3)_4](OH)_2$

**解説**　問1　マンガン乾電池の負極，トタン（FeにZnをめっきしたもの），黄銅（おもに
Cu と Znの合金）→無P.153，白色顔料→無P.135 などから3つ答えればよい。

問2　亜鉛は両性元素で，酸や強塩基と反応する。→無P.136, 137

問3　$Zn^{2+}$は$NH_3$と錯イオンを形成するので，$Zn(OH)_2$は過剰なアンモニア水に溶解する。
→無P.84

---

# 15　遷移元素

**137** 問1　A：+3　　B：還元　　C：濃青　　D：血赤　　E：トタン　　F：ブリキ

問2　(1) $Fe_2O_3 + 3CO \longrightarrow 2Fe + 3CO_2$

(2) $4Fe(OH)_2 + O_2 + 2H_2O \longrightarrow 4Fe(OH)_3$

問3　$K_3[Fe(CN)_6]$

問4　亜鉛は鉄よりイオン化傾向が大きいので，トタンは外側の亜鉛が酸化されやす
い。スズは鉄よりイオン化傾向が小さいので，ブリキは内側の鉄が酸化されやすい。

**解説**　問2　(1)　$Fe_2O_3$をCOを用いて還元してFeを得る。→無P.145, 146

$$\underset{\underset{A}{+3}}{Fe_2O_3} + \underset{+2}{3CO} \longrightarrow \underset{0}{2Fe} + \underset{+4}{3CO_2}$$

酸化されている＝還元剤
B

(2)　$\left| \begin{array}{l} \text{還元剤　} Fe(OH)_2 + OH^- \longrightarrow \overset{Ⅲ}{Fe}(OH)_3 + e^- \quad \cdots① \\ \text{酸化剤　} O_2 + 4e^- + 2H_2O \longrightarrow 4OH^- \qquad\qquad \cdots② \end{array} \right.$

①式×4＋②式より，$e^-$を消去する。

$4Fe(OH)_2 + O_2 + 2H_2O \longrightarrow 4Fe(OH)_3$

問3　鉄(Ⅱ)イオンを含む水溶液にヘキサシアニド鉄(Ⅲ)酸カリウム$K_3[Fe(CN)_6]$を加え
ても，鉄(Ⅲ)イオンを含む水溶液にヘキサシアニド鉄(Ⅱ)酸カリウムを加えても，理想的
には$Fe^{Ⅲ}_4[Fe^{Ⅱ}(CN)_6]_3$という組成式で表される濃青色沈殿が生じる。→無P.91, 92

問4　FeにZnをめっきしたものをトタン，FeにSnをめっきしたものをブリキという。
→無P.144

**138** 問1　ア：$Fe_3O_4$　イ：銑鉄　問2　(1) $3.2 \times 10^2$kg　(2) $3.0 \times 10^6$kJ

**解説**　問1　磁鉄鉱の主成分は$Fe_3O_4$である。溶鉱炉で得られる
鉄を銑鉄とよび，炭素の含有量が大きく，硬いがもろい。[※1]
→無P.146

※1　銑鉄を転炉に移し，炭素の含有量を減らした硬くて強いものが鋼である。

問2　$\left| \begin{array}{l} 2C(固) + O_2(気) = 2CO(気) + 221kJ \qquad\qquad\quad \cdots① \\ 3CO(気) + Fe_2O_3(固) = 2Fe(固) + 3CO_2(気) + 27kJ \quad \cdots② \end{array} \right.$

①式×3＋②式×2より，COを消去する。

$6C(固) + 3O_2(気) + 2Fe_2O_3(固) = 4Fe(固) + 6CO_2(気) + 717kJ \quad \cdots(a)$

$$\begin{cases} CaCO_3(固) = CaO(固) + CO_2(気) - 178kJ \quad \cdots ③ \\ CaO(固) + SiO_2(固) = CaSiO_3(固) + 89kJ \quad \cdots ④ \end{cases}$$

③式＋④式より，CaOを消去する。

$$CaCO_3(固) + SiO_2(固) = CO_2(気) + CaSiO_3(固) - 89kJ \quad \cdots(b)$$

(1)　(a)式より，Fe 4mol得るのにC は6mol必要なので，

$$\underbrace{\frac{1000 \times 10^3 [g(Fe)]}{56.0 \quad [g/mol]}}_{mol(Fe)} \times \underbrace{\frac{6 [mol(C)]}{4 [mol(Fe)]}}_{mol(C)} \times \underbrace{12.0}_{g(C)} \times \underbrace{10^{-3}}_{kg(C)} \fallingdotseq \underline{3.2 \times 10^2 [kg]}$$

(2)　(a)式より Fe 4mol得ると717kJの熱が発生し，(b)式より CaSiO₃ 1molを得ると
89kJの熱を吸収する。鉄1000kgに対してスラグ($CaSiO_3$)は300kg生じるから，

$$\underbrace{\left( \underbrace{\frac{1000 \times 10^3}{56.0}}_{mol(Fe)} \times \frac{717 [kJ(発熱)]}{4 [mol(Fe)]} \right)}_{kJ(発熱量)} - \underbrace{\left( \underbrace{\frac{300 \times 10^3 [g(スラグ)]}{116 \quad [g/mol]}}_{mol(スラグ(CaSiO_3))} \times \frac{89 [kJ(吸熱)]}{1 [mol(CaSiO_3)]} \right)}_{kJ(吸熱量)}$$

$$\fallingdotseq \underline{3.0 \times 10^6 [kJ]}$$

**139** 問1　(1) $CuSO_4 + 2NaOH \longrightarrow Cu(OH)_2 + Na_2SO_4$
　　　　(2) $Cu(OH)_2 \longrightarrow CuO + H_2O$　　(3) $CuO + H_2 \longrightarrow Cu + H_2O$
　　問2　0.68
　　問3　① それぞれを適量とって，蒸留水を加えて，よくかき混ぜる。群青は，ほとんど溶けないのに対して，硫酸銅(II)五水和物は溶けて青色の水溶液になる。
　　　　② それぞれを適量とって，希硫酸を加える。群青は気体を発生しながら溶けるのに対し，硫酸銅(II)五水和物は気体を発生せずに溶ける。

**解説**　問1　(1) $Cu^{2+} + 2OH^- \longrightarrow Cu(OH)_2\downarrow$（青白）が起こる。 → 無 P.74
(2)　水酸化物が熱分解し，酸化物が生じる。 → 無 P.69
(3)　イオン化傾向が小さな金属の酸化物は，高温では水素に還元されて単体となる。
→ 無 P.59

問2　群青1molあたり，$CuCO_3$ が $x$[mol]，$Cu(OH)_2$ が $1 - x$[mol]とする。

$$\begin{cases} \underset{(式量123.6)}{CuCO_3} \longrightarrow \underset{(式量79.6)}{CuO} + CO_2\uparrow \\ \underset{(式量97.6)}{Cu(OH)_2} \longrightarrow CuO + H_2O\uparrow \end{cases}$$

加熱すると，CuO が1mol残る。これがもとの質量の $100 - 31 = \underline{69\%}$ に相当するから，

$$\Big[ \underbrace{123.6x}_{g(CuCO_3)} + \underbrace{97.6(1-x)}_{g(Cu(OH)_2)} \Big] \times \underline{0.69} = \underbrace{79.6 \times 1}_{g(CuO)}$$

よって，$x \fallingdotseq \underline{0.68}$

問3　$CuCO_3 \cdot Cu(OH)_2$ は $CuSO_4 \cdot 5H_2O$ と異なり，水に溶けにくく，希硫酸などの強酸を加えると

$$CO_3{}^{2-} + 2H^+ \longrightarrow CO_2\uparrow + H_2O$$

が起こり，$CO_2$ が発生する。

**140** 1：192　2：3.00

**解説** 電解精錬で起こった変化は次のように表される。→[無] P.150,151, [理] P.207

陰極　$Cu^{2+} + 2e^- \longrightarrow Cu$

陽極 $\left|\begin{array}{l} Zn \longrightarrow Zn^{2+} + 2e^- \\ Cu \longrightarrow Cu^{2+} + 2e^- \\ Ag \longrightarrow Ag\downarrow \\ Au \longrightarrow Au\downarrow \end{array}\right.$ ← 陽極泥 0.970g

流れた$e^-$の物質量は，

$$\dfrac{\overset{A=C/s}{19.3} \times (\overset{s}{8 \times 3600 + 20 \times 60})}{9.65 \times 10^4 \;\; \text{C/mol}} = 6.00 \,\text{(mol)}$$

1：$\underset{\text{mol}(e^-)}{6.00} \times \underset{\text{mol}(e^-)}{\dfrac{1 \;\; \text{mol(Cu)}}{2 \;\; \text{mol}(e^-)}} \times \underset{\text{g(Cu)}}{\overset{\text{g/mol}}{64}} = \underline{192}\,\text{(g)}$

2：陽極の粗銅193gに含まれる$Zn$を$x$〔mol〕，$Cu$を$y$〔mol〕とする。流れた$e^-$の物質量より，

$\underset{\text{mol}(e^-)}{x \times 2} + \underset{\text{mol}(e^-)}{y \times 2} = 6.00$　　よって，$x + y = 3.00$　…(1)

粗銅の質量より，

$\underset{\text{g(Zn)}}{x \times 65} + \underset{\text{g(Cu)}}{y \times 64} + \underset{\text{g(Ag)+g(Au)}}{0.970} = 193$　…(2)

$Zn$，$Ag$，$Au$のうち，金属イオンとして溶出したものは$Zn$だけなので，$x$を求めればよい。

(2)式$-$(1)式$\times 64$より，$x = 0.0300 = \underline{3.00 \times 10^{-2}}$〔mol〕

**141** 問1　61.0％　　問2　表面に緻密な酸化被膜を形成し不動態となるから。

**解説**　問1

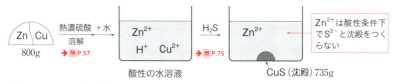

黄銅中の$Cu$の質量〔g〕は，$CuS$の式量＝95.6，$Cu$ 1molから$CuS$が1mol得られるので，

$$\underset{\text{mol(CuS)}=\text{mol(Cu)}}{\dfrac{735\,\text{(g)}}{95.6\,\text{(g/mol)}}} \times \underset{\text{g(Cu)}}{63.5} \fallingdotseq 488.2\,\text{(g)}$$

よって，銅の質量パーセント$= \dfrac{488.2 \;\; \text{g(Cu)}}{800 \;\; \text{g(黄銅)}} \times 100 \fallingdotseq 61.0$〔％〕

問2　ステンレス鋼に含まれるクロム$Cr$が空気中の酸素と反応して生じる緻密な構造をもつ酸化被膜が表面を覆う。この酸化被膜が腐食環境からステンレス鋼を保護する。→[無] P.57

**142** ア：ニッケル　イ：形状記憶　ウ：水素吸蔵　エ：超伝導　オ：ケイ酸
カ：ファイン（またはニュー）

**解説**　ア～ウ：ニッケル Ni やチタン Ti が使われている合金には次のようなものがある。

| 名称 | 成分 | 用途 |
|---|---|---|
| 白銅 | Cu—Ni | 硬貨 |
| ニクロム | Ni—Cr | 電熱線 |
| 形状記憶合金 | Ni—Ti | 温度センサー，ワイヤー |
| 水素吸蔵合金 | Ti—Fe | ニッケル水素電池の負極　理 P.193 |

エ：超伝導とよばれる現象である。超伝導を示す物質を超伝導体という。

オ：セラミックスをつくる工業は主原料がケイ酸塩であることからケイ酸塩工業，または窯を用いることから窯業という。

カ：ファインセラミックス（あるいはニューセラミックス）は人工的に合成された物質や高純度に精製された物質を原料に用いて，精密に制御してつくられる。窒化アルミニウム AlN，アルミナ $Al_2O_3$，炭化ケイ素 SiC，窒化ケイ素 $Si_3N_4$，ヒドロキシアパタイト $Ca_5(PO_4)_3(OH)$ などがある。

## 16 17族・16族・15族・14族

**143** 問1 ア：酸素　イ：下方　ウ：平衡
問2 臭素⇒色：赤褐色，状態：液体　ヨウ素⇒色：黒紫色，状態：固体
問3 (2) $Cl_2 + H_2O \rightleftharpoons HCl + HClO$
(3) $CaF_2 + H_2SO_4 \longrightarrow CaSO_4 + 2HF$　(4) $SiO_2 + 6HF \longrightarrow H_2SiF_6 + 2H_2O$
問4 分子間で水素結合を形成するから。

**解説** 問1 ア：$2F_2 + 2H_2O \longrightarrow O_2\uparrow + 4HF$ →無 P.161
イ：塩化水素は水によく溶け，空気より重いので下方置換で捕集する。→無 P.113
ウ：正反応と逆反応の速度がつり合い，みかけ上，反応が止まってみえる状態を平衡状態という。→理 P.289

問2 ハロゲンの単体はすべて有色で，塩素は黄緑色の気体である。→無 P.159
問3 (2) 塩素は水に溶け，一部が水と反応し自己酸化還元反応によって塩化水素と次亜塩素酸が生じる。→無 P.161
(3) ホタル石の主成分はフッ化カルシウム$CaF_2$である。→無 P.106
(4) フッ化水素の水溶液であるフッ化水素酸は，ガラスの主成分である二酸化ケイ素を溶かす。→無 P.162
問4 フッ化水素は分子間で水素結合を形成するため，分子間を引き離すのに，大きなエネルギーが必要になる。→理 P.88

**144** ㋛

**解説** ハロゲン化水素$HX$は，ハロゲン$X$の原子半径が小さいほど，$H-X$の結合エネルギーが強いため，解離しにくく，酸として弱くなる。→無 P.158, 159

**145** $NaClO + 2HCl \longrightarrow Cl_2 + H_2O + NaCl$ の反応が起こって$Cl_2$が発生するから。

**解説**
$NaClO + HCl \longrightarrow HClO + NaCl$ （弱酸遊離反応）
$HClO + HCl \rightleftharpoons Cl_2 + H_2O$ （平衡が右へ移動）
$NaClO + 2HCl \longrightarrow Cl_2\uparrow + H_2O + NaCl$

発生する$Cl_2$は有毒な気体である。

**146** ア：過酸化水素　イ：塩素酸カリウム　ウ：触媒　エ：電気分解　オ：同素
カ：無声放電　キ：酸化　ク：デンプン　ケ：青紫　コ：太陽光線　サ：酸性
シ：共有　ス：酸性　セ：イオン　ソ：水酸化　タ：塩基　（ア，イは順不同）
反応式：$O_3 + 2KI + H_2O \longrightarrow I_2 + O_2 + 2KOH$

**解説** ア，イ，ウ：
$2H_2O_2 \longrightarrow O_2 + 2H_2O$ （触媒$MnO_2$）→無 P.107
$2KClO_3 \longrightarrow 3O_2 + 2KCl$ （触媒$MnO_2$）

キ：オゾンは強い酸化剤であり，ヨウ化物イオン$I^-$を酸化してヨウ素$I_2$にする。➡無P.111

サ～タ：非金属元素の酸化物は酸性酸化物で，水と反応するとオキソ酸となり酸性を示す。
　　　　金属元素の酸化物は水と反応すると水酸化物となり塩基性を示す。➡無P.31～36

**147** 問1　8　　問2　ⓒ　　問3　(1) +4　　(2) +6　　(3) -2
　　　　問4　(a) $2SO_2 + O_2 \longrightarrow 2SO_3$
　　　　　　(b) $Cu + 2H_2SO_4 \longrightarrow CuSO_4 + 2H_2O + SO_2$
　　　　　　(c) $CuO + H_2SO_4 \longrightarrow CuSO_4 + H_2O$
　　　　問5　ⓑ, ⓓ　　問6　ⓑ, ⓒ, ⓔ

**解説**　問1,2　斜方硫黄と単斜硫黄は分子式$S_8$で表される環状分子がファンデルワールス力で集まった分子結晶である。➡無P.169

問3　(1) $\underset{+4}{SO_2}$　(2) $\underset{+6}{H_2SO_4}$　(3) $\underset{-2}{H_2S}$　➡理P.154～157, 無P.45

問4　(a)　$V_2O_5$は触媒である。➡無P.170
　(b)　銅と熱濃硫酸が反応すると二酸化硫黄を発生する。➡無P.66問1
　(c)　金属酸化物は酸と反応し，塩が生じる。➡別冊P.4⑬

問5　ⓐ　濃硫酸は不揮発性の酸であり，揮発しやすいHClが追い出される。➡無P.67
　ⓑ　$C_{12}H_{22}O_{11} \longrightarrow 12C + 11H_2O$　脱水作用である。➡無P.169
　ⓒ　乾燥剤として働いている。➡無P.112
　ⓓ　エタノールの分子内脱水反応によりエチレンが生成する。➡有P.94

問6　ⓑ　濃硫酸に水を加えると，液面に浮いた水が希釈による発熱により蒸発して飛び散って危険なので，水に少しずつ濃硫酸を加える。
　ⓒ　体積測定用のガラス器具であるホールピペットを加熱乾燥してはいけない。➡理別冊P.12
　ⓔ　酸性が強い物質は，NaOHなどで中和してから廃棄する。

**148** 問1　システイン，メチオニン　　問2　斜方硫黄
　　　　問3　$FeS + H_2SO_4 \longrightarrow H_2S + FeSO_4$　$(FeS + 2HCl \longrightarrow FeCl_2 + H_2S)$
　　　　問4　(1) ④ $2SO_2 + O_2 \longrightarrow 2SO_3$　⑤ $SO_3 + H_2O \longrightarrow H_2SO_4$
　　　　(2) 接触法　　(3) バナジウム　　(4) 濃硫酸
　　　　問5　物質名：硫酸カルシウム　　用途：セッコウボード

**解説**　問1　システインやメチオニンは硫黄を含むアミノ酸の代表例である。➡有P.208

問2　硫黄の同素体の中で，常温・常圧で最も安定なものは斜方硫黄である。➡無P.168

問3　硫化鉄(Ⅱ)に希硫酸(または希塩酸)を注ぐ。➡無P.107

問4　(1), (2)　下線部④，⑤は硫酸の工業的製法である接触法の反応の一部である。➡無P.170
　(3)　下線部④で酸化バナジウム(V)を触媒として使う。
　(4)　$SO_3$は濃硫酸に吸収させて発煙硫酸とする。

問5　次のような一連の反応によって，$SO_2$が除去される。

亜硫酸は炭酸より強い酸

$\begin{cases} CaCO_3 + CO_2 + H_2O \longrightarrow Ca(HCO_3)_2 & ➡無P.110 \\ Ca(HCO_3)_2 + SO_2 \longrightarrow CaSO_3 \cdot H_2O\downarrow + 2CO_2 & (弱酸遊離反応➡無P.42) \\ CaSO_3 \cdot H_2O + \frac{1}{2}O_2 \longrightarrow CaSO_4 + H_2O & (酸化) \end{cases}$

最終的に得られる$CaSO_4$はセッコウの主成分である。➡無P.126

81

**149** 問1　ア：分留　イ：三重　ウ：触媒　エ：三角すい　オ：二酸化炭素

問2　アンモニアの生成方向へ平衡移動させるために高圧にし，反応速度を上げるために高温にする。

問3　$2NH_3 + CO_2 \longrightarrow CO(NH_2)_2 + H_2O$

**〔解説〕**　問1　ア：複数の成分からなる液体物質を沸点の違いを利用して蒸留することを分留(分別蒸留)という。

イ：　$:N\!\equiv\!N:$
窒素分子(三重結合)

エ：
$$\overset{\cdot\cdot}{\underset{H}{N}}\!\!\!\!\!\!\!\!\!\!\!\!\!{}^{H}\;\;{}^{H}$$
NH₃分子(三角すい形)　➡理P.62

問2　$N_2$と$H_2$を原料にし，$NH_3$を合成する工業的製法をハーバー法(ハーバー・ボッシュ法)という。

$$N_2 + 3H_2 \rightleftharpoons 2NH_3 + 92kJ$$
➡無P.176

ルシャトリエの原理より，低温，高圧にすると平衡が右へ移動する。ただし，低温にすると反応速度が減少するため，工業的にはある程度，高温にする。

問3　➡無P.178

**150** 問1　ア：多　イ：+5　ウ：+3　エ：価(最外殻)

問2　生成物の熱を利用して原料の温度を上げる役割。

**〔解説〕**　問1　オキソ酸(化学式$H_nXO_m$)は一般に$X$の電気陰性度が大きく，酸素原子数$m$が多いほど(このとき$X$の酸化数が大きい)，酸として強くなる。

(例)　$\underset{+1}{HClO} < \underset{+3}{HClO_2} < \underset{+5}{HClO_3} < \underset{+7}{HClO_4}$　➡無P.27, 160

問2　$4NH_3 + 5O_2 \longrightarrow 4NO + 6H_2O$　…(1)

$2NO + O_2 \longrightarrow 2NO_2$　…(2)

(1)式の反応は高温かつPt触媒が必要，

(2)式の反応は温度を下げると，自発的に進む。

図1より，原料を酸化器で約800℃に加熱すると(1)式の反応が起こる。生成物は装置Xを通過することによって原料に熱を与えて，自らは冷却される。冷却された$NO$に$O_2$を加えると(2)式の反応が起こる。

**151**　1：82　　2：$Ca_3(PO_4)_2 + 2H_2SO_4 \longrightarrow Ca(H_2PO_4)_2 + 2CaSO_4$

**〔解説〕**

1：$\begin{cases} Ca_3(PO_4)_2 + 3SiO_2 + 5C \longrightarrow 3CaSiO_3 + 5CO + 2P \ \cdots① \\ \quad\quad\quad\quad\quad\quad\quad\quad\quad\quad\quad\quad\quad\quad\quad\quad\text{➡別冊P.18⑰} \\ 4P \longrightarrow P_4 \quad\quad\quad\quad\quad\quad\quad\quad\quad\quad\quad\quad\quad\quad\cdots② \end{cases}$

①式×2＋②式より，

$2Ca_3(PO_4)_2 + 6SiO_2 + 10C \longrightarrow 6CaSiO_3 + 10CO + P_4$

$Ca_3(PO_4)_2$ 2molから$P_4$は1mol得られる。

なお，計算するだけなら，反応式をつくらなくてもPの数に注目すればわかる

$$\underset{\text{mol(Ca}_3\text{(PO}_4)_2)}{\dfrac{500 \times \dfrac{82}{100}\;[g]}{310\;[g/mol]}} \times \underset{\substack{\text{mol(P}_4)}}{\dfrac{1\;[mol(P_4)]}{2\;[mol(Ca_3(PO_4)_2)]}} \times \underset{g(P_4)}{124} = \underline{82}[g]$$

2：窒素N，リンP，カリウムKの3元素は肥料の三要素とよばれ，過リン酸石灰はリン酸肥料の代表例である。➡無P.178

**152** 問1　ア：同素体　イ：水　ウ：赤リン　エ：$P_4O_{10}$

　　問2　A：10　B：4.7　C：10

**解説**　問1　リンの同素体には，$P_4$の分子結晶である黄リン（白リン）とPの無定形高分子
である赤リンなどがある。 → **無**P.174, 175

問2　A：第1中和点までに必要なNaOH水溶液を$x$〔mL〕とする。

$$H_3PO_4 \ + \ NaOH \ \longrightarrow \ NaH_2PO_4 \ + \ H_2O$$

$$0.10〔mol/L〕\times\frac{10}{1000}〔L〕 = 0.10〔mol/L〕\times\frac{x}{1000}〔L〕 \qquad よって，\ x = \underline{10}〔mL〕$$

mol($H_3PO_4$)　　　　mol($NaOH$)

B：(8)式より，$[H^+]=\sqrt{K_1K_2}$ なので，$pH=-\dfrac{1}{2}(\log_{10}K_1+\log_{10}K_2)≒\underline{4.7}$

C：第2中和点までに，さらにNaOH水溶液を$y$〔mL〕滴下するとする。

$$NaH_2PO_4 \ + \ NaOH \ \longrightarrow \ Na_2HPO_4 \ + \ H_2O$$

$$0.10〔mol/L〕\times\frac{10}{1000}〔L〕 = 0.10〔mol/L〕\times\frac{y}{1000}〔L〕 \qquad よって，\ y = \underline{10}〔mL〕$$

mol($H_3PO_4$) = mol($NaH_2PO_4$)　　mol($NaOH$)

**153** ①，④

**解説**　14族のすべての元素は+4の酸化状態をとるが，族の下方ほど+2の酸化状態の安定
性が増す。

① 炭素は非金属性が大きく，族の下方ほど金属性が増す。正しい。

② 最外殻電子数はすべて4であり，4個の価電子をもつ。誤り。

③ 固体状態で，SiやGeも共有結合からなるダイヤモンド型構造をとる。誤り。

④ SiとGeは非金属と金属の中間的な性質をもち半導体となる。正しい。

⑤ $Sn^{2+}$が還元作用を示すことからわかるように，+2より+4の酸化状態が安定な場合が
ある。誤り。 → **無**P.48, **理**P.156

　　還元剤　$\underset{+2}{Sn^{2+}} \ \longrightarrow \ \underset{+4}{Sn^{4+}} \ + \ 2e^-$

⑥ 鉛蓄電池の正極活物質に酸化鉛（Ⅳ）が使われることからわかるように，+4より+2の
酸化状態のほうが安定である。誤り。 → **理**P.192

　　鉛蓄電池の正極　$\underset{+4}{PbO_2} \ + \ 4H^+ \ + \ SO_4^{2-} \ + \ 2e^- \ \longrightarrow \ \underset{+2}{PbSO_4} \ + \ 2H_2O$

**154** ダイヤモンド：②　　グラファイト：④　　フラーレン：①

カーボンナノチューブ：③

　炭素原子は4個の価電子をもつ。ダイヤモンドは，4個の価電子すべてを用いて別
の4つの炭素原子と共有結合を形成し，これが三次元的に繰り返された立体構造をも
つ結晶であり，きわめて硬くて電気伝導性をもたない。

　グラファイトは，3個の価電子を用いて別の3つの炭素原子と共有結合を形成し，
網目状の平面構造をつくり，この平面構造どうしが何層も重なり合った結晶である。
炭素原子の残った1個の価電子が平面構造上を動くことができるため，電気伝導性を
もつ。また，平面構造どうしを結びつける力は弱いファンデルワールス力なので，薄
くはがれやすく軟らかい。

**解説**　③のカーボンナノチューブは，直径が約1nmの筒状分子であり，1991年に発見された。

炭素の同素体には，他にもコークスやススなどの無定形炭素や，

④のグラファイトの層状構造から1つの平面構造を単離したグラフェンなどが知られている。

　②のダイヤモンドと④のグラファイト(黒鉛)の性質の違いは，炭素原子の4個の価電子の働きの違いによる。　→ **理** P.105, 106, 108

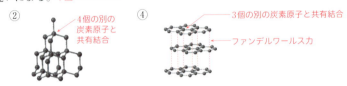

②　4個の別の炭素原子と共有結合

④　3個の別の炭素原子と共有結合　　ファンデルワールス力

**155**　問1　ア：酸素　　イ：炭化ケイ素　　ウ：水ガラス　　問2　450

問3　① $SiO_2 + 2C \longrightarrow Si + 2CO$

　　　② $SiO_2 + 6HF \longrightarrow H_2SiF_6 + 2H_2O$

問4　多孔質で表面積が大きく，多数のヒドロキシ基をもつ。

問5　シリカゲルは親水性のヒドロキシ基をもつので水を吸着するのに対し，シリコーンは疎水性のアルキル基をもつので水をはじく。

**解説**　問1　イ：炭化ケイ素SiCは，カーボランダムともよばれる。　→ **理** P.109

問2　Si原子1molには不対電子が4molあり，不対電子2個で1本の共有結合ができるので，

　（ⅰ）　$SiO_2$(固)1mol ⇒ Si–O結合が4mol

　（ⅱ）　Si(固)　1mol ⇒ Si–Si結合が $4mol \times \dfrac{1}{2} = 2mol$

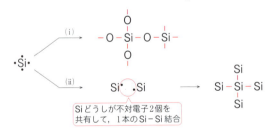

Siどうしが不対電子2個を共有して，1本のSi–Si結合

　$Si$(固) + $O_2$(気) = $SiO_2$(固) + 860kJ　を利用し，バラバラの原子状態(気体)を基準にして，次のようなエネルギー図がかける。　→ **理** P.178

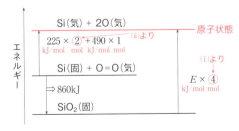

エネルギー

Si(気) + 2O(気)　　　　原子状態

$225 \times$ ② $+490 \times 1$
kJ/mol mol kJ/mol mol

(ⅱ)より

Si(固) + O＝O(気)

⇒ 860kJ

SiO₂(固)

(ⅰ)より

$E \times$ ④
kJ/mol mol

ヘスの法則より,

$$E = \frac{225 \times 2 + 490 + 860}{4} = \underline{450}\,(kJ/mol)$$

**問3** ケイ素の単体は,二酸化ケイ素を還元して得る。また,二酸化ケイ素はガラスの主成分で,フッ化水素酸と反応して溶ける。→無P.184

**問4** シリカゲルは,多孔質で表面積が大きいために,体積が小さくても,多数のヒドロキシ基をもつ。→無P.186

**問5** シリコーンは,ジクロロジメチルシランやトリクロロメチルシランなどを加水分解した後,縮合重合させて得られるポリマーである。→有P.285

シリカゲルの−OHを,−$CH_3$などのアルキル基で置換した構造をもつため疎水性が大きい。

---

**156 問1** 元素:ヘリウム

用途:風船やアドバルーンの浮揚用ガス

理由:ヘリウムは原子量が非常に小さな気体であり,気体は同温・同圧では分子量の小さいほうが,密度は小さくて軽い。また,同じく分子量が小さい水素とは異なり,化学的に安定なので爆発などの危険が少ない。

元素:ネオン

用途:ネオンサイン

理由:貴ガスをガラス管に封入して放電すると,いろいろな色の発光が見られる。中でもネオンは鮮やかな橙赤色の発光が見られるので,ネオンを封入したガラス管や蛍光管は,看板広告などの照明に使われる。

**問2** 宇宙は,まず中性子や陽子が結合して水素やヘリウムが誕生し,これらが集まって星となり,その内部で核融合が起こり重い元素ができる。また,大気中の軽い元素の気体は地球の重力で引きつけにくいために宇宙空間に逃げていく。結果,宇宙空間では軽い元素が多く,地球の大気では重い元素が多くなり,存在比が逆転している。

**解説 問1** 解答例以外に,ヘリウムは非常に沸点が低く,化学的な活性も乏しい軽い性質をもつことを生かして,透明度の高い光ファイバーや高純度の半導体の製造時に使うガス,MRIの診断装置の冷却などに使われていることを書いてもよいだろう。

**問2** ヘリウムは非常に貴重な資源であり,再利用の必要性が最近話題になっている。

## 17 有機化合物の分類と分析・有機化合物の構造と異性体

**157** 問1 (1) ⑦, ⑦, ② (2) ⑦, ⑦, ② (3) ⑦, ②, ②, ②, ②
　　問2 (1) アミノ基 (2) カルボキシ基 (3) ニトロ基 (4) スルホ基

**解説** 問1 鎖式炭化水素のうちC＝C結合を1つもつものをアルケン，C≡C結合を1つも
つものをアルキンという。芳香族化合物はベンゼンのような環構造をもつ。→有P.9 ⑦〜⑦
の構造式は次の通り。

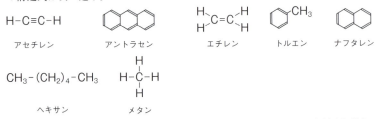

H–C≡C–H　　　　　　　　　　　　H₂C＝CH₂　　　　⬡–CH₃　　　⬡⬡
アセチレン　　アントラセン　　　　エチレン　　トルエン　　ナフタレン

CH₃–(CH₂)₄–CH₃　　H–C–H
　ヘキサン　　　　メタン

問2 有機化合物中の水素原子に代わって導入された原子あるいは原子団を基という。基の
　　名称と化学式を正確に記憶しておくこと。→有P.12

**158** 問1 ② 　問2 ⑥, ⑥

**解説** 問1 吸収管①は塩化カルシウムで$H_2O$を吸収し，吸収管②はソーダ石灰で$CO_2$を
吸収する。（ソーダ石灰は$CO_2$も$H_2O$も両方吸収することに注意！）

問2 (イ)が空気調節ねじ，(ロ)がガス調節ねじ。(ハ)の元栓を開き，ガス調節ねじを回し
　　て点火し，さらにガスの量を調節し，炎の大きさを決める。オレンジ色の炎は空気の量が
　　少ないので，次に空気調節ねじを回して，オレンジ色の炎を青い炎になるように空気量を
　　調節する。

**159** 問1 a：$2m+2$ 　b：2 　c：$2m$ 　d：4 　e：$2m-2$
　　問2 ハロゲンと水素は原子価がともに1なので，ハロゲン原子の数と同じ数だけ水
　　　素原子は減少する。さらにハロゲン原子がいくつ結合しても，不飽和結合と環の数
　　　に影響はないから。
　　問3 酸素の原子価は2であり，C–C間やC–H間に結合しても，水素原子の数に影
　　　響がないから。
　　問4 窒素の原子価は3であり，C–C間やC–H間に結合するとき，原子価を満たす
　　　ために水素原子を1個増やさなければならない。したがって，窒素を含む化合物の
　　　不飽和結合と環の数を算出するとき，窒素原子の数と同じ水素原子の数を減らす必
　　　要があるから。
　　問5 C＝C＝C　　C≡C–C　　C△C–C

**解説**　問1　〈C原子数 $m$ 個の場合〉

$\overset{\text{↓} H_2 + (CH_2)_m}{}$

| アルカン | のH原子数 $=$ | $\boxed{2m+2}^a$ | | |
|---|---|---|---|---|
| アルケン | のH原子数 $=$ | $2m+2-\boxed{2}^b$ | $=$ | $\boxed{2m}^c$ |
| シクロアルケンのH原子数 $=$ | | $2m+2-\boxed{2}\times 2$ | $=2m+2-\boxed{4}^d$ | $=\boxed{2m-2}^e$ |
| アルキン | のH原子数 $=$ | $2m+2-\boxed{2}\times 2$ | $=\boxed{2m-2}^e$ | |

不飽和結合か環が1つ生じると，H原子が2個減少する↑

問2　ハロゲン原子XがH原子と置き換わると，そのぶんH原子数が減少する。

問3　C−C間やC−H間に−O−が入ってもH原子数は変わらない。

問4　C−C間やC−H間に $(NH)$ が入るとN原子の数だけH原子が増える。

鎖式飽和の場合は，

$$\overset{\text{アルカン}}{H-H} + \overset{}{(CH_2)_m} + \overset{\text{問4}}{(NH)_n} + \overset{\text{問3}}{(O)_o} + \overset{\text{問2}}{(X)_x - (H)_x}$$

H原子数 $=2m+2+n-x$

H原子数 $h$ の分子の不飽和度 $= \dfrac{(2m+2+n-x)-h}{2} = \dfrac{\{(2m+2)-(h+x-n)\}}{2}$ …(1)

問5　不飽和度 $=2$ なので，鎖状骨格なら二重結合2つか三重結合1つ。環状骨格なら環が1つに二重結合1つ。なお，炭素数3では環2つはありえない。

**160** ③

**解説**　①，②　不飽和度が $x$ なら，分子式は $C_nH_{2n+2-2x}O_m$ と表される。

分子量は，$12n + 1\times(2n+2-2x)+16m = 14n+16m-2x+2$ となり，偶数である。

③，④　不飽和度が $x$ なら，分子式は $C_nH_{2n+2+l-2x}N_lO_m$ と表される。

分子量は，$12n + 1\times(2n+2+l-2x)+14l+16m = 14n+15l+16m-2x+2$ となる。

$l$ が奇数だと分子量は奇数となり，$l$ が偶数だと分子量は偶数となる。

よって，正しいのは③である。

**161**

**解説**　1,3-ブタジエンの構造式と問題文の指示から，この分子量142のジカルボン酸（ムコン酸という）の構造式は次のように決まる。

$$H_2C=CH-CH=CH_2 \xrightarrow{\text{端のHをCOOHに}} HOOC-CH=CH-CH=CH-COOH$$

1,3-ブタジエン　　　　　　　　　　分子量142のジカルボン酸（ムコン酸）

このジカルボン酸にはC=C結合が2つあり，シス-トランス異性体が存在する。（シス-シス），（シス-トランス），（トランス-シス），（トランス-トランス）のうち，（シス-トランス）と（トランス-シス）は，次のようにひっくり返すと重なるので，同じ立体構造である。

ひっくり返すと同じ

**162** 16種類

**解説** まずは右端の$-C_3H_7$とまとめて書いてある部分がプロピル基あるいはイソプロピル基のいずれかなので，2つの構造異性体が存在する。

$$CH_3-CH=CH-CH(OH)-CH_2-CH=CH-CH_2-CH_2-CH_3$$
または
$$CH_3-CH=CH-CH(OH)-CH_2-CH=CH-CH-CH_3$$
$$CH_3$$

次に，2つの$-CH=CH-$にシス-トランス異性体，$-CH(OH)-$に鏡像異性体が存在するので，さらに立体異性体を区別すると，

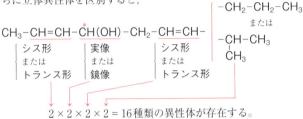

$2 \times 2 \times 2 \times 2 = \underline{16種類}$の異性体が存在する。

**163** 問1

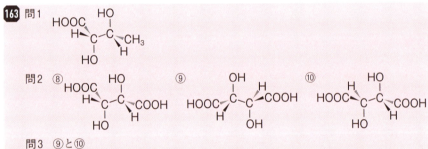

問3　⑨と⑩

**解説** 問1　左手と右手をむかえ合わせにするような視点で，問題文の図1の①と②，図2の⑤と⑥の置換基の配置を参考にして，構造式をかけばよい。

問2　③，④，⑤，⑥の$-CH_3$を$-COOH$に換えて，⑧，⑨，⑩の解答欄を完成すればよい。

問3　分子内に対称面あるいは対称心をもつメソ体の酒石酸が⑨と⑩であり，同一である。

⑨と同じ構造式。紙面の裏側から見れば⑩に一致。

# 第11章 脂肪族化合物

## 18 アルカン・アルケン・アルキン

**164** 問1　（実際の値は）174℃　（だいたい170〜180℃の範囲ならOK）
　　　問2　ファンデルワールス力
　　　問3　分子鎖に枝分かれが多く，球状に近いほど表面積が小さくなり，沸点が低くなるから。
　　　問4　A＞B＞D＞C

**解説**　問1　表1より−$CH_2$−が1つ増えると約20〜30℃沸点が高くなっている。デカン $C_{10}H_{22}$ は，ノナン $C_9H_{20}$ より沸点が20〜30℃高いと予想できる。

問2，3　分子鎖に枝分かれが多いと，分子の形が球状に近くなる。その結果，分子どうしの接触面積が小さくなり，ファンデルワールス力が弱くなるため，沸点が低くなる。
　　　　　　　　　　　　　　　　　　　　　　　　　　　　　　　　　　問2　　　　　　　　　　　→**理** P.84, 85

問4　枝分かれの少ない棒状の分子ほど表面積が大きくなり，沸点が高い。<u>A＞B＞D＞C</u>

**165** ②

**解説**　C＝C結合の隣りのC原子までは常に1つの平面上に存在する。→**有** P.30

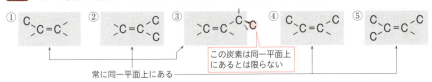

この炭素は同一平面上にあるとは限らない

常に同一平面上にある

ア　炭素原子が常にすべて同一平面上に並ぶのは①，②，④，⑤である。

イ　①，③，④からは直鎖のアルカン，②，⑤からは枝分かれした炭素鎖のアルカンが得られる。→**有** P.67

① ＋ $H_2$ ⟶ $CH_3-CH_2-CH_3$

② ＋ $H_2$ ⟶ $CH_3-CH{\small\begin{matrix}-CH_3\\-CH_3\end{matrix}}$

③④ ＋ $H_2$ ⟶ $CH_3-CH_2-CH_2-CH_3$

⑤ ＋ $H_2$ ⟶ $CH_3-CH-CH_2-CH_3$ （$CH_3$）

ウ　①〜⑤の分子式は一般に $C_nH_{2n}$（分子量14n）と表せる。すべてC＝Cを1つもつので，1分子に対して$Br_2$が1分子付加する。→**有** P.68

$$C_nH_{2n} + Br_2 \longrightarrow C_nH_{2n}Br_2$$

$$\underbrace{\frac{0.56}{14n}}_{\text{mol（炭化水素）}} = 1.0 〔mol/L〕 × \underbrace{\frac{10}{1000}〔L〕}_{\text{mol（}Br_2\text{）}}$$

　　　よって，n＝4 となり，②，③，④のいずれかとなる。
　　　ア〜ウのすべてに当てはまるのは②である。

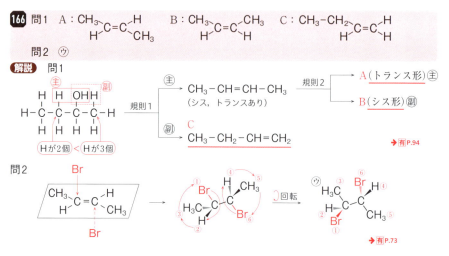

**166** 問1　A：CH₃$-$C$-$H $\atop$ B：CH₃$-$C$-$CH₃ $\atop$ C：CH₃$-$CH₂$-$C$-$H

問2　(ウ)

**解説**　問1

（左：H H OHH の炭素鎖構造式）
H$-$C$-$C$-$C$-$C$-$H
（主 … 副 の枠囲み）
Hが2個　＜　Hが3個

→ 規則1 →
主：CH₃$-$CH＝CH$-$CH₃
（シス，トランスあり）
→ 規則2 →
A（トランス形）主
B（シス形）副

副：C
CH₃$-$CH₂$-$CH＝CH₂

→ 有 P.94

問2

CH₃$-$C＝C$-$H（HとCH₃，Br）　→　Br C CH₃ … Br（回転）(ウ) H₃C$-$C$-$C$-$CH₃ Br Br

→ 有 P.73

**167** 問1　A：CH₂＝C$-$CH₂$-$CH₃ $\atop$ CH₃　　B：CH₃$-$C＝CH$-$CH₃ $\atop$ CH₃

C：H$-$C＝O　　D：CH₃$-$C＝O

問2　PdCl₂とCuCl₂を触媒としてエチレンを酸素で酸化してつくられる。

問3　(CH₃COO)₂Ca ⟶ CaCO₃ ＋ CH₃COCH₃

問4　付加重合によりポリプロピレンを合成する。

**解説**　問1，3　アルデヒドCは，問題文の情報よりホルムアルデヒドである。→ 有 P.102, 302

Cの炭素原子数は1なので，もう一方のAの酸化分解生成物は炭素原子数が 5－1＝4 である。

ケトンEは下線部の反応（問3）より，アセトンである。→ 有 P.127

Eの炭素原子数は3なので，もう一方のBの酸化分解生成物は炭素原子数が 5－3＝2 であり，アセトアルデヒドである。よって，AのC以外の酸化生成物はケトンであり，AとBの構造式が決まる。また，Dはアセトアルデヒド，Fは2-ブタノン（エチルメチルケトン）である。

A：H C＝C CH₂$-$CH₃ $\atop$ H CH₃ $\xrightarrow{酸化分解}$ C：H C＝O H ＋ F：O＝C CH₂$-$CH₃ $\atop$ CH₃
ホルムアルデヒド　2-ブタノン（エチルメチルケトン）

B：CH₃ C＝C CH₃ $\atop$ CH₃ H $\xrightarrow{酸化分解}$ E：CH₃ C＝O CH₃ ＋ D：O＝C CH₃ $\atop$ H
アセトン　　アセトアルデヒド

問2　アセトアルデヒドは，工業的にはエチレンを空気酸化してつくられている。→ 有 P.103

問3　乾留とは空気を断って加熱することであり，酢酸カルシウムの乾留でアセトンが生じる。→ 有 P.127

問4　アルケンGは，アセトンと同じ炭素原子数3のプロペンである。プロペンをPdCl₂や

$CuCl_2$を触媒にして空気酸化すると，エチレンの場合と同様の反応が起こり，アセトンが得られる。

$$\underset{\text{プロペン}}{\overset{G}{CH_2=CH-CH_3}} \xrightarrow[\text{触媒}]{O_2} \underset{\text{アセトン}}{CH_3-\underset{\underset{O}{\|}}{C}-CH_3}$$

プロペン（プロピレン）を付加重合すると，ポリプロピレンが得られる。　有 P.288

$$n\,\underset{\substack{\text{プロペン}\\\text{（プロピレン）}}}{CH_2=CH-CH_3} \xrightarrow{\text{付加重合}} \underset{\text{ポリプロピレン}}{\left[\!\!\begin{array}{c}CH_2-CH\\ |\\ CH_3\end{array}\!\!\right]_n}$$

**168** 問1

$$CH_3-CH_2-\underset{\underset{OH}{|}}{\overset{\overset{CH_2-CH_3}{|}}{C}}-CH_2-CH_3 \longrightarrow \underset{H}{\overset{CH_3}{C}}=C\underset{CH_2-CH_3}{\overset{CH_2-CH_3}{<}} + H_2O$$

問2

$$\underset{CH_3-CH_2}{\overset{CH_3}{>}}C=C\underset{CH_3}{\overset{CH_3}{<}}$$

問3

$$\underset{CH_3-CH_2}{\overset{CH_3}{>}}C=C\underset{CH_2-CH_3}{\overset{H}{<}} \qquad \underset{CH_3-CH_2}{\overset{CH_3}{>}}C=C\underset{H}{\overset{CH_2-CH_3}{<}}$$

問4　$CH_3-CH_2-CH_2-\underset{\underset{H}{|}}{C}=O$　　$CH_3-\underset{\underset{CH_3}{|}}{CH}-\underset{\underset{H}{|}}{C}=O$

問5　ⓔ

**解説**　A〜Eは分子式$C_7H_{14}$のアルケンで，全炭素数が7である点に注意する。

問1　結果1よりFは炭素数5でヨードホルム反応を示さないケトンである。よって，Aの構造式は次のように決まる。

$$\underset{\substack{\text{アセトアルデヒド}\\\text{（炭素数2）}}}{\underset{H}{\overset{CH_3}{C}}=O} \qquad \underset{F}{O=C\underset{CH_2-CH_3}{\overset{CH_2-CH_3}{<}}} \underset{O_3}{\overset{\text{元の形}}{\rightleftarrows}} \underset{A}{\underset{H}{\overset{CH_3}{C}}=C\underset{CH_2-CH_3}{\overset{CH_2-CH_3}{<}}}$$

炭素数$7-2=5$　，　$CH_3-\underset{\underset{O}{\|}}{C}-$ なし

分子内脱水によって，Aが生じる第三級アルコールの構造式は次のとおり。

$$CH_3-\underset{\underset{\boxed{H}}{|}}{CH}-\underset{\underset{\boxed{OH}}{|}}{\overset{\overset{CH_2-CH_3}{|}}{C}}-CH_2-CH_3 \xrightarrow{-H_2O} A$$

問2　結果2〜4を整理すると，

$$\left\{\begin{array}{l}B \xrightarrow{O_3} G + H \\ \phantom{B \xrightarrow{O_3} G} \text{ケトン} \\ C \xrightarrow{O_3} G + I \\ \phantom{C \xrightarrow{O_3} G} \text{アルデヒド} \\ D \xrightarrow{O_3} G + I \\ \phantom{D} \text{ケトン アルデヒド}\end{array}\right.$$

CとDからは同じカルボニル化合物が生じているので，CとDはシス-トランス異性体と予測される。

Bから生じたケトンGとHは炭素原子数が合わせて7になることから，

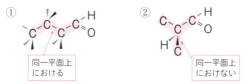

$$CH_3{-}\!\!\!\overset{\displaystyle }{\underset{\displaystyle CH_3}{>}}C{=}O \quad と \quad CH_3{-}CH_2{-}\!\!\!\overset{\displaystyle }{\underset{\displaystyle CH_3}{>}}C{=}O$$

アセトン　　　　　　2-ブタノン

の組合せになる。仮にGがアセトンならCとDがシス-トランス異性体にならない。そこで，Gは2-ブタノン，Hはアセトンであり，Bの構造式が決まる。

G　　　　　　　　　H　　　　　　　　　B

問3　Gは2-ブタノンなので，Iは炭素数7－4＝3のプロピオンアルデヒドとなる。よって，CとDは以下のように決まる。

問4　Iはプロピオンアルデヒドなので，Jは炭素数7－3＝4のアルデヒドであるから，

① $CH_3{-}CH_2{-}CH_2{-}\overset{\displaystyle }{\underset{\displaystyle O}{C}}{-}H$　あるいは　② $CH_3{-}\overset{\displaystyle CH_3}{\underset{\displaystyle }{CH}}{-}\overset{\displaystyle }{\underset{\displaystyle O}{C}}{-}H$

炭素数4　　　　　　　　　　　　炭素数4

問5　①の直鎖状アルデヒドでは，すべての炭素原子が同一平面上に存在することが可能であるが，②の分枝状アルデヒドでは，すべての炭素原子が同一平面上に存在することはできない。

① 同一平面上における

② 同一平面上におけない

**169** 12g

**解説**　エチレン $CH_2{=}CH_2$ が $x$〔mol〕，アセチレン $CH{\equiv}CH$ が $y$〔mol〕を含むとする。

$$
\begin{cases}
CH_2{=}CH_2 \;+\; H_2 \;\longrightarrow\; CH_3{-}CH_3 \\
\quad x \qquad\quad x \qquad\qquad\quad x \qquad 〔mol〕 \\
CH{\equiv}CH \;+\; 2H_2 \;\longrightarrow\; CH_3{-}CH_3 \\
\quad y \qquad\quad 2y \qquad\qquad\quad y \qquad 〔mol〕
\end{cases}
$$

$x + y$〔mol〕の混合気体が標準状態で2240mL，水素と反応させ，すべてエタンにするには $x + 2y$〔mol〕の $H_2$ が必要であることから，

$$
\begin{cases}
x + y = \dfrac{2240 \times 10^{-3}\ 〔L〕}{22.4\ 〔L/mol〕} = 0.10〔mol〕 \quad \cdots(1) \\[2mm]
x + 2y = \dfrac{3360 \times 10^{-3}\ 〔L〕}{22.4\ 〔L/mol〕} = 0.15〔mol〕 \quad \cdots(2)
\end{cases}
$$

(1)式，(2)式より，$x = 0.050$〔mol〕，$y = 0.050$〔mol〕 となる。

$C_2H_2$ 1molから銀アセチリドは1mol生じるので，

$$C_2H_2 + 2Ag^+ \longrightarrow \underset{\text{(式量240)}}{Ag_2C_2}\downarrow + 2H^+$$

0.050molの $C_2H_2$ から生じる銀アセチリド〔g〕は，

0.050〔mol〕× 240〔g/mol〕 = <u>12〔g〕</u>

**170**　A：H–C≡C–CH₂–CH₃　　B：CH₃–C–CH₂–CH₃　　C：CH₂=CH–CH₂–CH₃
　　　　　　　　　　　　　　　　　　　　‖
　　　　　　　　　　　　　　　　　　　　O

　　　D：CH₂–CH–CH₂–CH₃　　E：CH₃–CH–CH₂–CH₃
　　　　　　｜　｜　　　　　　　　　　　　｜
　　　　　　Br　Br　　　　　　　　　　　OH

　　　F：CH₃ C=C CH₃　　　　　G：CH₃ C=C H
　　　　　　　＼　／　　　　　　　　　　　＼　／
　　　　　　　H　H　　　　　　　　　　　H　CH₃

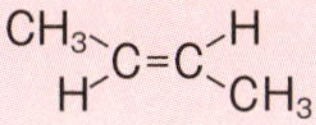

**解説**　分子式 $C_4H_6$ のアルキンは，次の2つの構造異性体がある。

① H–C≡C–CH₂–CH₃　　② CH₃–C≡C–CH₃

> 　　　　C
> 　　　　｜
> C≡C–C は，中心の炭素の原子価が5になるので，ありえない

〈①の場合〉

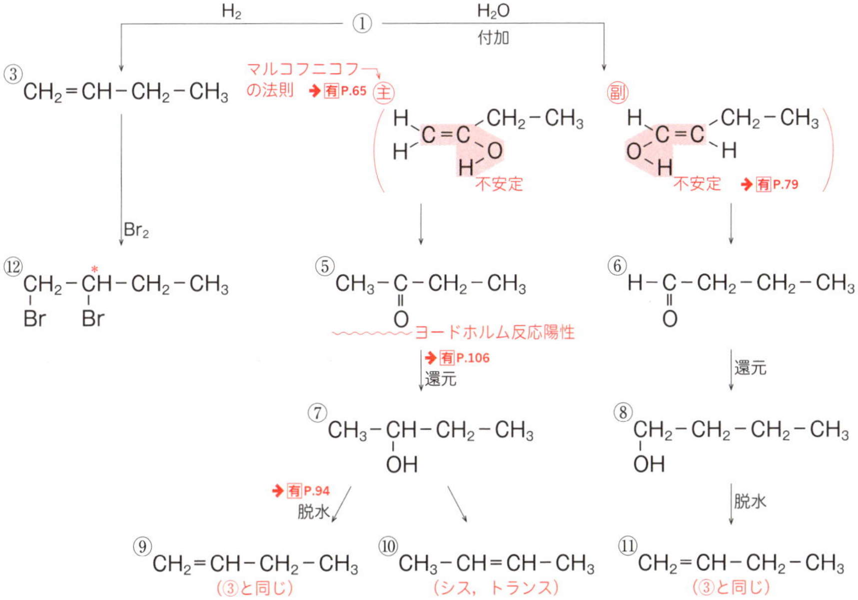

③ CH₂=CH–CH₂–CH₃

マルコフニコフの法則 →有 P.65 (主)

⑫ CH₂–CH–CH₂–CH₃
　　　｜　｜
　　　Br　Br

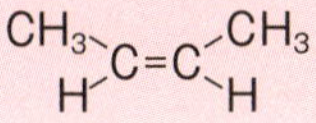

⑤ CH₃–C–CH₂–CH₃
　　　　　‖
　　　　　O
ヨードホルム反応陽性 →有 P.106

⑦ CH₃–CH–CH₂–CH₃
　　　　　｜
　　　　　OH
→有 P.94 脱水

⑥ H–C–CH₂–CH₂–CH₃
　　　‖
　　　O

⑧ CH₂–CH₂–CH₂–CH₃
　　　｜
　　　OH
脱水

⑨ CH₂=CH–CH₂–CH₃ （③と同じ）

⑩ CH₃–CH=CH–CH₃ （シス，トランス）

⑪ CH₂=CH–CH₂–CH₃ （③と同じ）

〈②の場合〉

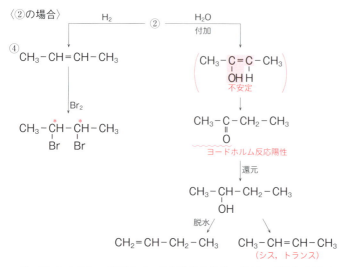

C＝④ とすると，**実験3**で，Cの構造異性体のF（シス形）とG（トランス形）ができたという記述を満たさないので，C＝③ で，A＝①，Bは主生成物でヨードホルム反応陽性の⑤，D＝⑫，E＝⑦，F＝⑩（シス形），G＝⑩（トランス形） となる。

## 🔵19 アルコール・カルボニル化合物・カルボン酸・エステルとアミド

**171**

A：CH₃-C-CH₃    B：CH₃-CH₂-O-CH₂-CH₃    C：CH₃-CH₂-CH-CH₃

（A：CH₃ / OH    C：OH）

理由：第二級アルコールで不斉炭素原子をもつから。

**解説** C₄H₁₀Oは，不飽和度0より鎖式飽和である。

C₄H₁₀O ＝ C₄H₁₀ ＋ {O} と分け，C₄H₁₀に-O-を割り込ませて数えると，次の①～⑦の構造異性体がある。→有P.90

←と⇐は，{O}の入る位置
①～④に入ると，アルコール
⑤～⑦に入ると，エーテル

Aは，金属ナトリウムと反応して水素を発生することからアルコールであり，酸化されにくいことから第三級アルコール（④）とわかる。

Bは，エタノールを分子間脱水して得られるのでジエチルエーテル（⑤）である（金属ナトリウムと反応しないこととも一致する）。

Cは，金属ナトリウムと反応して水素を発生することからアルコールであり，酸化され銀鏡反応を示さない（ケトンが生成）ので，第二級アルコールとわかる。また，鏡像異性体があることより不斉炭素原子をもつ。これらより②と判断できる。

**172** ②

**解説**

① $CH_3-\overset{\underset{\|}{O}}{C}-H \xrightarrow{\text{酸化}} CH_3-\overset{\underset{\|}{O}}{C}-OH$ と変化し，酢酸が生じる。誤り。→有P.97

　　アセトアルデヒド　　　　　酢酸

② $H-\overset{\underset{\|}{O}}{C}-OH$ はホルミル基をもつカルボン酸であり，還元性をもつ。<u>正しい。</u>

　ギ酸

③ カルボン酸は炭酸より強い酸であり，ギ酸は飽和脂肪酸の中で最も強い酸である。誤り。→有P.116

④ エチレンを空気酸化することでアセトアルデヒドが得られる。誤り。→有P.103

$CH_2=CH_2 \xrightarrow[\text{[CuCl}_2\text{, PdCl}_2\text{]}]{O_2} CH_3-\overset{\underset{\|}{O}}{C}-H$

エチレン　　　　　　　　　　　　　アセトアルデヒド

⑤ アセトンはケトンであり，ホルミル基をもたず，銀鏡反応を示さない。誤り。→有P.107

$CH_3-\overset{\underset{\|}{O}}{C}-CH_3$

アセトン

---

**173** 問1　A：$CH_3-CH_2-CH_2-\overset{\underset{\|}{O}}{C}-H$　　B：$CH_3-CH_2-\overset{\underset{\|}{O}}{C}-CH_3$

　　　　C：$CH_2=CH-\underset{\underset{OH}{|}}{CH}-CH_3$　　　D：$H_2\overset{\overset{O}{\diagup\diagdown}}{C-CH}-CH_2-CH_3$

問2　$H_3C-\overset{\overset{\displaystyle O}{\diagup\diagdown}}{C}\overset{}{-}\overset{}{C}-CH_3$ (with H on each)

**解説**

問1　不飽和度 $= \dfrac{(2 \times 4 + 2) - 8}{2} = 1$ なので，A〜Eは次のいずれかである。

→有P.33

鎖状 $\begin{cases} \text{C=C　1つ（アルコール　もしくは　エーテル）} \\ \text{C=O　1つ（アルデヒド　もしくは　ケトン）} \end{cases}$

環　1つ（アルコール　もしくは　エーテル）

A，Bは直鎖のカルボニル化合物であり，還元して得られるアルコールの級数より決まる。→有P.106

A　$CH_3-CH_2-CH_2-\overset{\underset{\|}{O}}{C}-H \xrightarrow[\text{還元}]{H_2} CH_3-CH_2-CH_2-\underset{\underset{OH}{|}}{CH_2}$

　　　　　　　アルデヒド　　　　　　　　　　　　　　　　第一級アルコール

B　$CH_3-CH_2-\overset{\underset{\|}{O}}{C}-CH_3 \xrightarrow[\text{還元}]{H_2} CH_3-CH_2-\underset{\underset{OH}{|}}{CH}-CH_3$

　　　　　ケトン　　　　　　　　　　　　　　　　第二級アルコール

Cは C=C 結合をもっていて，不斉炭素原子を1個もつから次のように決まる。

```
  C        H
  |        |
  C = C — C* — C
          |  ←ここに-O-を入れる
          H
  └─────────┘
    炭素数4
```

Dは3員環の環状エーテルで，不斉炭素原子を1個もつことから， ➡有P.46

```
    D
  H   O   C-C
   \ / \ /
    C*——C*
   / H   H \
  H         H
```

問2 Eは2個の不斉炭素原子をもつが鏡像異性体をもたないので，不斉炭素原子間に対称面をもつメソ体である。 ➡有P.47

E

対称面     鏡     対称面     同じ

## 174 0.20g

**解説** フェーリング液中の $Cu^{2+}$ によって，アセトアルデヒドが酸化され，$Cu_2O$ の赤色沈殿が生じる。

酸化剤 $2Cu^{2+} + 2OH^- + 2e^- \longrightarrow Cu_2O + H_2O$ ⋯(1)

還元剤 $CH_3CHO + 3OH^- \longrightarrow CH_3COO^- + 2H_2O + 2e^-$ ⋯(2)

(1)式＋(2)式より，$e^-$を消去する。

$CH_3CHO + 2Cu^{2+} + 5OH^- \longrightarrow Cu_2O\downarrow(赤) + CH_3COO^- + 3H_2O$

酸化された $CH_3CHO$ の質量を $x$〔g〕とすると，$CH_3CHO$ 1molから $Cu_2O$ は1mol生じるので，

$$\underbrace{\frac{x〔g〕}{44〔g/mol〕}}_{mol(CH_3CHO)} = \underbrace{\frac{0.650〔g〕}{143〔g/mol〕}}_{mol(Cu_2O)} \quad\quad よって，x = \underline{0.20}〔g〕$$

## 175 ③

**解説** Rの部分はアルキル基なので $C_nH_{2n+1}$ と表せる。

$C_nH_{2n+1}COONa + NaOH \longrightarrow C_nH_{2n+2} + Na_2CO_3$

$$\underbrace{\frac{11\ 〔g〕}{12n + 2n + 1 + 44 + 23〔g/mol〕}}_{mol(ナトリウム塩)} = \underbrace{\frac{4.4\ 〔g〕}{12n + 2n + 2〔g/mol〕}}_{mol(炭化水素)} \quad よって，n = 3$$

したがって，③の $CH_3CH_2CH_2COOH$（酪酸）と決まる。

**176**

問1　$HO-C-\underset{\text{(benzene ring)}}{\bigcirc}-C-OH + 2CH_3-(CH_2)_8-OH$
　　　　　$\underset{O}{\|}$　　　　　　$\underset{O}{\|}$

　　　　　　$\longrightarrow CH_3-(CH_2)_8-O-C-\underset{\text{(benzene ring)}}{\bigcirc}-C-O-(CH_2)_8-CH_3 + 2H_2O$
　　　　　　　　　　　　　　　　$\underset{O}{\|}$　　　　　　$\underset{O}{\|}$

問2　トルエン：3.9mL
　　　水　　　：1.1mL

（目盛り：5, 4, 3, 2, 1 —トルエン／水）

問3　クロロベンゼンは水より密度が大きいので，dでクロロベンゼンが水より下層にたまり，やがて上層の水がdから押し出されてaに戻るため，エステルの加水分解が起こるから。

**解説**　問1　"中性の物質が生じる反応"とあるので，テレフタル酸の2つのカルボキシ基は両方とも1-ノナノールのヒドロキシ基と縮合し，ジエステルが生じる。

$$\underset{O}{\overset{O}{\|}}C-OH \;\underset{O}{\overset{O}{\|}}C-OH + 2CH_3(CH_2)_8OH \rightleftharpoons \underset{O}{\overset{O}{\|}}C-O-(CH_2)_8CH_3 \;\underset{O}{\overset{O}{\|}}C-O-(CH_2)_8CH_3 + 2H_2O \quad \cdots(1)$$

（設問には"中性の化合物が生じる反応"とあるので，反応式を片矢印で表して解答しておく。）

問2　油浴の温度は140℃なので，沸点140℃以下のトルエンと，反応によって生成した$H_2O$が蒸発してaからbを通り，cで冷却されて凝縮し，dに液体がたまる。トルエンは水より密度が小さいので，dでは上層がトルエン，下層は水の2層に分離する。→有P.202

問1の反応式の係数からテレフタル酸がすべて反応すると，1molあたり2molの$H_2O$が生成するので，今回，dにたまる$H_2O$の体積〔mL〕は，

$$\frac{5.0\ 〔g〕}{166〔g/mol〕} \times 2 \times 18〔g/mol〕 \div 1.0〔g/cm^3〕 \fallingdotseq 1.1〔mL〕$$

mol（テレフタル酸）　mol($H_2O$)　g($H_2O$)　$cm^3$($H_2O$) = mL($H_2O$)

dの容積は5.0mLであり，トルエンは十分量あるので，上層にたまるトルエンは

5.0 − 1.1 = 3.9〔mL〕　となる。

この実験では生成した$H_2O$がaからとり除かれるため，(1)式の反応がエステルの加水分解方向に進まず，テレフタル酸がすべて反応したのである。

問3　クロロベンゼンはトルエンと異なり，水より密度が大きい。そこで，上層が水，下層はクロロベンゼンの2層に分離する。クロロベンゼンがどんどん下にたまってくると，やがて上層の水がdから押し出され，bを通ってaに戻される。すると，(1)式の反応が左方向に進むため，テレフタル酸がすべて消費されず，一部残る。

**177**

問1　上層　　問2　$C_5H_8O_2$　　問3　　　問4　ヨードホルム反応

問5　$C_6H_{12}O$　　問6　$CH_2{=}CH{-}CH_2{-}CH_2{-}\overset{\overset{H}{|}}{\underset{\underset{OH}{}}{C}}{-}CH_3$

**解説**

$\underset{\begin{subarray}{l}(分子量100)\\ C_xH_yO_z\end{subarray}}{A,\ B}$ $\xrightarrow[NaHCO_3水溶液]{ジエチルエーテル}$

| B | エーテル層 |
|---|---|
| Aの塩 | 水層 |

エーテル層 →有 P.202
水層 $\xrightarrow{HCl}$ A

カルボン酸ナトリウム塩

問2, 3　化合物Aについて，5.0mg中の各元素の原子の質量は，

$$C \Rightarrow 11.0 \times \frac{12}{44} = 3.0〔mg〕 \qquad H \Rightarrow 3.6 \times \frac{2}{18} = 0.40〔mg〕$$

$$O \Rightarrow 5.0 - (3.0 + 0.40) = 1.6〔mg〕$$

そこで物質量比は，

$$C : H : O = \frac{3.0}{12} : \frac{0.40}{1} : \frac{1.6}{16} = 5 : 8 : 2 \quad \Rightarrow \quad 組成式 C_5H_8O_2$$

分子量が100なので，分子式も $\underline{C_5H_8O_2}$ である。

実験1よりAは $NaHCO_3$ と反応して水層に移動したのでカルボン酸である。

→有 P.120, 202

H原子数は鎖式飽和時 $(2 \times 5 + 2 = 12)$ より4個少なく，不飽和度（不飽和結合と環の数の和）$= 2$ である。

Aは，$-\overset{}{\underset{\underset{O}{\|}}{C}}{-}OH$ 1個と不斉炭素原子を1つもつので，

$C{=}C$ 結合が1個ある。※1

$C{=}C{-}\overset{\overset{H}{|}}{\underset{\underset{COOH}{}}{C^*}}{-}C$

※1　$-C-OH$ 1個 ＋ 環 1個　の場合

C*なし　　C*2つ

条件に合わない

C*なし　　C*なし

問5, 6　Bについて，

実験3, 4
- Aとは異なる分子式で分子量100
- ヨードホルム反応するので $-\overset{}{\underset{\underset{O}{\|}}{C}}{-}CH_3$ または $-\overset{}{\underset{\underset{OH}{}}{CH}}{-}CH_3$ あり
- $C{=}C$ 結合1個（$Br_2$ が付加し，$H_2$ が付加すると分子量が2増加）

Bが，O原子を1個もつとすると，分子式 $\underline{C_6H_{12}O}$ で不飽和度 $= \dfrac{2 \times 6 + 2 - 12}{2} = 1$，

分子量100となり，条件を満たす。

この場合は不飽和度＝1 だから，$CH_3-CH-$ と C=C結合1つ もつことになる。
　　　　　　　　　　　　　　　　　　｜
　　　　　　　　　　　　　　　　　　OH

　実験5でB($C^*$1つ)にHClを付加させると，$C^*$2つもつDが主生成物になり，Bにシス-トランス異性体が存在しないこと，$H_2$を付加して生成するCが$C^*$1つであることから，Bの構造が決まる。

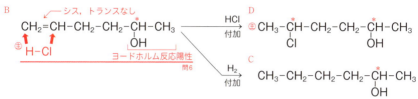

補足　Bの構造の決定のしかた

①
$$C-C-C=C-\overset{*}{C}-CH_3$$
　　　｜　　　｜
　　　H　　　OH

②
$$C-C=C-C-\overset{*}{C}-CH_3$$
　　　　　｜　　｜
　　　　　H　　OH

③
$$C=C-C-C-\overset{*}{C}-CH_3$$
　　　　　　　｜
　　　　　　　OH

④
$$C-C=C-\overset{*}{C}-CH_3$$
｜　　　　　｜
C　　H　　OH

⑤
$$C=C-C-\overset{*}{C}-CH_3$$
　　｜　　｜
　　H　　OH

⑥
$$C-C=C-\overset{*}{C}-CH_3$$
　　｜　｜
　　H　OH

⑦
$$C=C-\overset{*}{C}-\overset{*}{C}-CH_3$$
　　　｜　｜
　　　H　OH

⑧
$$C-C-\overset{*}{C}-CH_3$$
　｜　　｜
　C　　OH

　①，②，⑥は シス-トランス異性体が存在するから×。
　④，⑤はHClを付加すると主生成物の不斉炭素原子が1個のみ。
　⑦は不斉炭素原子2個だから×。
　⑧は$H_2$を付加したら不斉炭素原子が2個になるので×。
　よって，Bは③である。

**178** 問1 ア：② イ：① ウ：③ 問2 ⑥

**解説** 問1

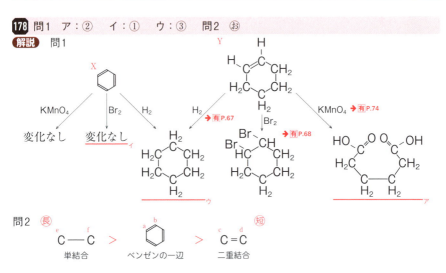

問2 長 C—C > ベンゼンの一辺 > C＝C 短
　　　　 単結合　　　　　　　　　　　　　　二重結合

**179** a：クロロベンゼン　b：o-ニトロトルエン　c：p-ニトロトルエン
　d：2,4,6-トリニトロトルエン　あ：オルト　い：メタ　う：パラ
　ア：付加　イ：置換　　　　　　　　　　　　　　　（bとc，あとうは順不同）

**解説**

$$\bigcirc \xrightarrow[\text{鉄粉}]{Cl_2} \bigcirc\text{-Cl} \quad (\text{置換反応}) \quad →有P.156$$

$$\begin{array}{c} H \\ H \end{array}C=C\begin{array}{c} H \\ H \end{array} \xrightarrow{Cl_2} H-\overset{\overset{H}{|}}{\underset{\underset{Cl}{|}}{C}}-\overset{\overset{H}{|}}{\underset{\underset{Cl}{|}}{C}}-H \quad (\text{付加反応}) \quad →有P.68$$

$$\underset{\text{オルト-パラ配向性}}{\overset{CH_3}{\bigcirc}} \xrightarrow[H_2SO_4]{HNO_3} \overset{CH_3}{\bigcirc}NO_2 \text{と} \overset{CH_3}{\underset{NO_2}{\bigcirc}} \xrightarrow[\text{高温}]{\text{さらに}} O_2N\overset{CH_3}{\underset{NO_2}{\bigcirc}}NO_2 \quad →有P.167$$

2,4,6-トリニトロトルエン

**180** 問1　5種類：CH₃（ ）CH₃　4種類：CH₃（ ）CH₃　3種類：CH₃（ ）CH₃

問2　A：〇-CH₂-Br　B：CH₃-〇-Br

**解説** 問1 分子式$C_8H_{10}$で表される芳香族炭化水素には，エチルベンゼン以外に，キシレンの*o*-体，*m*-体，*p*-体が存在し，炭素原子の環境と種類は次のとおり。→有P.166

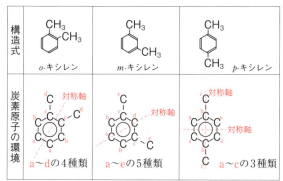

| 構造式 | CH₃ ... *o*-キシレン | CH₃ ... *m*-キシレン | CH₃ ... *p*-キシレン |
|---|---|---|---|
| 炭素原子の環境 | a～dの4種類 | a～eの5種類 | a～cの3種類 |

問2　$Br_2$に光を照射すると，共有結合が開裂して臭素原子が生じる。

$$Br_2 \xrightarrow{\text{光}} 2Br^\cdot$$

トルエンの側鎖の炭素は酸化されやすく，$Br^\cdot$に攻撃されて次のような置換反応が連鎖的に進む。メタンと塩素の反応と同様の反応である。→有P.56, 57

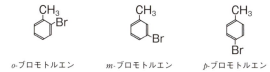

$$\langle \rangle\text{-CH}_3 + Br^\cdot \longrightarrow \langle \rangle\text{-}\dot{C}H_2 + HBr \quad \cdots(1)$$

$$\langle \rangle\text{-}\dot{C}H_2 + Br_2 \longrightarrow \langle \rangle\text{-CH}_2-Br + Br^\cdot \quad \cdots(2)$$

（分子式$C_7H_7Br$）

(1)式＋(2)式より，　$\langle \rangle\text{-CH}_3 + Br_2 \longrightarrow \langle \rangle\text{-CH}_2-Br + HBr$

臭化ベンジル A

鉄粉を加えると，$Br^+$が生じて置換反応が起こる。→有P.157

この反応で生じたAの構造異性体は，次の3種類のブロモトルエンである。

| *o*-ブロモトルエン | *m*-ブロモトルエン | *p*-ブロモトルエン |
|---|---|---|

これらのうち，異なった環境の炭素原子がAの臭化ベンジルと同じ5種類となるBは，次図より*p*-ブロモトルエンとわかる。

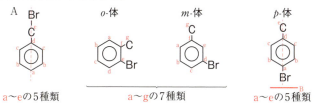

A ... a～eの5種類　　*o*-体／*m*-体 ... a～gの7種類　　*p*-体 ... a～eの5種類 B

**⑤**

**解説** ①〜⑤の化合物の側鎖のアルキル基を酸化すると次の①′〜⑤′の化合物が得られる。

 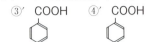  

① COOH（分子量122）　② COOH / Cl（分子量156.5）　③ COOH / $NO_2$（分子量167）　④ COOH　⑤ COOH / COOH（分子量166）

Bを$n$価のカルボン酸とし，分子量を$M$とすると，

$$\underbrace{\frac{1.00 \ [g]}{M \ [g/mol]}}_{\text{mol(B)}} \times \underbrace{n}_{\text{mol(出しうるH}^+)} = \underbrace{1.00 \ [mol/L] \times \frac{12.0}{1000} \ [L]}_{\text{mol(NaOH)}}$$ ▶理P.134

よって，$M \fallingdotseq 83n$

$n = 2$なら$M \fallingdotseq 166$となり，⑤′のテレフタル酸に一致する。

したがって，B ＝ ⑤′，A ＝ <u>⑤</u>

---

## **21** フェノール類とその誘導体・アニリンとその誘導体

**182**

問1　A : $CH_3$—◯—OH　B : ◯—O—$CH_3$　C : ◯ $CH_2$—OH / $CH_3$　F : ◯ (無水フタル酸)

問2　A　問3　B : 3　E : 2

**解説**　問1　①，②より，▶有P.176, 177

A，B ⇒ $C_7H_8O$ ＝ ◯ ＋ —($CH_2$)— ＋ —(O)—

C ⇒ $C_8H_{10}O$ ＝ ◯ ＋ —($CH_2$)— ＋ —($CH_2$)— ＋ —(O)—

③よりAは酸性物質なのでフェノール類であり，⑤より$p$-クレゾールに決まる。

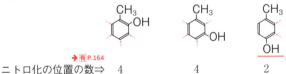

▶有P.164
ニトロ化の位置の数 ⇒　4　　　　4　　　　2

④でAが<u>無水酢酸</u>と反応すると，次のような酢酸エステルが生成する。

▶有P.132

$CH_3$—◯—O—C(=O)—$CH_3$

③より，Bはアルコールかエーテルであり，④で無水酢酸と反応しないことからヒドロキシ基をもたないので，次のメチルフェニルエーテルである。

◯—O—$CH_3$

③より，Cはアルコールかエーテルであり，④で無水酢酸と反応することからアルコールとわかる。⑥，⑦，⑧の変化より，Cは次の構造と決まる。

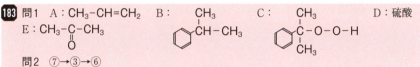

問2　フェノール性ヒドロキシ基をもつのは A の p-クレゾールのみである。

問3

B: OCH$_3$　　ニトロ化の位置の数 ⇒ 3

E: COOH COOH　→有P.164　ニトロ化の位置の数 ⇒ 2

**183** 問1　A：CH$_3$-CH=CH$_2$　B：（ベンゼン環）CH-CH$_3$（CH$_3$）　C：（ベンゼン環）C-O-O-H（CH$_3$, CH$_3$）　D：硫酸
E：CH$_3$-C-CH$_3$（O）

問2　⑦→③→⑥

**解説**

問1　（ベンゼン環）+ CH$_3$-CH=CH$_2$ ──→ （ベンゼン環）CH-CH$_3$（CH$_3$）　…(1)
　　　　　　　プロペン A　　　　　　　クメン B

（ベンゼン環）CH-CH$_3$（CH$_3$）+ O$_2$ ──→ （ベンゼン環）C-O-O-H（CH$_3$, CH$_3$）　…(2)
　　　　　　　　　　　　　　　　　　クメンヒドロペルオキシド C

（ベンゼン環）C-O-O-H（CH$_3$, CH$_3$）──硫酸 D──→ （ベンゼン環）OH + CH$_3$-C=O-CH$_3$（C）　…(3)
　　　　　　　　　　　　　　　　　　　　　　　　　　　　　アセトン E

問2　ベンゼンスルホン酸からアルカリ融解によってフェノールを合成するには，NaOH の固体が必要となる。これは①～⑧の反応剤にはない。よって，クロロベンゼンから次のような経路で合成する。

（ベンゼン環）──⑦ Cl$_2$/Fe──→（ベンゼン環）Cl ──③ NaOH水溶液 高温・高圧──→（ベンゼン環）ONa ──⑥ CO$_2$, H$_2$O 弱酸遊離──→（ベンゼン環）OH

**184**

問1　A：（ベンゼン環）OH, C-O-OH（O）　サリチル酸

B：（ベンゼン環）O-C-CH$_3$（O）, C-OH（O）　アセチルサリチル酸

C：（ベンゼン環）OH, C-O-CH$_3$（O）　サリチル酸メチル

103

問2 $\underset{\text{ONa}}{\overset{\text{C-ONa}}{\underset{\text{O}}{}}}$ + $CO_2$ + $H_2O$ ⟶ $\underset{\text{OH}}{\overset{\text{C-ONa}}{\underset{\text{O}}{}}}$ + $NaHCO_3$

問3　A　特徴：フェノール性ヒドロキシ基をもつ。

問4　C　問5　50.0%　問6　96%

**解説**

問1　（I）　⬡ONa $\xrightarrow[\text{高温高圧}]{CO_2}$ ⬡$\overset{\text{OH}}{\underset{\text{COONa}}{}}$ $\xrightarrow{H_2SO_4}$ ⬡$\underset{A}{\overset{\text{OH}}{\underset{\text{COOH}}{}}}$

（II）　⬡$\overset{\text{OH}}{\underset{\text{COOH}}{}}$ + $(CH_3CO)_2O$ ⟶ ⬡$\underset{B}{\overset{\text{O-C-CH}_3}{\underset{\text{COOH}}{}}}$（$\overset{O}{\parallel}$） + $CH_3COOH$

（III）　⬡$\overset{\text{OH}}{\underset{\text{COOH}}{}}$ + $CH_3OH$ $\xrightarrow[\text{加熱}]{\text{濃硫酸}}$ ⬡$\underset{C}{\overset{\text{OH}}{\underset{\text{C-O-CH}_3}{}}}$（$\overset{}{\underset{O}{\parallel}}$） + $H_2O$

➡有 P.183, 184

問2　（IV）　カルボキシ基とフェノール性ヒドロキシ基が中和される点に注意。

⬡$\overset{\text{OCOCH}_3}{\underset{\text{COOH}}{}}$ + $3NaOH$ ⟶ ⬡$\underset{D}{\overset{\text{ONa}}{\underset{\text{COONa}}{}}}$ + $CH_3COONa$ + $2H_2O$

炭酸はフェノールより強い酸なので，Dは ⬡$\overset{\text{OH}}{\underset{\text{COONa}}{}}$ となる。➡有P.189, 有別冊P.6❷, P.5❷

問3　塩化鉄(III)水溶液の呈色反応は，フェノール性−OHの検出反応である。➡有P.174

問4　サリチル酸メチルはカルボキシ基をもっていない。➡有P.189

問5　サリチル酸$C_7H_6O_3$の分子量 = 138，サリチル酸メチル$C_8H_8O_3$の分子量 = 152，メタノール$CH_4O$の分子量 = 32。

$C_7H_6O_3$ + $(CH_2)$

今回，サリチル酸$\dfrac{13.8}{138}$ = 0.100〔mol〕，メタノール$\dfrac{96.0}{32}$ = 3.00〔mol〕 を反応させる。

問1の解説の（III）の反応が完全に進むと，サリチル酸メチルが0.10mol生じて，メタノールが2.90mol残るから，

今回⇨ $\dfrac{\dfrac{7.6\,〔g〕}{152\,〔g/mol〕}\,〔mol〕}{0.100\,〔mol〕}$ × 100 = 50.0〔%〕 ⟵すべて反応したとき⇨

問6

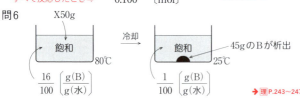

$\dfrac{16}{100}\left(\dfrac{g(B)}{g(水)}\right)$　　$\dfrac{1}{100}\left(\dfrac{g(B)}{g(水)}\right)$

➡理P.243~247

X 50g中の$x$〔%〕がBだとする。溶媒で用いた水の質量について，次の式が成立する。

$$50 × \dfrac{x}{100} × \dfrac{100\,g(水)}{16\,g(B)} = \left(50 × \dfrac{x}{100} - 45\right) × \dfrac{100\,g(水)}{1\,g(B)}$$ よって，$x$ = 96〔%〕

80℃の飽和溶液中のBの質量〔g〕　80℃の飽和溶液中の$H_2O$の質量〔g〕　25℃の飽和溶液中のBの質量〔g〕　25℃の飽和溶液中の$H_2O$の質量〔g〕

**185** ①

**解説**

$$\frac{39 \ 〔g〕}{78 \ 〔g/mol〕} \times \underset{\substack{得られる\\ニトロベンゼン\\の物質量}}{\boxed{\frac{80}{100}}} \times \underset{\substack{得られる\\アニリン\\の物質量}}{\boxed{\frac{70}{100}}} \times \underset{\substack{得られる\\アニリン\\の質量}}{93 \ 〔g/mol〕} \div 26 〔g〕$$

ニトロ化反応の収率　還元反応の収率

mol(ベンゼン)

**186**

問1　化合物A：NaO₃S—⟨　⟩—N₂Cl　　化合物B：NaO₃S—⟨　⟩—N＝N—⟨　⟩—N(CH₃)₂

問2　a：赤　　b：黄

問3　ジアゾニウム塩が加水分解するため，ジアゾ化が進まない。

問4　再結晶により純度の高いメチルオレンジを得るため。

問5　ナトリウム塩であるメチルオレンジは，共通イオン効果によって飽和食塩水に対する溶解度が小さいため，水で洗うより洗浄による損失が小さいから。

**解説**　問1　スルファニル酸は強酸性を示すスルホ基をもち，炭酸ナトリウム水溶液中では，次のように反応してナトリウム塩となり溶解している。

$$2 \ \underset{NH_2}{\overset{SO_3H}{\bigcirc}} + Na_2CO_3 \longrightarrow 2 \ \underset{NH_2}{\overset{SO_3Na}{\bigcirc}} + CO_2 + H_2O \quad （弱酸遊離反応）$$

これをジアゾ化し，N,N-ジメチルアニリンとカップリングし，メチルオレンジを得る。

**補足**　N,N-ジメチルアニリンはアニリンと同様にオルト-パラ配向と予想される。置換基 ➡有P.158〜161

が大きいので立体障害の小さいパラ位で優先的にカップリングが進むと考えればよい。

問2　反応後の溶液は酢酸酸性なので，メチルオレンジは赤色[a]，水酸化ナトリウム水溶液を加えると黄色[b]を示す。➡理P.143　なお，メチルオレンジはpHによって次のように構造が変化する。

$$\underset{（黄色）}{^B NaO_3S—⟨　⟩—N＝N—⟨　⟩—N\overset{CH_3}{\underset{CH_3}{}}} \underset{OH^-}{\overset{H^+}{\rightleftarrows}} \underset{（赤色）}{NaO_3S—⟨　⟩—\overset{\overset{H}{|}}{N}—⟨　⟩—^+N\overset{CH_3}{\underset{CH_3}{}}}$$

問3　ジアゾニウム塩の水溶液を加熱すると，次のように加水分解する。➡有P.179, 180

$$NaO_3S—⟨　⟩—N_2Cl + H_2O \longrightarrow NaO_3S—⟨　⟩—OH + N_2 + HCl$$

**105**

問4　析出したBにはメチルオレンジだけでなく，未反応の$N,N$-ジメチルアニリンなどが不純物として含まれる。水溶液の温度を上げて，これらを溶解させた後，再び温度を下げて再結晶により純度の高いメチルオレンジを析出させる。

問5　メチルオレンジはナトリウム塩であり，飽和食塩水にはNa$^+$が多く含まれる。

$$NaO_3S-\!\!\!\bigcirc\!\!\!-N=N-\!\!\!\bigcirc\!\!\!-N(CH_3)_2$$
$$\rightleftarrows \quad Na^+ \ + \ {}^-O_3S-\!\!\!\bigcirc\!\!\!-N=N-\!\!\!\bigcirc\!\!\!-N(CH_3)_2 \quad \cdots(1)$$

共通イオン効果によって，(1)式の平衡が左へ移動するため，メチルオレンジは水よりも飽和食塩水に対する溶解度が小さい。そこで，水より飽和食塩水で洗浄したほうが溶解による収率の低下を防ぐことができるので，損失が小さい。
　→理P.318

**187** 問1　ア：顔料　　イ：アゾ
　　　問2　(Ⅰ) ②　　(Ⅱ) ①　　(Ⅲ) ④　　(Ⅳ) ③

**解説**　問1　ア：着色に用いる色素のうち，水や有機溶媒に溶けにくいものを顔料という。
　　　　イ：-N=N-はアゾ基という。

問2　(Ⅰ)は②，(Ⅱ)は①，(Ⅲ)は④，(Ⅳ)は③の説明が該当する。インジゴは水に溶けにくいので，インジゴに塩基性水溶液中で亜ジチオン酸ナトリウムを加えて還元して水溶性の化合物にする。これを繊維に浸してから空気中に放置し，酸素で酸化されると元の水に難溶なインジゴに戻り，繊維に吸着される。

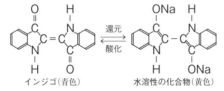

インジゴ(青色)　　　　　水溶性の化合物(黄色)

**188** 問1　④，②　　問2　12　　問3　③

**解説**　問1　Aをアニリンと考えると，無水酢酸と反応させて生じるアセトアニリドの分子がC$_8$H$_9$NOであることから問題文の内容と一致する。　→有P.190~192

アニリンをつくるには，まずベンゼンをニトロ化してニトロベンゼンをつくる。

$$\bigcirc \xrightarrow{\ ④\ } \bigcirc-NO_2$$

ニトロベンゼンを水素で還元するとアニリンが得られる。

$$\bigcirc-NO_2 \xrightarrow{\ ②\ } \bigcirc-NH_2$$

問2

$$
\begin{pmatrix}
B \\
C_{11}H_{14}O_3 \\
\text{芳香族カルボン酸の} \\
\text{エステル}
\end{pmatrix}
\xrightarrow{\text{加水分解}}
\begin{cases}
\text{炭素数4のアルコール} \\[4pt]
C\begin{pmatrix}\text{芳香族カルボン酸}\\ \text{塩化鉄(Ⅲ)で呈色 ⇒ フェノール性-OHあり}\end{pmatrix}
\end{cases}
$$

Bの分子式より，不飽和度 $=\dfrac{2\times11+2-14}{2}=5$ であり，これはベンゼン環1つ(不飽和度4)とエステル結合1つ(不飽和度1)に相当する。よって，ベンゼン環とエステル結合以外の部分は鎖状で飽和である。

Cはフェノール性ヒドロキシ基をもち，炭素原子数が $11-4=7$ の芳香族カルボン酸なので，次の3つのいずれかである。

Cとともに生じたアルコールは分子式が $C_{11}H_{14}O_3 + H_2O - C_7H_6O_3 = C_4H_{10}O$ となるので，次の4つの構造異性体のいずれかである。 ➡️有 P.90

（エステル）（カルボン酸）

$$CH_3-CH_2-CH_2-\underset{OH}{CH_2} \qquad CH_3-CH_2-\overset{*}{\underset{OH}{CH}}-CH_3 \qquad CH_3-\overset{CH_3}{\underset{}{CH}}-\underset{OH}{CH_2} \qquad CH_3-\overset{CH_3}{\underset{CH_3}{\overset{|}{C}}}-OH$$

Bとして考えられる構造異性体は，

3種 × 4種 = 12種
(カルボン酸)　(アルコール)　(エステル)

⟵ Cのカルボキシ基と$C_4H_{10}O$のアルコールのヒドロキシ基が縮合したエステル

問3　3種のカルボン酸のうち $o$-体がサリチル酸である。これはナトリウムフェノキシドから合成できる。 ➡️有 P.183

$$\text{◯}-ONa \xrightarrow[\text{高温・高圧}]{CO_2} \text{◯}-\overset{OH}{\underset{COONa}{}} \xrightarrow{H^+} \text{◯}-\overset{OH}{\underset{COOH}{}}$$

③

189 操作1：き　操作2：え　操作3：く　操作4：け　操作5：あ　操作6：い
操作7：あ　操作8：き　操作9：う

**解説**

$o, p$配向性 ➡️有 P.158

(a)

$$\text{◯}\overset{CH_3}{\underset{H}{}} \xrightarrow{\underset{1}{き}} \text{◯}\overset{CH_3}{\underset{NO_2}{}} \xrightarrow{\underset{2}{え}} \text{◯}\overset{CH_3}{\underset{NH_2}{}} \xrightarrow{\underset{3}{く}} \text{◯}\overset{CH_3}{\underset{NH-C-CH_3}{}}$$

ニトロ基の導入　　　　還元　　　　アセチル化
➡️有P.154, 167　　➡️有P.192　　➡️有P.190

(b)

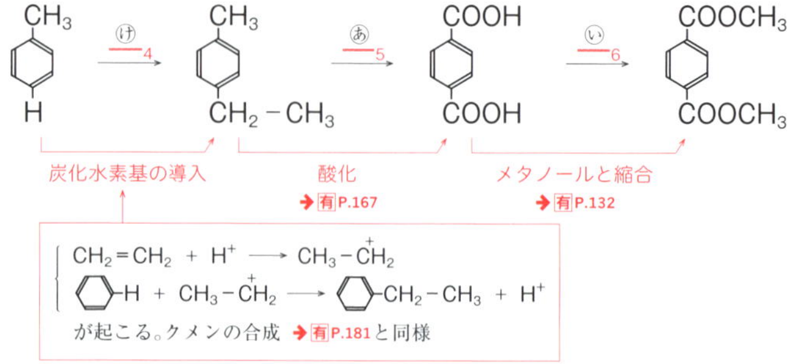

$CH_3$ ─(け)→[4] $CH_3$ / $CH_2-CH_3$ ─(あ)→[5] COOH / COOH ─(い)→[6] COOCH_3 / COOCH_3

炭化水素基の導入　　酸化　→有P.167　　メタノールと縮合　→有P.132

$$CH_2=CH_2 + H^+ \longrightarrow CH_3-\overset{+}{CH_2}$$
$$\bigcirc\!\!-H + CH_3-\overset{+}{CH_2} \longrightarrow \bigcirc\!\!-CH_2-CH_3 + H^+$$

が起こる。クメンの合成　→有P.181と同様

(c)

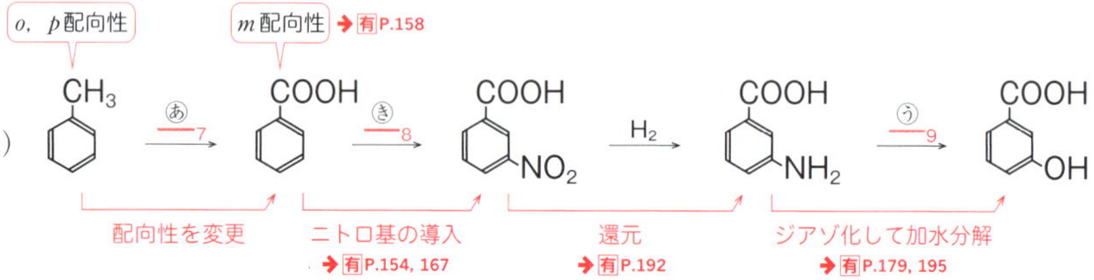

$o, p$配向性　　$m$配向性　→有P.158

$CH_3$ ─(あ)→[7] COOH ─(き)→[8] COOH / $NO_2$ ─$H_2$→ COOH / $NH_2$ ─(う)→[9] COOH / OH

配向性を変更　　ニトロ基の導入　→有P.154, 167　　還元　→有P.192　　ジアゾ化して加水分解　→有P.179, 195

**190** 問1

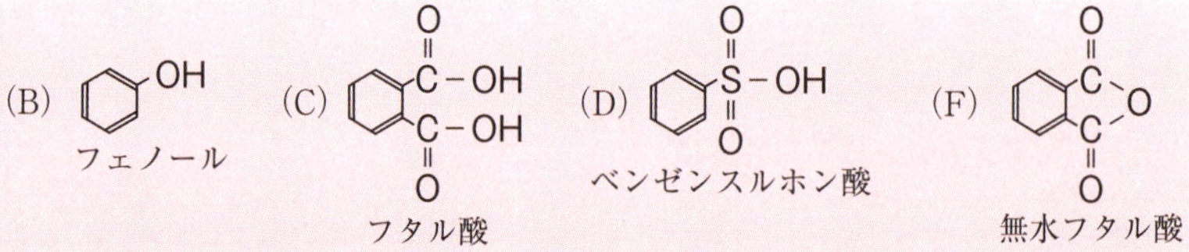

(B) OH　フェノール

(C) $\overset{O}{\underset{O}{C}}$-OH / C-OH　フタル酸

(D) $\overset{O}{\underset{O}{S}}$-OH　ベンゼンスルホン酸

(F) C / C　無水フタル酸

問2　反応名：ジアゾ化

化学反応式：$\bigcirc\!\!-NH_2 + 2HCl + NaNO_2 \longrightarrow \bigcirc\!\!-\overset{+}{N}\equiv N\,Cl^- + 2H_2O + NaCl$

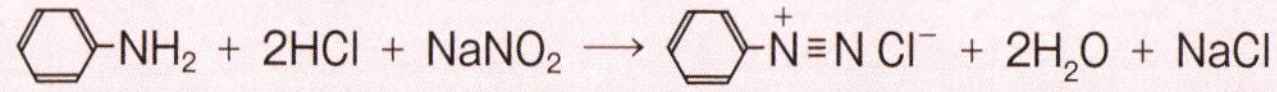

問3　反応名：カップリング（ジアゾカップリング）

化学反応式：$\bigcirc\!\!-\overset{+}{N}\equiv N\,Cl^- + \bigcirc\!\!-ONa \longrightarrow \bigcirc\!\!-N=N-\bigcirc\!\!-OH + NaCl$

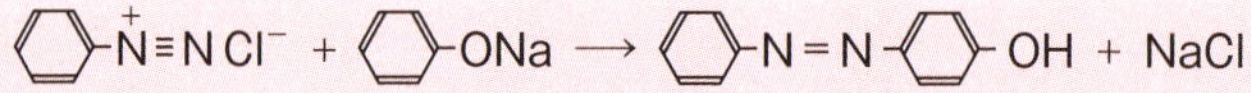

問4　$\overset{O}{\underset{O}{C}}$-O-$\bigcirc$ / C-O-$\bigcirc$

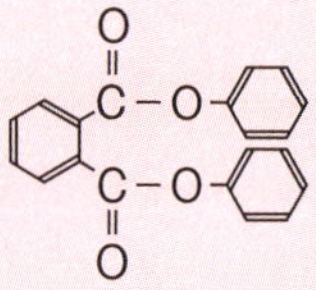

問5　C-OH / C-OH　イソフタル酸

HO-C-$\bigcirc$-C-OH　テレフタル酸

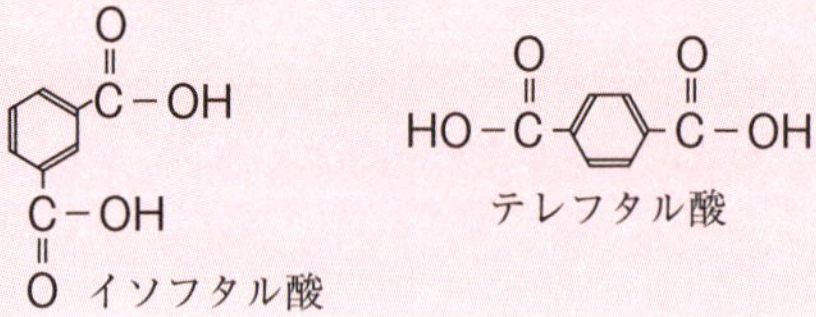

**解説**　問1～3

（ア）$\bigcirc$ → $\bigcirc$-(D) SO_3H　ベンゼンスルホン酸 ─アルカリ融解→ $\bigcirc$-ONa ─$H^+$→ (B) $\bigcirc$-OH　フェノール　→有P.179

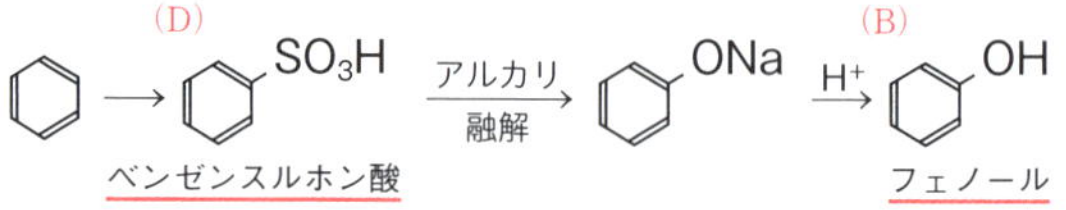

108

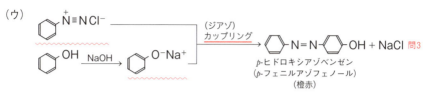

（イ）アニリン $\xrightarrow[\text{ジアゾ化}]{\text{HCl} \quad \text{NaNO}_2}$ （E）塩化ベンゼンジアゾニウム

問2

$\text{N}\overset{+}{\equiv}\text{N Cl}^-$ と考えて反応式の係数をつけるとよい →有 P.194

（ウ）

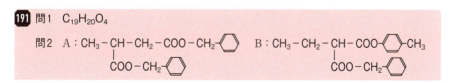

$\xrightarrow{\text{NaOH}}$ フェノール $\text{O}^-\text{Na}^+$

（ジアゾ）カップリング → p-ヒドロキシアゾベンゼン（p-フェニルアゾフェノール）（橙赤）＋ NaCl 問3

（エ）　（C）はNaOHでの加水分解後に水溶性であり，二酸化炭素水溶液では遊離せず塩酸を加えて遊離したことから，カルボン酸と考えられる。→有 P.121

　　　加熱して $C_8H_4O_3$ の（F）に変化したことから，(C)はフタル酸と予想できる。

（C）フタル酸 $\xrightarrow[\text{H}_2\text{O}]{\text{加熱}}$ （F）無水フタル酸 $C_8H_4O_3$ →有 P.121

問4　（A）の分子式は $C_{20}H_{14}O_4$（不飽和度 $= \dfrac{2 \times 20 + 2 - 14}{2} = 14$）であり，不飽和結合と環構造が全部で14個ある。加水分解生成物が（B）のフェノールと（C）のフタル酸しかないことから，(A)はフェノール2分子がフタル酸1分子と縮合したジエステルと予想できる。

（A）分子式 $C_{20}H_{14}O_4$ $\xrightarrow[\text{けん化}]{\text{NaOH}}$ 2 フェノール ONa ＋ フタル酸 COONa／COONa

NaOH水溶液中では中和されている

操作(a)　フェノール ONa ＋ $CO_2$ ＋ $H_2O$ → （B）フェノール OH ＋ $NaHCO_3$ →有 P.204

操作(b)　COONa／COONa ＋ 2HCl → （C）COOH／COOH ＋ 2NaCl →有 P.203

問5　位置異性体とは構造異性体のうち，官能基の位置が異なるものをさす。フタル酸は o-体なので，m-体のイソフタル酸と p-体のテレフタル酸をかけばよい。

**191** 問1　$C_{19}H_{20}O_4$

問2　A：$\text{CH}_3\text{-CH-CH}_2\text{-COO-CH}_2\text{-}\bigcirc$ （CH below: $\text{COO-CH}_2\text{-}\bigcirc$）　　B：$\text{CH}_3\text{-CH}_2\text{-CH-COO-}\bigcirc\text{-CH}_3$ （CH below: $\text{COO-CH}_2\text{-}\bigcirc$）

$$C : \langle\text{ベンゼン環}\rangle CH_2-OH \qquad D : CH_3-\underset{\underset{COOH}{|}}{CH}-CH_2-COOH$$

$$E : \underset{OH}{\overset{CH_3}{\langle\text{ベンゼン環}\rangle}} \qquad F : CH_3-CH_2-\underset{\underset{COOH}{|}}{CH}-COOH \qquad G : \underset{SO_3H}{\overset{CH_3}{\langle\text{ベンゼン環}\rangle}}$$

**解説** 問1　分子量と質量組成から分子式を求める。➡有P.24

$$\left\{\begin{array}{l} C \Rightarrow (312 \times 0.731) \div 12 \fallingdotseq 19 \\ H \Rightarrow (312 \times 0.064) \div 1.0 \fallingdotseq 20 \qquad \text{よって，Aの分子式は } \underline{C_{19}H_{20}O_4} \\ O \Rightarrow (312 \times 0.205) \div 16 \fallingdotseq 4 \end{array}\right.$$

酸素は $100 - (73.1 + 6.4) = 20.5\%$

なお，不飽和度 $= \dfrac{2 \times 19 + 2 - 20}{2} = 10$

問2　問題文の流れを図にすると次のとおり。

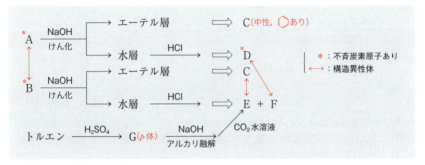

まず，GからEの構造式が決定する。

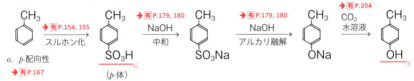

Eは，$p$-クレゾールで分子式は $C_7H_8O$ である。CはEの構造異性体であり，エステルA
から生じた中性加水分解生成物なので，Cはベンジルアルコール $\langle\text{ベンゼン環}\rangle CH_2-OH$ である。

C，Eにヒドロキシ基-OHが1つしかないことから，Fはカルボキシ基-COOHを2つ
もつジカルボン酸，BはFがCとEと2ヶ所で縮合したジエステルであり，分子式につい
て次式が成り立つ。

$$\underset{B}{C_{19}H_{20}O_4} = \underset{C}{C_7H_8O} + \underset{E}{C_7H_8O} + F - 2H_2O$$

2ヶ所で縮合

よって，$F = C_5H_8O_4$

Fの不飽和度 $= \dfrac{2 \times 5 + 2 - 8}{2} = 2$ で，2つのカルボキシ基以外は炭素と水素のみで不飽

和結合や環構造はない。不斉炭素原子が存在しないことから，Fの候補は

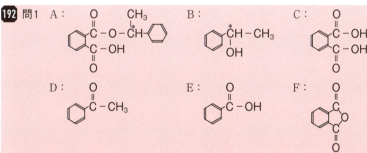

CH₃-CH₂-CH-C(=O)-OH と CH₃ の構造...

である。

$CH_3-CH_2-\underset{\underset{O=C-OH}{|}}{CH}-C(=O)-OH$ ,  $HO-C(=O)-CH_2-CH_2-CH_2-C(=O)-OH$ ,  $\underset{CH_3}{\overset{CH_3}{>}}C\underset{C(=O)-OH}{\overset{C(=O)-OH}{<}}$

である。

　Bはベンジルアルコールとのジエステルで，不斉炭素原子をもつことから，

$CH_3-CH_2-\overset{*}{\underset{\underset{O=C-O-CH_2-\bigcirc}{|}}{CH}}-C(=O)-O-\bigcirc-CH_3$ ，Fは $CH_3-CH_2-\overset{*}{\underset{\underset{O=C-OH}{|}}{CH}}-C(=O)-OH$ 　と決まる。

　DはFの構造異性体で，分子式 $C_5H_8O_4$ であり，不斉炭素原子が存在する。また，Aの加水分解生成物がD以外に分子式 $C_7H_8O$ のCのみなので，炭素原子数から考えて，Dもジカルボン酸で，D1分子とC2分子が縮合したジエステルがAである。Dは不斉炭素原子が存在するので，$CH_3-\overset{*}{\underset{\underset{O=C-OH}{|}}{CH}}-CH_2-C(=O)-OH$

　このDがC2分子と縮合したものがAである。$CH_3-\overset{*}{\underset{\underset{O=C-O-CH_2-\bigcirc}{|}}{CH}}-CH_2-C(=O)-O-CH_2-\bigcirc$

**192** 問1　A：

B：

C：

D：

E：

F：

問2　C：フタル酸　　E：安息香酸

問3　カルボン酸であるAはまず中和されて塩になり溶解し，エステル結合が加水分解されると水に難溶なアルコールが生成したから。

問4

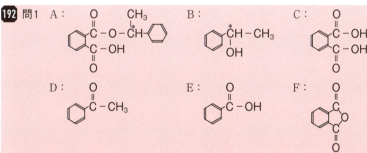

問5

**解説** 問1～3, 5

$$A \atop (C_{16}H_{14}O_4)} \begin{array}{c} \xrightarrow{NaHCO_3} 溶 \\ \xrightarrow[\quad]{NaOH} 溶 \xrightarrow{加熱} \end{array}$$

エーテル層 → B($C_8H_{10}O$)

水層 $\xrightarrow{HCl}$ C($C_8H_6O_4$)

AはHCO$_3{}^-$と反応して発泡していることから，カルボン酸とわかる。**→有** P.120

$$RCOOH + HCO_3{}^- \longrightarrow RCOO^- + CO_2 + H_2O$$

カルボン酸なのでAは，NaOH水溶液にも中和されて溶解する。**→有** P.202

$$RCOOH + OH^- \longrightarrow RCOO^- + H_2O$$

　加熱してBとCに分解したことから，Aはエステル結合ももっている。CはNaOH水溶液でけん化したときに水層に移動したことから，カルボン酸である。Bはアルコールもしくはフェノール類と考えられる。仮に，フェノール類ならばNaOH水溶液で中和されて水層に移動している**→有** P.203から，Bはアルコールである。

　ここまでは，

という変化である。

　Bの分子式は$C_8H_{10}O$で，不飽和度 $= \dfrac{2 \times 8 + 2 - 10}{2} = 4$ である。ベンゼン環1つが不飽和度4に対応するので，ベンゼン環以外は鎖状飽和である。そこで，次のように分解して構造式を考える。

$$C_8H_{10}O = C_6H_6 \cdot C_2H_4O = \bigcirc + \!\!\!+\!\!\text{CH}_2\!\!+\!\!\times 2 + \!\!\!+\!\!\text{O}\!\!+$$

　Bはアルコールであり，不斉炭素原子をもつことから，

すなわち 　　　　のみ条件を満たす。 問1B

　そこで，DとEは，次のように構造式が決まる。

**112**

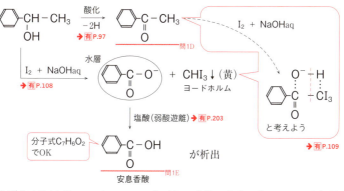

Cの分子式は$C_8H_6O_4$で，ナフタレン$C_{10}H_8$の酸化で合成できるFがCを加熱するだけで得られることから，

ナフタレン　　　無水フタル酸　　　フタル酸($C_8H_6O_4$)

アニリンとFを物質量比1：1で反応させると，次のようなアミドが生成する。**有P.132**

よって，Aはフタル酸Cとアルコールbのエステルだから，次のように構造式が決まる。

問4　Hはbの異性体なので，分子式は$C_8H_{10}O$である。NaOH水溶液でけん化しても水層に移動していないことから，フェノール類でなく，アルコールである。

$\boxed{\text{C}\!-\!\text{H}}$–O–H　に－$CH_2$－をあと1つ入れて構造式を考えると，

④①⑤<br>②③　C–O–H　　－$CH_2$－の入る位置↓は，①～⑤の5種類

⑤がbに相当するので，①～④がHとして可能な構造式である。

## 22 アミノ酸とタンパク質

**193** 問1 ア：カルボキシ　イ：アミノ　ウ：グリシン　エ：不斉
　　　オ：鏡像（光学）　カ：必須　キ：アミド　ク：ポリ

問2　$\underset{\text{R}}{\underset{|}{\text{H}_2\text{N}-\text{CH}}}-\overset{\overset{\text{O}}{\|}}{\text{C}}-\text{OH}$

問3　① グルタミン酸 または アスパラギン酸
　　　② リシン

問4　6種類

**解説** 問1～3　基本的な用語や化合物なので，間違えた人は記憶し直そう。

問4　トリペプチドのN末端を左，C末端を右に書いて，トリペプチドの配列を表す。 ➡**有**P.220

　　Tyr - Ala - Ser，　Tyr - Ser - Ala，　Ala - Tyr - Ser
　　Ala - Ser - Tyr，　Ser - Tyr - Ala，　Ser - Ala - Tyr　の6種類。

**194** 問1　6.0　問2　点ア：$2.2 \times 10^{-2}$mol/L，pH = 1.7　点ウ：$2.0 \times 10^{-2}$mol/L
　　問3　(c)　理由：問1で求めた等電点より緩衝液のpHが小さいので，アラニンは全体として正電荷をもち，電気泳動で陰極側に移動するから。

**解説** 問1　等電点では，$[\text{A}^+] = [\text{A}^-]$ なので，➡**有**P.217

$$K_1 \times K_2 = \frac{[\text{A}^\pm][\text{H}^+]}{[\text{A}^+]} \times \frac{[\text{A}^-][\text{H}^+]}{[\text{A}^\pm]} = [\text{H}^+]^2$$

よって，$[\text{H}^+] = \sqrt{K_1 K_2} = \sqrt{5.0 \times 10^{-3} \times 2.0 \times 10^{-10}} = 1.0 \times 10^{-6}$〔mol/L〕
したがって，pH = 6.0

問2　点ア：(1)式のみ考えて，1価の弱酸と同様に扱って計算すればよい。 ➡**理**P.307

|  | $\text{A}^+$ | $\rightleftarrows$ | $\text{A}^\pm$ | + | $\text{H}^+$ |  |
|---|---|---|---|---|---|---|
| はじめ | 0.100 | | 0 | | 0 | 〔mol/L〕 |
| 変化量 | $-x$ | | $+x$ | | $+x$ | 〔mol/L〕 |
| 平衡時 | $0.100 - x$ | | $x$ | | $x$ | 〔mol/L〕 |

$[\text{A}^+] \fallingdotseq 0.100$〔mol/L〕としてよいので，電離定数$K_1$の式に代入すると，

$$5.0 \times 10^{-3} = \frac{x^2}{0.100} \qquad \text{よって，} \quad x = \sqrt{5} \times 10^{-2} \fallingdotseq 2.2 \times 10^{-2}\text{〔mol/L〕}$$

$$\text{pH} = -\log_{10}(\sqrt{5} \times 10^{-2}) = 2 - \underset{\underset{\log_{10} 5 = \log_{10} \frac{10}{2}}{}}{\frac{1}{2}(1 - \log_{10} 2)} \fallingdotseq 1.7$$

点ウ：滴定は次の2段階で起こったと考えられる。

第1段階　$\text{A}^+$ + $\text{OH}^-$ $\longrightarrow$ $\text{A}^\pm$ + $\text{H}_2\text{O}$ …(a)
第2段階　$\text{A}^\pm$ + $\text{OH}^-$ $\longrightarrow$ $\text{A}^-$ + $\text{H}_2\text{O}$ …(b)

(a) 式の当量点が図2の点イ（等電点）で，0.100mol/LのNaOH水溶液が10mL必要である。15mL加えた点ウは(b)式が50%完了した点とみなせるので，$[\text{A}^\pm] = [\text{A}^-]$ としてよい。[※1]

※1　$K_2 = \dfrac{[\text{A}^-][\text{H}^+]}{[\text{A}^\pm]}$

　　⇓←$[\text{A}^\pm] = [\text{A}^-]$なら
$[\text{H}^+] = K_2 = 2.0 \times 10^{-10}$
これは
pH = $10 - \log_{10} 2 = 9.7$
であり，図の値に一致する。

そこで，最初 $A^+$ が

$$0.100(\text{mol/L}) \times \frac{10.0}{1000}(\text{L}) = 1.00 \times 10^{-3}(\text{mol}) \text{ あったので，点ウでは } A^{\pm} \text{ と } A^-\text{ が}$$

$5.00 \times 10^{-4}$ mol ずつ存在している。溶液の体積は $10.0 + 15.0 = 25.0(\text{mL})$ となるから，

$$[A^{\pm}] = [A^-] = \frac{5.00 \times 10^{-4}(\text{mol})}{25.0 \times 10^{-3}(\text{L})} = \underline{2.0 \times 10^{-2}(\text{mol/L})}$$

問3　ニンヒドリンを加えて加熱すると，赤紫色に呈色した位置にアミノ酸が存在する。

→ 有 P.229

pH $= 9.7$（点ウ）では，アラニン全体としては負電荷をもつので，電気泳動すると陽極へ移動する。よって，図4(a)のようになる。

pH $= 6.0$（点イ）は等電点であり，アラニン全体として電荷をもたないので，電圧をかけても動かない。よって，(b)。

pH $= 4.3$ は，図2から考えて等電点（点イ）より pH が小さいので，アラニン全体として正電荷をもつ。よって，電気泳動で陰極へ移動するので，(c)。

**195** $1.1 \times 10^3$

**解説**　グリシンとフェニルアラニンの物質量はそれぞれ

$$\text{グリシン} \cdots \frac{15.0}{75} = 0.20(\text{mol}) \qquad \text{フェニルアラニン} \cdots \frac{49.5}{165} = 0.30(\text{mol})$$

ポリペプチド X はグリシンとフェニルアラニンが物質量比で 2：3 の割合で含まれていることがわかる。

グリシンとフェニルアラニンは物質量比で 2：3 の割合で存在するので，$n$ 個のうち，グリシンが $2x$ 個，フェニルアラニンは $3x$ 個とおく。また，加水分解される前のペプチド X は

$$(15.0 + 49.5) - 8.1 = 56.4(\text{g})$$
g（グリシン）　g（フェニルアラニン）　g（消費した水）

ポリペプチド X の分子量を $M$ とおくと，

$$\frac{56.4}{M} \times 2x = 0.20(\text{mol}) \quad \cdots ①$$
（ポリペプチド X）（グリシン）mol mol

さらに，ポリペプチド X をすべて加水分解するために以下の関係が成り立つ。

$n$ 個のアミノ酸の縮合体を加水分解するために $n-1$ 個の水が必要

ポリペプチド X $\xrightarrow[\text{加水分解}]{(n-1)\text{H}_2\text{O}}$ グリシン，フェニルアラニン

消費した水の物質量は，$\frac{8.1}{18} = 0.45(\text{mol})$

**115**

以上より，

5x（グリシンとフェニルアラニンの合計）

$$\underbrace{\frac{56.4}{M}}_{\substack{\text{mol}\\(\text{ポリペプチド X})}} \times \underbrace{(n-1)}_{\substack{\text{mol（加水分解に}\\\text{必要な水）}}} = 0.45 \,(\text{mol})$$

$$\frac{56.4}{M} \times (5x-1) = 0.45 \quad \cdots ②$$

①式，②式より，$M \fallingdotseq \underline{1.1 \times 10^3}$

**196** ア：$\alpha$-アミノ酸　イ：ペプチド　ウ：一次構造　エ：$\alpha$-ヘリックス
　　オ：$\beta$-シート　カ：二次構造　キ：水素　ク：イオン　ケ：ジスルフィド
　　コ：三次構造

**解説** ク：構成アミノ酸の側鎖$-NH_3^+$と$-COO^-$の間に働く力は"静電気的な引力"である。多数の$Na^+$と$Cl^-$が結びついた$NaCl$を構成する結合と様子は異なるが，問題文の流れから**イオン**結合としておく。

**197** 問1　ア：単純　イ：複合　ウ：水素
　　問2　(1)（ⅰ）ⓐ　（ⅱ）ⓑ　（ⅲ）ⓔ　(2)（ⅰ）ⓖ　（ⅱ）ⓗ　（ⅲ）ⓚ

**解説** 問1　ア，イ：アミノ酸のみで構成されるタンパク質が単純タンパク質である。
　　　　　　　　　　　　　　　　　　　　　　　　　　　　　　　　　ア
　　　　　　　　　　　　　　　　　　　　　　　　　　　　　　　有 P.224

ウ：$\alpha$-ヘリックスは，ペプチド結合間の水素結合で固定された右回りのらせん構造である。　有 P.221

問2　（ⅰ）は硫黄の検出反応，（ⅱ）はキサントプロテイン反応，（ⅲ）はビウレット反応である。　有 P.229, 230

**198** 問1　ア：ⓒ　イ：ⓐ　ウ：ⓚ　問2
　　エ：ⓢ　オ：ⓙ　カ：ⓒ
　　キ：ⓢ　ク：ⓣ
　　問3　(1)ⓐ　(2)ⓘ　理由：最適
　　　　pHは，ペプシンが胃液の強酸性，
　　　　アミラーゼがだ液の中性付近にあるから。
　　問4　(1)ⓘ　(2)ⓐ　理由：反応速度は一般に高温ほど大きいが，酵素反応は最
　　　　大となる温度があるから。

**解説** 問1 ア〜キ，問2　酵素が触媒として働く反応と所在→有 P.225, 226，アルコール発酵→有 P.240，二糖類の構造と構成単糖・加水分解酵素→有 P.241 は，糖類の範囲で確認してください。

問1　ク：基質とよく似た構造をもち，その活性を低下させる物質を阻害剤という。
問3　胃液は強酸性，だ液はほぼ中性，腸液は塩基性である。
問4　酵素には，反応速度が最大となる最適温度がある。→有 P.226, 理 P.281

**199** $k_2$は$k_1$，$k_{-1}$に比べて非常に小さい。

**解説**

$$\begin{cases} E + S \underset{k_{-1}}{\overset{k_1}{\rightleftharpoons}} E \cdot S \quad \cdots ① \\ E \cdot S \overset{k_2}{\longrightarrow} E + P \quad \cdots ② \end{cases}$$

①式の正反応の反応速度式　$v_1 = k_1[E][S]$

①式の逆反応の反応速度式　$v_{-1} = k_{-1}[E \cdot S]$

②式の反応速度式　　　　　$v_2 = k_2[E \cdot S]$

Pの生成速度が $v = k_2[E \cdot S]$ と表せることから，$E \cdot S \longrightarrow E + P$ の反応が律速段階であり，活性化エネルギーが大きく，反応速度は小さいことを意味する。

→理P.285

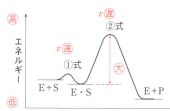

酵素Eによる基質Sの加水分解反応の進行方向

**200** G–Y–K–S–G–G–D–A–D

**解説**　実験1：塩基性アミノ酸であるリシン(略号K)のカルボキシ基側で加水分解する。

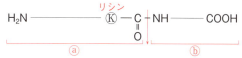

実験2：ペプチド断片(イ)にはKが含まれていないので，(イ)は上の ⓑ に相当する。(イ)はカルボキシ末端が酸性アミノ酸であるアスパラギン酸(略号D)であり，アミノ末端から1個ずつ分解したときの増加速度から，(イ)の配列は次のように決まる。

Ⓢ–G̲–G̲–D–A–Ⓓ
アミノ末端　2つ　　　　カルボキシ末端

実験3：ペプチド断片(ロ)は ⓐ に相当し，カルボキシ末端はKである。アミノ末端は不斉炭素原子をもたないアミノ酸なのでグリシン(略号G)であり，GとKの間がキサントプロテイン反応に対して陽性のチロシン(略号Y)が入る。

→有P.229

Ⓖ–Y–Ⓚ
アミノ末端　カルボキシ末端

全アミノ酸配列は　(アミノ末端)G̲–Y̲–K̲–S̲–G̲–G̲–D̲–A̲–D̲(カルボキシ末端)
　　　　　　　　　　　　　　ⓐ　　　　　　　　ⓑ

# 23 糖

**201** 問1　①，②

問2　平衡混合物中でホルミル基をもつ鎖状分子の割合が小さいから。

問3

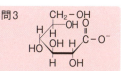

**解説** 問1 α-D-グルコースを水に溶かすと,ホルミル基をもつ鎖
状分子を経由し,β-D-グルコースに変化して,3種類の平衡混合
物となる。①〜⑥のうち,β-D-グルコースの構造式を探せばよい。

まず,環のHが上下交互に配列したものを探すと①,②,⑤
である。このうち,①と②は次のように動かすと,β-D-グルコー
スであることがわかる。

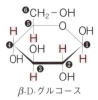

β-D-グルコース

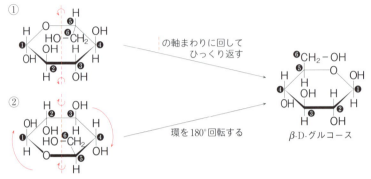

問2 平衡状態ではホルミル基をもつ鎖状分子の割合は非常に小さい。鎖状分子が反応する
とこれを補う方向へ平衡が移動し,最終的にはすべてのグルコースが反応するが,反応中
の鎖状分子の濃度は小さいので,反応速度が遅い。

問3 銀鏡反応の反応式は一般に次のように表される。

$$RCHO + 2[Ag(NH_3)_2]^+ + 3OH^- \longrightarrow RCOO^- + 2Ag + 4NH_3 + 2H_2O$$

→ 有 P.107, 108

鎖状分子のホルミル基は酸化されてカルボキシ基に変化する。アンモニア水は塩基性な
のでカルボン酸は中和される点に注意すること。

**202** 56.8g

**解説** デンプンの分子式を$(C_6H_{10}O_5)_n$と表す。

$$\begin{cases} (C_6H_{10}O_5)_n + nH_2O \longrightarrow nC_6H_{12}O_6 & (加水分解) \\ C_6H_{12}O_6 \longrightarrow 2CH_3CH_2OH + 2CO_2 & (アルコール発酵) \end{cases}$$

→ 有 P.242, 249

デンプン1molから,$2n$〔mol〕のエタノールが得られるから,

$$\frac{100 〔g〕}{162n〔g/mol〕} \times 2n \times 46〔g/mol〕 ≒ 56.8〔g〕$$

**203** 問1 あ:④ い:④ う:⑦ 問2 ① ⑦ ② ④

**解説** アルデヒドにアルコールが付加して生成する化合物をヘミアセタールという。

問1 あ

$$R^1-\underset{\underset{H}{|}}{C}=O + R^2-O-H \rightleftarrows R^1-\underset{\underset{H}{|}}{\overset{\overset{R^2-O \quad H}{|}}{C}}-O$$

アルデヒド　　アルコール　　ヘミアセタール

フルクトースは水溶液中で次のような構造が平衡状態にある。

**118**

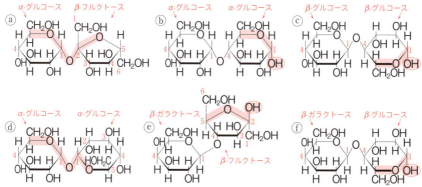

五員環α型　　五員環β型　　鎖状構造のフルクトース　　六員環α型　　六員環β型

　フルクトースはケトースでホルミル基をもたないが，塩基性水溶液中では次のようにエノール形を経由してアルドースと平衡になり，ホルミル基が生じるため，還元性を示す。
問1 い

（エノール形）

問2① ウ　　問2② エ

　スクロースに酵素インベルターゼを作用させると加水分解（転化という）される。得られたグルコースとフルクトースの等量混合物は転化糖といい，還元性を示す。
問1 う

**204** 問1 ⓑ　問2 ⓐ, ⓓ

**解説**

α-グルコース　β-フルクトース
ⓐ

β-グルコース　α-グルコース
ⓑ

β-グルコース　β-グルコース
ⓒ

α-グルコース　α-グルコース
ⓓ

β-ガラクトース　β-フルクトース
ⓔ

β-ガラクトース　β-グルコース
ⓕ

問1　ⓐ　スクロース（α-1, β-2）　　ⓑ　マルトース（α-1,4）　　ⓒ　セロビオース（β-1,4）
　　　ⓓ　トレハロース（α-1, α-1）　ⓔ　ラクツロース（β-1,4）　　ⓕ　ラクトース（β-1,4）
　　　　　　　　　　　　　　　　　　　ガラクトースとフルクトースからなる二糖類

問2　C=C, C-OH 構造が水溶液中で開環して還元性を示す。ⓐとⓓは，この OH どうし
で脱水縮合してグリコシド結合を形成しているため，開環できず還元性を示さない。

119

**205** 問1　ア：アミロース　　イ：アミロペクチン
　　　問2　ア　　理由：らせん構造が長いとヨウ素デンプン反応は青色になるから。
　　　問3　Y

**解説**　問1, 2　デンプンはアミロースやアミロペクチンの混合物であり，多数の$\alpha$-グルコースが脱水縮合したらせん構造をもつ。らせん内部に$I_2$分子が取り込まれると呈色する。

| | グリコシド結合 | 形状 | ヨウ素デンプン反応 |
|---|---|---|---|
| アミロース | $\alpha$-1,4 | 直鎖らせん | 青色 |
| アミロペクチン | $\alpha$-1,4と$\alpha$-1,6 | 枝分かれらせん | 赤紫色 |

問3　末端から2単位ずつ加水分解する酵素Yのほうが，アミロースのらせん構造を速く短くするため，先に色が消失する。

**206** デンプン分子のらせん構造内部にヨウ素分子が取り込まれて呈色する。呈色した状態で加熱すると，らせん構造が乱れて，ヨウ素分子が抜けて色が消失する。冷却すると，らせん構造が戻り，ヨウ素分子が再び取り込まれて呈色する。

**解説**　アミロースやアミロペクチンのらせん構造は分子内の水素結合によって保たれている。加熱すると，熱運動により水素結合の一部が切れて，らせん構造が乱れる点を考慮して解答すればよい。

デンプンのらせん構造に
$I_2$分子が取り込まれると呈色する

**207** 50

**解説**　アミロペクチンの$-OH$を$-OCH_3$に変換してから，糖単位を結びつけているグリコシド結合（C-O-C-O-C）を加水分解する。縮合に使われていない$-OH$は$-OCH_3$になっている（ただし，1位の$-OH$は$-OCH_3$となっても加水分解されて$-OH$となる）。[※1] ▶有P.252

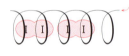

※1

加水分解でBになる

　Aは，4位，6位が$-OH$になっていることから，この部位が縮合に使われているので，枝分かれ単位である。アミロペクチン1分子に，枝分かれ単位が$x$〔個〕あるとすれば，メチル化アミロペクチン1molを加水分解すると，A（枝分かれ単位）が$x$〔mol〕生じる。

$$\underbrace{\frac{2.24 \quad 〔g〕}{2.24 \times 10^5 〔g/mol〕}}_{\substack{\text{mol(アミロペクチン)} \\ = \\ \text{mol(メチル化アミロペクチン)}}} \times \underbrace{x}_{\substack{\text{mol(A)} \\ \text{mol(アミロペクチン)}}} = \underbrace{\frac{104 \times 10^{-3} \quad 〔g〕}{208 \quad 〔g/mol〕}}_{\text{mol(A)}} \qquad \text{よって，} x = \underline{50}$$

**208** 問1　全体の分子量に対して還元性を示す部分の割合が非常に小さいから。
　　　問2　a：$4.50 \times 10^3$　b：アミラーゼ

　　　　　c：$(C_6H_{10}O_5)_n + \dfrac{n}{2}H_2O \longrightarrow \dfrac{n}{2}C_{12}H_{22}O_{11}$

　　　　　d：42.8　e：糖尿病　f：14.3　g：20.0

**解説**　問１　デンプンやセルロースのような多糖類では，還元性を示す末端が分子全体に占める割合が非常に小さいため，フェーリング液の還元は検出できない。

問２　a：デンプン$(C_6H_{10}O_5)_n$の重合度$n$は，$162n = 7.29 \times 10^5$　よって，$n = 4.50 \times 10^3$

デンプン1molからは$\underline{4.50 \times 10^3}$molのグルコースが得られる。

d：$(C_6H_{10}O_5)_n + \dfrac{n}{2} H_2O \longrightarrow \dfrac{n}{2} \underset{\text{(分子量342)}}{C_{12}H_{22}O_{11}}$

$$\underset{\text{mol(デンプン)}}{\dfrac{40.5}{162n}} \times \underset{\text{mol(マルトース)}}{\dfrac{n}{2}} \times \underset{\text{g(マルトース)}}{342} \fallingdotseq \underline{42.8}\,\text{(g)}$$

f：$C_{12}H_{22}O_{11} + H_2O \longrightarrow 2C_6H_{12}O_6$　→**有**P.241

$$\underset{\substack{\text{mol(マルトース)}\\ =\\ 0.05\text{mol}}}{\dfrac{17.1}{342}} \times \underset{\substack{\text{mol(グルコース)}\\ =\\ \text{mol(還元性を示す糖)}\\ =\\ \text{mol}(Cu_2O)}}{2} \times \underset{\text{g}(Cu_2O)}{\overset{Cu_2O\text{の式量}}{\boxed{143}}} = \underline{14.3}\,\text{(g)}$$

g：加水分解を受けるマルトースを$x$(mol)とする。

$$C_{12}H_{22}O_{11} + H_2O \longrightarrow 2C_6H_{12}O_6$$

| | | | | |
|---|---|---|---|---|
| はじめ | 0.05 | 大量 | 0 | (mol) |
| 変化量 | $-x$ | | $+2x$ | (mol) |
| 加水分解後 | $0.05 - x$ | | $2x$ | (mol) |

還元性を示す糖(mol)$= \underline{(0.05 - x)} + 2x = x + 0.05$(mol)

（注）マルトースも還元性あり

得られた酸化銅(Ⅰ)$Cu_2O$の質量は8.58gなので，

$$x + 0.05 = \underset{\text{mol}(Cu_2O)}{\dfrac{8.58\,\text{(g)}}{143\,\text{(g/mol)}}}$$

よって，$x = 0.01$(mol)

$$\text{加水分解率} = \dfrac{0.01\,\text{(mol(分解したマルトース))}}{0.05\,\text{(mol(はじめのマルトース))}} \times 100 = \underline{20.0}\,\text{(%)}$$

---

**209**　問１　ア：ⓐ　イ：ⓒ　ウ：ⓑ　エ：ⓑ

問２　A：セロビオース　B：二硫化炭素　C：ビスコース

D：銅アンモニアレーヨン（またはキュプラ）

問３　$x$：6　$y$：10　$z$：5

問４　シュワイツァー試薬（あるいはシュバイツァー試薬）

**解説**　問１　セルロースは，グルコースが$\beta$-1,4-グリコシド結合で結びついた直鎖状のポリ

マーである。分子内だけでなく分子間で水素結合が形成され，剛直な束となる。熱水にも

多くの有機溶媒にも溶けず，ヨウ素デンプン反応を示さない。酵素セルラーゼで加水分解

すると，二糖のセロビオースが生成する。

問２　セルロースの再生繊維は，レーヨンとよばれ，ビスコースレーヨンや銅アンモニアレー

ヨン（キュプラ）などがある。

セルロースを濃いNaOH水溶液に浸してアルカリセルロースとし，二硫化炭素CS$_2$と
反応させ，薄いNaOH水溶液に溶かすと，赤橙色のコロイド溶液(ビスコース)になる。
問3　セルロースの分子式は($C_6H_{10}O_5$)$_n$である。
問4　水酸化銅(Ⅱ)にアンモニア水を十分に加えた溶液をシュワイツァー試薬という。

**210** 問1　$[C_6H_7O_2(OH)_3]_n$ + $3n(CH_3CO)_2O$
$$\longrightarrow [C_6H_7O_2(OCOCH_3)_3]_n + 3nCH_3COOH$$

　問2　405g

**解説**　問2

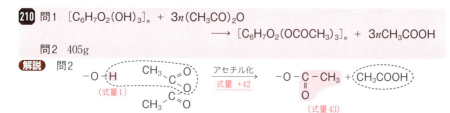

ヒドロキシ基が1個アセチル化されると，式量が42増加する。

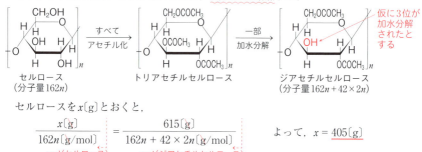

セルロースを$x$〔g〕とおくと，

$$\frac{x〔g〕}{162n〔g/mol〕} = \frac{615〔g〕}{162n + 42 \times 2n〔g/mol〕}$$
　　mol(セルロース)　　　mol(ジアセチルセルロース)

よって，$x = \underline{405〔g〕}$

**211** 33%

**解説**　セルロースを $\{C_6H_7O_2(OH)_3\}_n$ と表す。セルロース1分子あたり，$3n$〔個〕の
$-OH$が存在し，このうち$x$〔%〕がエステル化されたとする。

式量1　濃硝酸　　式量46
$-O-H \xrightarrow[濃硫酸]{濃硝酸} -O-N \rightarrow O$
$\quad\quad\quad\quad\quad\quad\quad\quad\quad \overset{\parallel}{O}$
　　　式量+45

硝酸エステル化で$-OH$1つあたり式量が45増加するので，生じるニトロセルロースの分
子量は，

$$162n + 3n \times \frac{x}{100} \times 45 \quad と表せる。$$

$$\frac{9.0〔g〕}{162n〔g/mol〕} = \frac{14.0〔g〕}{162n + 3n \times \dfrac{x}{100} \times 45〔g/mol〕}$$
　　mol(セルロース)　　　　mol(ニトロセルロース)

よって，$x = \dfrac{200}{3}$〔%〕

そこで，エステル化されなかったヒドロキシ基の割合〔%〕は，

$$100 - \frac{200}{3} = \frac{100}{3} \fallingdotseq \underline{33〔\%〕}$$

## 24 油脂

**212** 問1　ア：単純脂質　イ：複合脂質　ウ：高級脂肪酸　エ：硬化油　オ：弱塩基
　　カ：親水基　キ：疎水基　ク：タンパク質
　問2　分子量：878　ヨウ素価：174
　問3　A：$CH_2\text{-}OCO\text{-}C_{17}H_{35}$　　B：$CH_2\text{-}OH$　C：$C_{17}H_{35}\text{-}COONa$　a：3
　　　　　　$CH\text{-}OCO\text{-}C_{17}H_{35}$　　　　$CH\text{-}OH$
　　　　　　$CH_2\text{-}OCO\text{-}C_{17}H_{35}$　　　$CH_2\text{-}OH$

**解説**　問1　脂質には，脂肪酸のグリセリンエステルである単純脂質，脂肪酸とグリセリン以外にリン酸や糖類などを含む複合脂質がある。単純脂質は油脂ともよばれる。油脂の性質は，分子構造と関連づけて覚えること。→有P.261〜271

問2　リノール酸$C_{17}H_{31}COOH$（分子量280）のみからなる油脂の分子量は，→有P.263

$$\underset{グリセリン}{92}+\underset{リノール酸}{280}\times 3-\underset{水}{18}\times 3=\underline{878}$$

　リノール酸1分子にC=C結合が2つ含まれるので，リノール酸3分子からなる油脂には全部で $2\times 3=6$〔つ〕のC=C結合がある。

　よって，油脂1molに6molのヨウ素$I_2$（分子量254）が付加できる。→有P.267

$$ヨウ素価=\frac{100〔g〕}{878〔g/mol〕}\times\frac{6\,〔mol(I_2)〕}{1\,〔mol(油脂)〕}\times254〔g/mol〕≒\underline{174}$$

100gの油脂に付加できるヨウ素の質量〔g〕　mol(油脂)

問3

$$\begin{matrix}CH_2\text{-}O\text{-}CO\text{-}C_{17}H_{35}\\CH\text{-}O\text{-}CO\text{-}C_{17}H_{35}\\CH_2\text{-}O\text{-}CO\text{-}C_{17}H_{35}\end{matrix}\ _A+\underset{a}{3NaOH}\longrightarrow\begin{matrix}CH_2\text{-}OH\\CH\text{-}OH\\CH_2\text{-}OH\end{matrix}\ _B+\underset{C}{3C_{17}H_{35}\text{-}CO\text{-}ONa}$$ →有P.264

化学式の書き方に指示がないので，問題文のステアリン酸の書き方にならって答える。

**213** 7つ
**解説**　グリセリンは，分子式$C_3H_8O_3$で表される3価のアルコールである。

①$CH_2\text{-}OH$
②$CH\text{-}OH$
③$CH_2\text{-}OH$

パルミチン酸$C_{15}H_{31}COOH$は直鎖飽和脂肪酸であり，これを$RCOOH$と表すことにする。グリセリンとパルミチン酸から生じるエステルは，

| モノエステル | | ジエステル | | トリエステル |
|---|---|---|---|---|
| ㋐ | ㋑ | ㋒ | ㋓ | ㋔ |
| $CH_2OCOR$ | $CH_2OH$ | $CH_2OCOR$ | $CH_2OCOR$ | $CH_2OCOR$ |
| *$CHOH$ | $CHOCOR$ | *$CHOCOR$ | $CHOH$ | $CHOCOR$ |
| $CH_2OH$ | $CH_2OH$ | $CH_2OH$ | $CH_2OCOR$ | $CH_2OCOR$ |

と5種類の構造異性体が存在する。グリセリンの2位の炭素原子が不斉炭素原子になる⑦と⑰の2つの鏡像異性体を区別すると，全部で7種となる。

**214** 炭素原子間二重結合を多く含む油脂は酸化されやすいため，空気中の酸素によって分子間が架橋されて分子量が大きくなり固まってくる。

**解説** 不飽和脂肪酸A(リノール酸)やB(リノレン酸)の炭化水素基に含まれる
→有P.262　→有P.262
$-CH=CH-\underline{CH_2}-CH=CH-$部分(特にメチレン基$-\underline{CH_2}-$の部分)が空気中の酸素と反応して，油脂の分子間が酸素でつながった架橋構造をつくると，分子量が大きくなり，固まってくる。

**215** 問1　830　　問2　2　　問3　$C_{53}H_{98}O_6$

問4
$$CH_2-O-\overset{\overset{\displaystyle O}{\|}}{C}-(CH_2)_7-CH=CH-(CH_2)_5-CH_3$$
$$CH-O-\overset{\overset{\displaystyle O}{\|}}{C}-(CH_2)_7-CH=CH-(CH_2)_5-CH_3$$
$$CH_2-O-\overset{\overset{\displaystyle O}{\|}}{C}-(CH_2)_{16}-CH_3$$

問5　セッケンの疎水基を内側，親水基を外側に向けてできたミセルの内部に油汚れを包み込み，水中に分散する。

**解説** 問1　油脂Xの分子量を$M$とする。油脂1molをけん化するのにNaOH(式量40)は3mol必要なので，

$$\underset{\text{mol(X)}}{\frac{415\times10^{-3}\ (\text{g})}{M\ (\text{g/mol})}}\times3=\underset{\text{mol(NaOH)}}{\frac{60\times10^{-3}\ (\text{g})}{40\ (\text{g/mol})}}$$

よって，$M=\underline{830}$

問2　X1分子に$C=C$結合が$x$(個)あるとすれば，X1molに$H_2$が$x$(mol)付加する。

$$\underset{\text{mol(X)}}{\frac{415\times10^{-3}\ (\text{g})}{830\ (\text{g/mol})}}\times x=\underset{\text{mol(H}_2\text{)}}{\frac{22.4\times10^{-3}\ (\text{L})}{22.4\ (\text{L/mol})}}$$

よって，$x=\underline{2}$

問3, 4

油脂X $\underset{\text{(不斉炭素原子あり)}}{\xrightarrow{\text{加水分解}}}$ グリセリン ＋ $\underset{\text{枝分かれのない脂肪酸}}{\underline{A, B}}$ ……①

A $\xrightarrow[\text{酸化開裂}]{\text{KMnO}_4}$ $CH_3-(CH_2)_5-COOH$ ＋ $HOOC-(CH_2)_7-COOH$ ……②

不飽和脂肪酸を$KMnO_4$を用いて酸化すると，モノカルボン酸とジカルボン酸が生じる。

$CH_3-CH_2-\cdots\cdots CH_2-CH=CH-CH_2-\cdots\cdots COOH$
$\downarrow$ $KMnO_4$ →有P.74
$CH_3-CH_2-\cdots\cdots CH_2-\underset{\text{モノカルボン酸}}{C=O}$ $\underset{\text{ジカルボン酸}}{O=C-CH_2-\cdots\cdots COOH}$
(O-H H-O 部分は切断される)

そこで，②式よりAの構造式が決まる。

A $\Rightarrow$ $CH_3(CH_2)_5-CH=CH-(CH_2)_7-COOH$

(分子式：$C_{16}H_{30}O_2$，分子量：254，名称：パルミトレイン酸)

XはC=C結合を2つもち，AとBの2種類の脂肪酸で構成されている。AにC=C結合が1つあることから，XはAが2分子とBが1分子からなるトリグリセリドである。

Bは飽和脂肪酸であり，示性式を$C_nH_{2n+1}COOH$(分子量：$14n+46$)とおくと，分子量の関係から次式が成り立つ。

分子量 $\Rightarrow$ $\underbrace{830}_{X} = \underbrace{92}_{グリセリン} + \underbrace{254\times 2}_{A2分子} + \underbrace{(14n+46)}_{B1分子} - \underbrace{18\times 3}_{脱離したH_2O\,3分子}$

よって，$n = 17$

したがって，Bはステアリン酸 $CH_3-(CH_2)_{16}-COOH$ で，分子式は $C_{18}H_{36}O_2$ となる。

以上より油脂Xの分子式は，

| | |
|---|---|
| $C_3H_8O_3$ | (グリセリン) |
| $+C_{16}H_{30}O_2\times 2$ | (脂肪酸A　2分子) |
| $+C_{18}H_{36}O_2$ | (脂肪酸B) |
| $-H_2O\times 3$ | (脱離した水　3分子) |
| $C_{53}H_{98}O_6$ 問3 | |

また，Xは不斉炭素原子をもつので，構造式は次の左側のほうである。

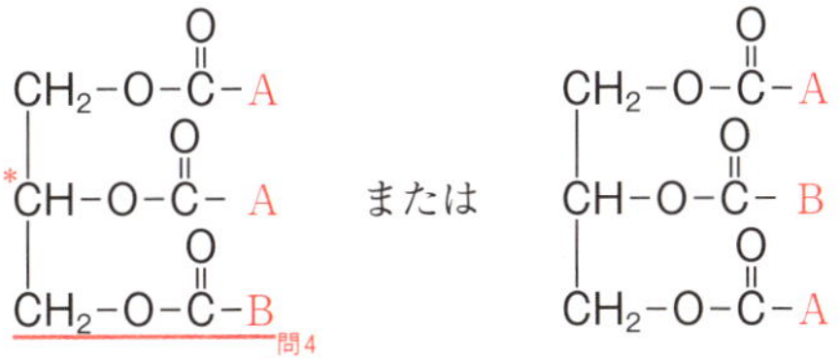

A
A
B
問4
または
A
B
A


問5　セッケンの疎水基の部分が油汚れと引き合い，セッケンのミセル内部に油汚れを包み込んで，微粒子となって水中に分散する。このような作用を乳化作用という。

**216** 問1　水に難溶な塩をつくり沈殿する。

問2　強酸のナトリウム塩で水溶液は中性である。

**解説**

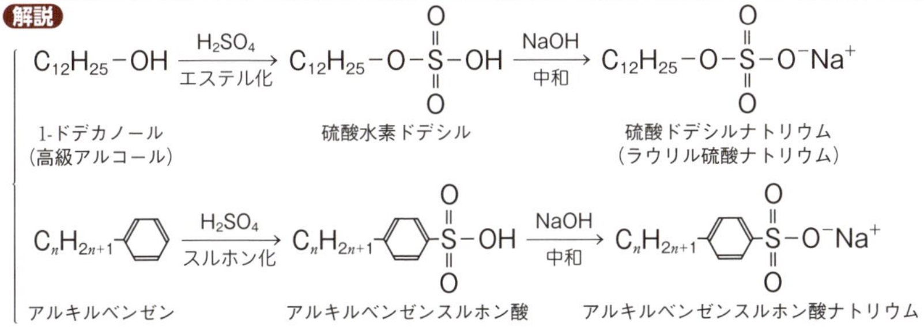

H2SO4
エステル化
NaOH
中和
1-ドデカノール
(高級アルコール)
硫酸水素ドデシル
硫酸ドデシルナトリウム
(ラウリル硫酸ナトリウム)
H2SO4
スルホン化
NaOH
中和
アルキルベンゼン
アルキルベンゼンスルホン酸
アルキルベンゼンスルホン酸ナトリウム


これらは強酸のナトリウム塩であり，加水分解しにくく，水溶液は中性を示す→理P.139。セッケンを硬水や海水の中で使用すると，水に難溶なカルシウム塩やマグネシウム塩が沈殿して洗浄力が低下するが，合成洗剤は硬水や海水中でも使用することができる。

# 25 核酸

**217** 問1　ア：脂質　イ：二重らせん構造　ウ：リボソーム

問2　(1) ⑤　(2) ③　(3) アデニンとチミン，グアニンとシトシン

問3

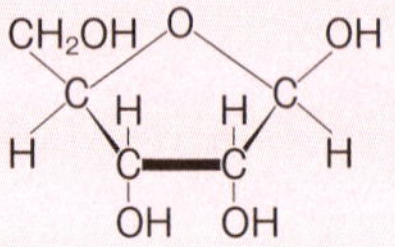


塩基：アデニン，ウラシル，グアニン，シトシン

**解説** 問1　mRNA(伝令RNA)はリボソーム（ウ）という構造体に移動し，ここでtRNA(運搬RNA)が運んでくるアミノ酸をつないでタンパク質を合成する。

問2　(1)　⑤位でリン酸と縮合し，①位で塩基と縮合し，ヌクレオチドができる。

問3　リボースはデオキシリボースの②位の下向きのHがOHである。

**218** ア：デオキシリボース　イ：ⓓ　ウ：80.5　エ：水素　オ：ⓑ

**解説** ウ：分子量は，チミン$C_5H_6N_2O_2$＝126，デオキシリボース$C_5H_{10}O_4$＝134，リン酸$H_3PO_4$＝98 である。ヌクレオチド[※1]は，デオキシリボースが塩基とリン酸と2ヶ所で脱水縮合してできる➔有P.273ので，

ヌクレオチドの分子量

$= \text{デオキシリボース} + \text{チミン} + H_3PO_4 - 2H_2O$

$= 134 + 126 + 98 - 2 \times 18 = 322$

$$\frac{31.5 \times 10^{-3}\,〔\text{g}〕}{126\,〔\text{g/mol}〕} \times 322〔\text{g/mol}〕 \times 10^3 = \underline{80.5}〔\text{mg}〕$$

mol(チミン) = mol(ヌクレオチド)　g(ヌクレオチド)　mg(ヌクレオチド)

※1

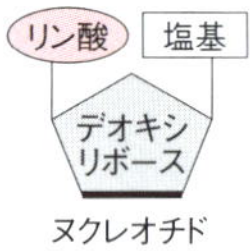


**219** 問1　③　問2　②

**解説** 問1　DNAはアデニンAとチミンT，グアニンGとシトシンCが互いに水素結合によって結びついた二重らせん構造をもつ。➔有P.276

よって，AとT，GとCの割合は等しいので，

$A = T = 23〔\%〕$　　$G = C = (100 - 23 \times 2) \div 2 = 27〔\%〕$　　よって，③。

問2　求める塩基対の数(AとT，GとCの総数)を$x$とする。

細胞1個は $\dfrac{4.3 \times 10^{-6}〔\text{g}〕}{1.0 \times 10^9〔\text{個}〕} = 4.3 \times 10^{-15}〔\text{g}〕$ のDNAをもつ。

問1よりAとTは23%ずつ，GとCは27%ずつ含まれる。よって，ヌクレオチド単位対が50対あれば23対はAとTの単位対，27対はGとCの単位対である。

AとTの単位対の式量(モル質量)は 313＋304＝617，GとCの単位対の式量(モル質量)は 329＋289＝618 なので，

$$\underbrace{\frac{617}{6.0 \times 10^{23}}}_{\text{AとTの単位1対分の質量}} \times \underbrace{x \times \frac{23}{50}}_{\text{細胞1個に含まれるAとTの対の数}} + \underbrace{\frac{618}{6.0 \times 10^{23}}}_{\text{GとCの単位1対分の質量}} \times \underbrace{x \times \frac{27}{50}}_{\text{細胞1個に含まれるGとCの対の数}} = \underbrace{4.3 \times 10^{-15}〔\text{g}〕}_{\text{細胞1個のDNAの質量}}$$

よって，$x \fallingdotseq \underline{4.2 \times 10^6}$

# 26 合成高分子化合物

**220** あ：結晶　い：非結晶(あるいは 無定形)　う：強い(あるいは 大きい)　え：軟化

**解説** 固体状態の鎖状高分子の多くは，明確な融点を示さず，加熱するとある温度で軟化し，粘性の大きな液体となる。これはポリマー鎖が規則正しく配列した結晶部分(分子間力が強く働く)と不規則に配列した非結晶部分が混在した構造をとるからである。

**221** 問1　ア：天然　イ：化学　ウ：植物　エ：動物　オ：フィブロイン
　　　　　　カ：セリシン　キ：合成　ク：再生
　　　問2　ウ：セルロース　エ：タンパク質　問3　53g
　　　問4　レーヨンはセルロースで構成されていて，親水基であるヒドロキシ基が分子内
　　　　　に多数存在するから。

**解説** 問1,2　天然に得られる繊維(綿，麻，毛，絹)を天然繊維という。絹は約75％がフ
(セルロース タンパク質)
ィブロイン，約25％がセリシンで構成されており，塩基性の溶液でセリシンをとり除く
と絹糸ができる。
　　化学繊維には再生繊維(レーヨン)，半合成繊維(アセテート)，合成繊維(ポリエステル，
有 P.256　　　　　　　　　　　　有 P.257
ナイロン，ビニロン，アクリル)がある。

問3
$$n\ CH_2=CH \xrightarrow{付加重合} \left[CH_2-CH\right]_n$$
　　　　 C≡N　　　　　　　　　　　 C≡N
アクリロニトリル　　ポリアクリロニトリル(分子量53$n$)
　アクリロニトリル$n$個でポリアクリロニトリル1分子ができるので，

$$1\ \times\ \frac{1}{n}\ \times\ 53n\ = 53(g)$$
　　mol　　　　mol　　　　　g
(アクリロニトリル)(ポリアクリロニトリル)(ポリアクリロニトリル)

問4　レーヨンはセルロース(β-グルコースの縮合体)の再生繊維である。

**222** 問1　ア：熱可塑性樹脂　イ：熱硬化性樹脂　ウ：低密度　問2　F\C=C/F
　　　エ：高密度　　　　　　　　　　　　　　　　　　　　　　　F/　　\F
　　　問3　(C)，(D)

**解説** 問1　フェノール樹脂，尿素樹脂，メラミン樹脂，グリプタル樹脂→有 P.302~305 は立
体的な網目構造をもち，熱硬化性樹脂である。

問3　ポリメタクリル酸メチルやポリ酢酸ビニルは鎖状のポリマー鎖をもつ熱可塑性樹脂で
ある。

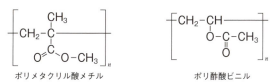

ポリメタクリル酸メチル　　　　　　ポリ酢酸ビニル

**223** 問1　ア：単量体　イ：付加　ウ：縮合　エ：熱可塑性
　　　問2　E：ⓓ　F：ⓒ　G：ⓐ　問3　X：$-O-CH_2-CH_2-$　Y：$-O-\overset{\displaystyle O}{\underset{\displaystyle O}{C}}\!\!-\!\!\bigcirc\!\!-\!\!\overset{\displaystyle O}{\underset{\displaystyle O}{C}}\!-$

**解説**　問1　単量体が多数つながって重合体となる。付加重合はC＝C結合のような不飽和
結合をもつ単量体が次々と付加反応でつながり，縮合重合は単量体の間で簡単な分子がと
れて縮合が起こり次々とつながっていく反応である。→有 P.284～289

問2　塩化ビニルや酢酸ビニルはアセチレンに塩化水素や酢酸を付加することで得られるが，
工業的にはエチレンを原料にして合成する。
　　エチレンに塩素を付加して得た1,2-ジクロロエタンを熱分解すると，塩化ビニルと塩化
水素となる。

$$\underset{\text{（分解図）}}{H-\overset{H}{\underset{Cl}{C}}-\overset{H}{\underset{H}{C}}-Cl} \xrightarrow{\text{分解}} \underset{\text{塩化ビニル}}{\overset{H}{\underset{H}{C}}=\overset{H}{\underset{Cl}{C}}} + HCl \quad →有 別冊P.21$$

　　塩化ビニルを付加重合させると，ポリ塩化ビニルが得られる。ポリ塩化ビニルは難燃性
のポリマーでパイプや電線の被覆に利用される。よってEに該当する選択肢はⓓである。
　　酢酸パラジウム（Ⅱ）と酢酸銅（Ⅱ）の触媒下で，エチレンに酸素と酢酸を作用させると酢
酸ビニルが得られる。

$$\overset{H}{\underset{H}{C}}=\overset{H}{\underset{H}{C}} + \frac{1}{2}O_2 + CH_3-\overset{O}{\underset{\ }{C}}-OH \longrightarrow \underset{\text{酢酸ビニル}}{\overset{H}{\underset{H}{C}}=\overset{H}{\underset{O-\overset{O}{C}-CH_3}{C}}} + H_2O$$

　　酢酸ビニルを付加重合させると，ポリ酢酸ビニルが得られる。ポリ酢酸ビニルは塗料や
接着剤に利用される。よってFに該当する選択肢はⓒである。
　　チーグラー・ナッタ触媒を用いてエチレンを付加重合すると，枝分かれが少なく結晶化
しやすい高密度ポリエチレン（HDPE）が得られる。よってGに該当する選択肢はⓐである。
　　なお，ⓑはポリスチレンの性質を述べたものである。

問3　Cはエチレングリコール，Dはテレフタル酸，Hはポリエチレンテレフタラートである。
　　エチレングリコールの物質量がテレフタル酸より多い条件で縮合重合をさせたときは，ポ
リエチレンテレフタラートの両端がエチレングリコール由来のヒドロキシ基となる。

$$H-\underset{X}{O-CH_2-CH_2}-O-\overset{O}{\underset{O}{C}}\!\!-\!\!\bigcirc\!\!-\!\!\underset{Y}{\overset{O}{\underset{O}{C}}}-\cdots\cdots\cdots-\underset{X}{O-CH_2-CH_2-OH}$$

**224** 問1　ア：シス　イ：硫黄　ウ：加硫　エ：エボナイト
　　　問2　空気を遮断して固体を強く加熱する。
　　　問3　(b) $\overset{H}{\underset{H}{C}}=\overset{\ }{\underset{Cl}{C}}-\overset{H}{\underset{\ }{C}}=\overset{H}{\underset{H}{C}}$　(c) $\overset{H}{\underset{\ }{C}}=\overset{H}{\underset{\bigcirc}{C}}$　　問4　3.60g

　　　問5　$H-\overset{H}{\underset{O}{C}}$　$H-\overset{O}{\underset{\ }{C}}-CH_2-CH_2-\overset{O}{\underset{\ }{C}}-H$　$H-\overset{O}{\underset{\ }{C}}-CH_2-CH_2-\overset{H}{\underset{C-H}{\underset{O}{C}}}-CH_2-\overset{O}{\underset{\ }{C}}-H$

128

**解説** 問4 スチレン-ブタジエンゴム中のスチレン単位が25.0%なので，次のような構造式で表すとする。

$$\left[CH_2-CH=CH-CH_2\right]_{0.75x}\left[\begin{array}{c}CH_2-CH\\ |\\ \bigcirc\end{array}\right]_{0.25x}$$

ブタジエン単位(式量54)　　スチレン単位(式量104)

ブタジエン単位の炭素原子間二重結合と$Br_2$が1：1の物質量比で反応するので，付加する$Br_2$の質量を$y$〔g〕とおくと，

$$\underbrace{\frac{2.00}{54\times0.75x+104\times0.25x}}_{\text{mol(スチレン-ブタジエンゴム)}}\times\underbrace{0.75x}_{\text{mol(ブタジエン単位)}}=\frac{y}{159.8}\quad\leftarrow Br_2\text{の分子量}$$

よって，$y\doteqdot\underline{3.60}$〔g〕

問5
題意より，試料のポリブタジエンは $\begin{bmatrix}\text{1,4-1,4-}\cdots\\ \text{or}\\ \text{1,4-1,2-1,4-}\cdots\end{bmatrix}$ の配列をもつ。

$$\cdots\cdots C\text{-}C\text{=}C\text{-}C\text{-}C\text{-}C\text{=}C\text{-}C\cdots\cdots\longrightarrow O\text{=}C\text{-}C\text{-}C\text{-}C\text{=}O$$
（1,4-付加）（1,4-付加）　　　　　　H　　　　H

$$\cdots\cdots C\text{-}C\text{=}C\text{-}C\text{-}C\quad\quad C\text{-}C\text{=}C\text{-}C\cdots\cdots\longrightarrow O\text{=}C\text{-}C\text{-}C\text{-}C\text{-}C\text{-}C\text{=}O$$

↓：オゾン分解

225 問1　A：$CH_3\text{-}O\text{-}\overset{O}{\overset{\|}{C}}\text{-}\bigcirc\text{-}\overset{O}{\overset{\|}{C}}\text{-}O\text{-}CH_3$　B：$HO\text{-}CH_2\text{-}CH_2\text{-}OH$　　問2　320g

**解説** 問1　ポリエチレンテレフタラート(PET)は，テレフタル酸とエチレングリコールが縮合重合してできるポリエステルである。メタノールを用いて(1)式のようなエステル交換反応を行うと，テレフタル酸ジメチルとエチレングリコールが生成する。

$$\left[\overset{O}{\overset{\|}{C}}\text{-}\bigcirc\text{-}\overset{O}{\overset{\|}{C}}\text{-}O\text{-}CH_2\text{-}CH_2\text{-}O\right]_n+2n\ CH_3OH$$

$$\longrightarrow n\ \underset{A}{CH_3\text{-}O\text{-}\overset{O}{\overset{\|}{C}}\text{-}\bigcirc\text{-}\overset{O}{\overset{\|}{C}}\text{-}O\text{-}CH_3}+n\ \underset{B}{HO\text{-}CH_2\text{-}CH_2\text{-}OH}$$

問2　PET(分子量$192n$)1molあたり，$2n$〔mol〕の$CH_3OH$(分子量32)が必要なので，

$$\underbrace{\frac{960\ \text{〔g〕}}{192n\text{〔g/mol〕}}}_{\text{mol(PET)}}\times\underbrace{2n}_{\text{mol(メタノール)}}\times\underbrace{32}_{\text{g(メタノール)}}=\underline{320}\text{〔g〕}$$

226 問1　ア：開環　イ：水　ウ：縮合　エ：ベンゼン環　オ：アラミド

問2　ナイロン6：$\left[\overset{O}{\overset{\|}{C}}\text{-}(CH_2)_5\text{-}\overset{H}{\overset{|}{N}}\right]_n$

ナイロン66: $\left[\begin{array}{c} \overset{O}{\underset{\parallel}{C}} - (CH_2)_4 - \overset{O}{\underset{\parallel}{C}} - \overset{H}{\underset{\mid}{N}} - (CH_2)_6 - \overset{H}{\underset{\mid}{N}} \end{array}\right]_n$

問3 　X：構造式 $\begin{array}{c} CH_2 - CH_2 \\ CH_2 \qquad C=O \\ CH_2 - CH_2 \qquad N-H \end{array}$ 　　Y：構造式 $H_2N-(CH_2)_6-NH_2$

　　　　　　　　　　　　　　　　　　　　　名称 ヘキサメチレンジアミン

　　　名称 $\varepsilon$-カプロラクタム

問4 　A：⑤ 　　B：④

**解説** 問1～3

X

$n$ $\begin{array}{c} \overset{H_2}{C} - \overset{C}{\underset{H_2}{C}} \\ H_2C \qquad N-H \\ C - C \qquad =O \\ \overset{}{H_2} \overset{}{H_2} \end{array}$ $\xrightarrow[\text{ア}]{\text{開環重合}}$ $\left[\begin{array}{c} \overset{O}{\underset{\parallel}{C}} - (CH_2)_5 - \overset{H}{\underset{\mid}{N}} \end{array}\right]_n$ 問2

$\varepsilon$-カプロラクタム 問3 　　　　　　　　　ナイロン6

$n$ $HO-\overset{O}{\underset{\parallel}{C}}-(CH_2)_4-\overset{O}{\underset{\parallel}{C}}-OH$ $+$ $n$ $\overset{Y}{H_2N-(CH_2)_6-NH_2}$

　　　アジピン酸 　　　　　　　ヘキサメチレンジアミン 問3

$\xrightarrow[\text{ウ}]{\text{縮合重合}}$ $\left[\begin{array}{c} \overset{O}{\underset{\parallel}{C}}-(CH_2)_4-\overset{O}{\underset{\parallel}{C}}-\overset{H}{\underset{\mid}{N}}-(CH_2)_6-\overset{H}{\underset{\mid}{N}} \end{array}\right]_n$ $+$ $2nH_2O$

　　　　　　　　　　　　　　ナイロン66 問2 　　　　　　　　　 水 イ

$n$ $Cl-\overset{O}{\underset{\parallel}{C}}-\bigcirc-\overset{O}{\underset{\parallel}{C}}-Cl + n\ H_2N-\bigcirc-NH_2$ $\xrightarrow[]{\text{縮合重合}}$ $\left[\begin{array}{c} \overset{O}{\underset{\parallel}{C}}-\bigcirc-\overset{O}{\underset{\parallel}{C}}-\overset{H}{\underset{\mid}{N}}-\bigcirc-\overset{H}{\underset{\mid}{N}} \end{array}\right]_n$ $+$ $2nHCl$

テレフタル酸ジクロリド 　　　$p$-フェニレンジアミン 　　　　　ポリ($p$-フェニレンテレフタルアミド)

　　　　　　　　　　　　　　　　　　　　　　　　　　　　　　　　（アラミド繊維の代表例）オ

問4 　$n$ $Cl-\overset{O}{\underset{\parallel}{C}}-(CH_2)_4-\overset{O}{\underset{\parallel}{C}}-Cl$ $+$ $n\ H_2N-(CH_2)_6-NH_2$ $\longrightarrow$

　　　　アジピン酸ジクロリド 　　　　　ヘキサメチレンジアミン

| 水と混ざり合わない有機<br>溶媒(今回は④のヘキサン)<br>に溶かす。B | ⑤水に溶かす A |
|---|---|

$\longrightarrow$ $\left[\begin{array}{c} \overset{O}{\underset{\parallel}{C}}-(CH_2)_4-\overset{O}{\underset{\parallel}{C}}-\overset{H}{\underset{\mid}{N}}-(CH_2)_6-\overset{H}{\underset{\mid}{N}} \end{array}\right]_n$ $+$ $2nHCl$

ナイロン66

界面に生じる

縮合速度を低下させるので,
$Na_2CO_3$(NaOHを用いることも多い)と反応させる。
$Na_2CO_3 + HCl \longrightarrow NaHCO_3 + NaCl$

**227** 問1 61　問2 121

**解説**　問1　平均重合度を $n$ とすると，ナイロン66は次のように表せる。

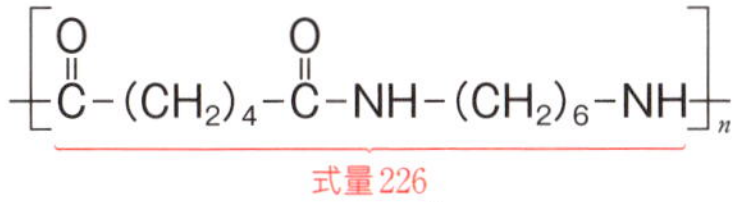

$$\left[\begin{array}{c} \text{O} \quad\quad\quad \text{O} \\ \text{C-(CH}_2)_4\text{-C-NH-(CH}_2)_6\text{-NH} \end{array}\right]_n$$

式量226

$$226n = 1.38 \times 10^4 \qquad \text{よって，} \quad n \fallingdotseq \underline{61}$$

問2

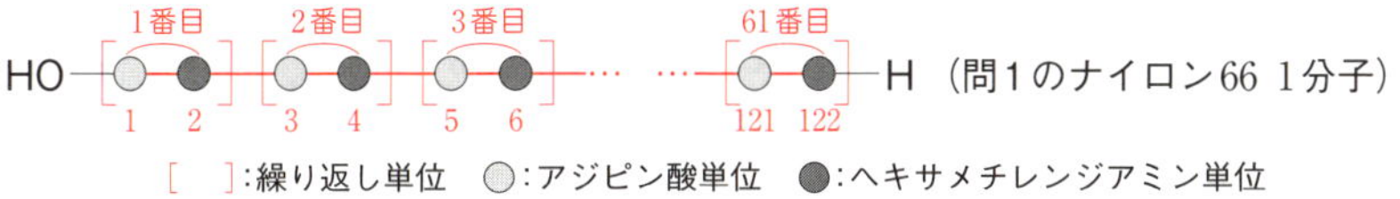

HO—[○ ●]—[○ ●]—[○ ●]—……—[○ ●]—H　（問1のナイロン66　1分子）
　　1番目　　2番目　　3番目　　　　　　61番目
　　1　2　　3　4　　5　6　　　　　121 122

［　］：繰り返し単位　○：アジピン酸単位　●：ヘキサメチレンジアミン単位

問1のナイロン66は1分子が61分子のアジピン酸と61分子のヘキサメチレンジアミンの縮合重合からできるので，

↓○と●の間(—)は1つ少ない

$$\text{アミド結合の数} = \underline{61 \times 2} - 1 = \underline{121}$$
○と●の数

**228** 問1

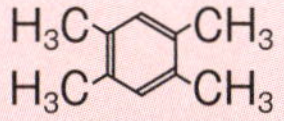

問2

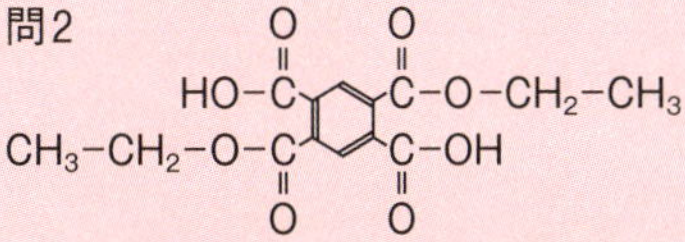

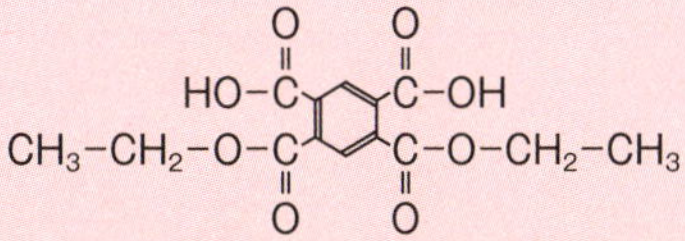

問3　M1：

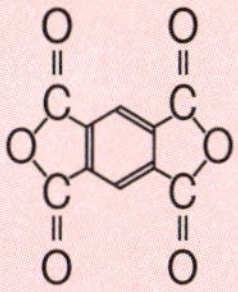

M2：

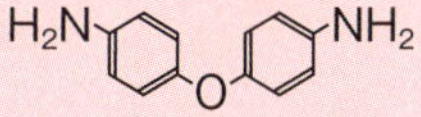

問4

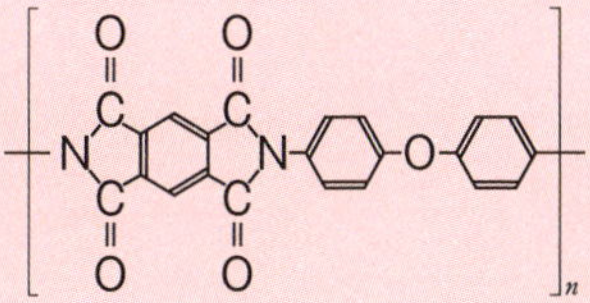

**解説**　実験1　ベンゼン環にメチル基が結合していない部位に注目すると，テトラメチル ( $\underset{4}{\text{ }} -\text{CH}_3$ )

ベンゼンには，次の3つの位置異性体(置換基の位置が異なる構造異性体のこと)がある。

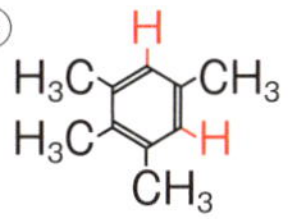

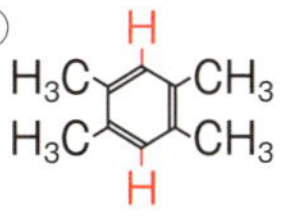

①〜③を $KMnO_4$ で酸化して得られるBの候補は次の3つ。このうち，加熱して，水が
→有P.167, 168　　　　　　　　　　　　　　　　　　　　　　　　　　　　→有P.121
2分子脱離するのは①′か③′である。

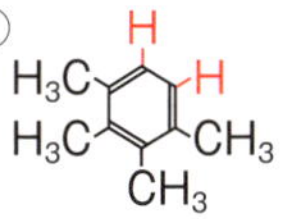

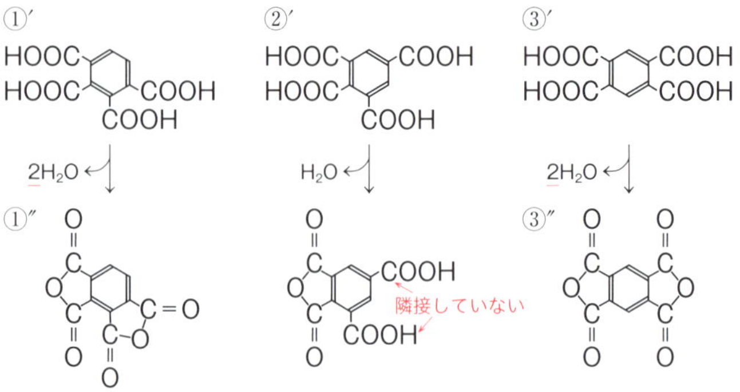

① ' ② ' ③ '

HOOC ... COOH structures (①', ②', ③')

2H₂O, H₂O, 2H₂O

① '' ② '' ③ ''

隣接していない

酸無水物①″と③″1分子をエタノール2分子と反応させたときに，2種類の生成物が得られるのは，③″である。
→有 P.132, 133

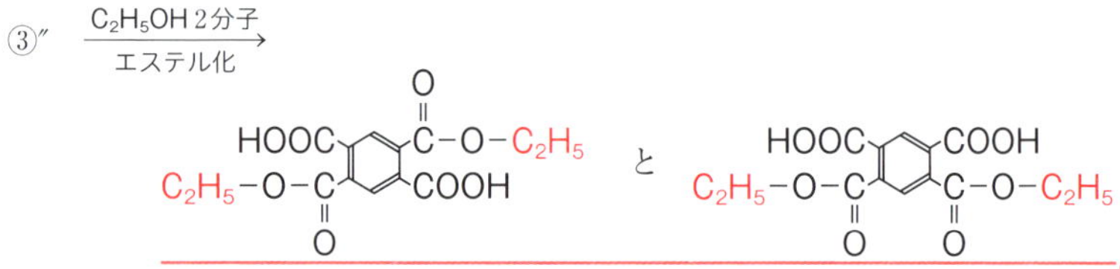

③″ $\xrightarrow[\text{エステル化}]{\text{C}_2\text{H}_5\text{OH 2分子}}$

（構造式）と（構造式）
C, D

補足　①″と $\text{C}_2\text{H}_5\text{OH}$ 2分子を反応させると，3種類の生成物が得られる。

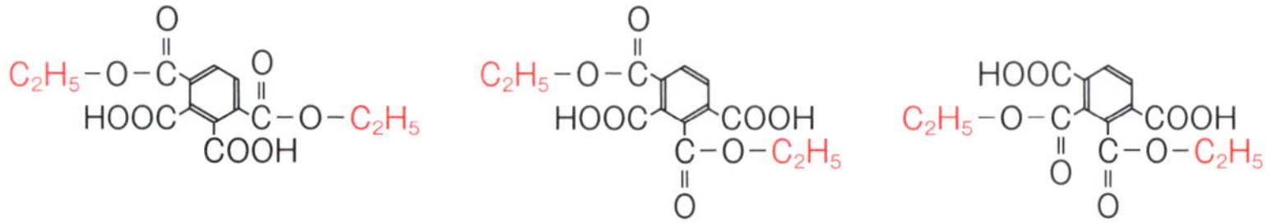

以上より，Bは③'，M1は③″，Aは③である。

実験2　〈C₆H₅〉-NO₂ $\xrightarrow[\text{HCl}]{\text{Fe}}$ 〈C₆H₅〉-NH₃⁺ →有 P.192 の反応で，HClの代わりにNH₄Clを用いる。

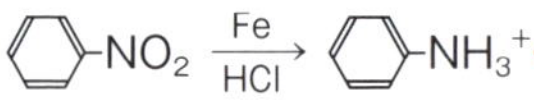

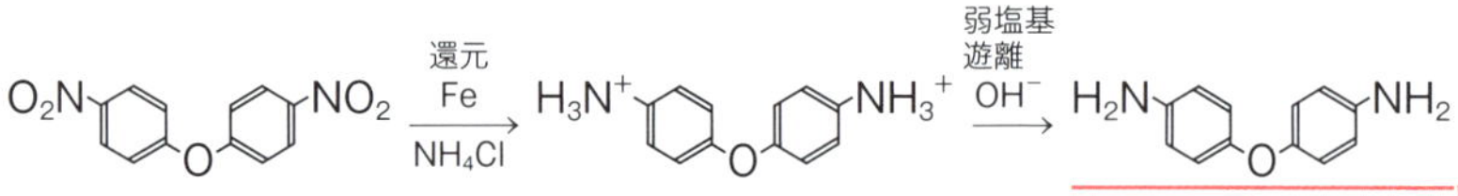

$O_2N$-〈〉-O-〈〉-$NO_2$ $\xrightarrow[\text{NH}_4\text{Cl}]{\substack{\text{還元}\\\text{Fe}}}$ $H_3N^+$-〈〉-O-〈〉-$NH_3^+$ $\xrightarrow[\text{OH}^-]{\substack{\text{弱塩基}\\\text{遊離}}}$ $H_2N$-〈〉-O-〈〉-$NH_2$
M2

実験3　M1とM2を同じ物質量で反応させると，

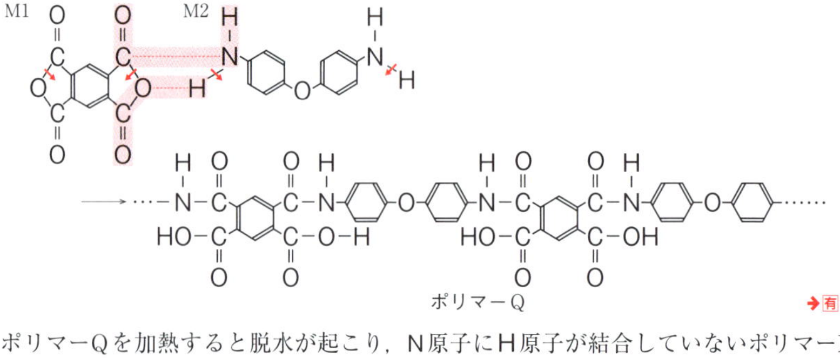

M1　　　M2

ポリマーQ
→有 P.132

ポリマーQを加熱すると脱水が起こり，N原子にH原子が結合していないポリマーPが

132

得られるとあるので，ポリマーPの構造式は次のように決まる。

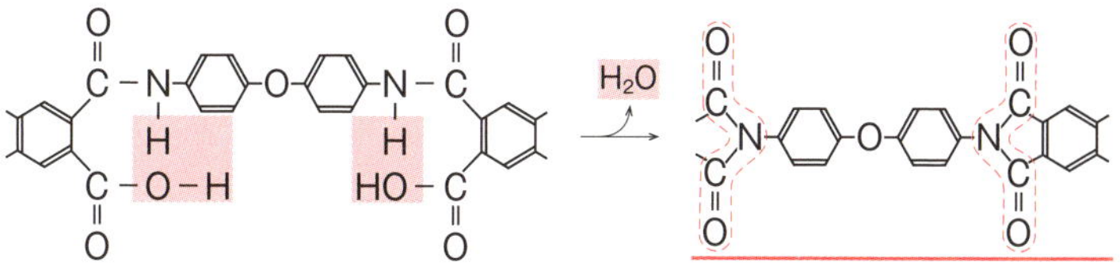

ポリマーQ　　　　　　　　　　　　　　ポリマーP

Pはイミド結合$\left(\begin{matrix}R\\-C-N-C-\\ \ \ \ O\ \ \ \ O\end{matrix}\right)$を繰り返し単位の一部に含み，ベンゼン環をもつ芳香族

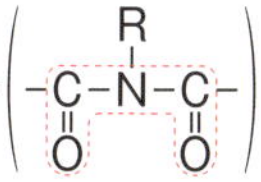

ポリイミド樹脂である。強度が大きく，耐熱性が高いという特徴をもつ。

**229** ⓐ, ⓔ

**解説** ⓐ　<u>正しい</u>。発明したアメリカのベークランドの名前にちなんで，ベークライトと
もよばれる。

ⓑ　誤り。酸触媒を用いてフェノールとホルムアルデヒドを付加縮合させると生じる軟らか
い固体の中間生成物がノボラック，塩基触媒を用いて同様の反応で生じる液体の中間生成
物がレゾールである。

ⓒ　誤り。レゾールは加熱するだけでフェノール樹脂となる。ノボラックはヘキサメチレン
テトラミンなどの硬化剤を加えて加熱するとフェノール樹脂となる。

ⓓ　誤り。フェノールはオルト-パラ配向性なので，オルト位やパラ位で起こりやすい。
　　➡ 有 P.158

ⓔ　<u>正しい</u>。電気部品やプリント配線基板などに用いられている。

**230** 問1　ホルムアルデヒド，HCHO
問2　$H_2N-\underset{O}{C}-NH-CH_2-NH-\underset{O}{C}-NH-CH_2-NH-\underset{O}{C}-NH_2$

$H_2N-\underset{O}{C}-N\begin{matrix}CH_2-NH-\underset{O}{C}-NH_2\\CH_2-NH-\underset{O}{C}-NH_2\end{matrix}$

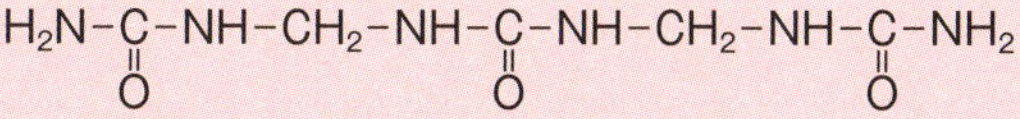

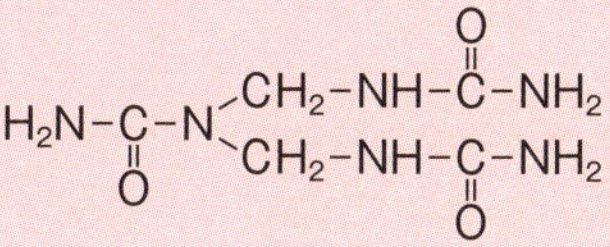

**解説** 問1　<u>ホルムアルデヒド（示性式HCHO）</u>は刺激臭のある無色の気体で，シックハウ
ス症候群の原因物質のひとつである。尿素とホルムアルデヒドを付加縮合させると尿素樹
脂が得られる。

〈付加反応〉

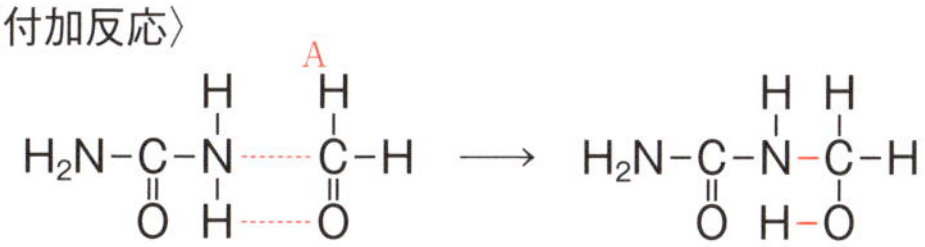

尿素　　ホルムアルデヒド　　　　　　　メチロール尿素

〈縮合反応〉

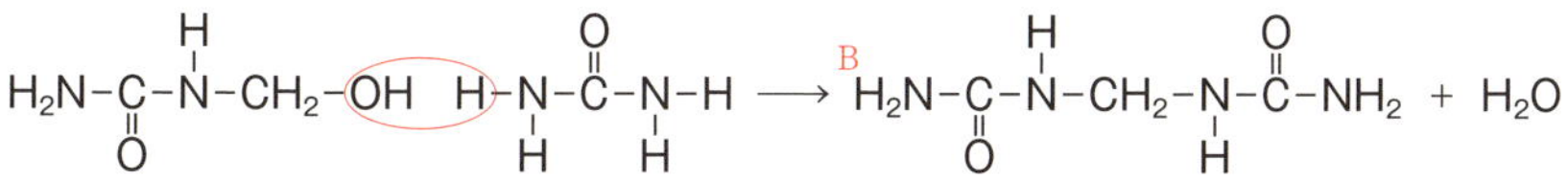

問2　Cは，3つの尿素分子のN原子間が2つのメチレン基–CH$_2$–で結びついた構造をもつから，次の2種類の異性体が考えられる。

① 1つの尿素分子の両側にメチレン基

H$_2$N–C–N–CH$_2$–N–C–N–CH$_2$–C–NH$_2$
　　‖　｜　　　｜‖｜　　　　　｜‖
　　O　H　 メチ 　H O H　　　　H O
　　　　 レン基　 尿素分子

② 1つの尿素分子の同じ側にメチレン基

　　　　　　　　　　　O
　　　　　　　　　　　‖
H$_2$N–C–N CH$_2$–NH–C–NH$_2$
　　‖　｜
　　O　 CH$_2$–NH–C–NH$_2$
　　　　　　　　　　　‖
　　　　　　　　　　　O

**231** 問1　500　　問2　⑤

**解説**　問1　ポリ酢酸ビニル﹛CH$_2$–CHOCOCH$_3$﹜$_n$ の分子量は $86n$ である。

$86n = 4.30 \times 10^4$　　よって，$n = \underline{500}$

問2　$x$〔%〕のヒドロキシ基がアセタール化されているとすると，重合度$n$のビニロンの分子量$M$は，→有P.310

1分子中の全OHの数

$M = 44n + \overbrace{n \times \dfrac{x}{100}} \times \underbrace{6}^{※1}$

アセタール化されたOHの数　　C原子半分の式量

問1より，$n = 500$ なので，

$44 \times 500 + 500 \times \dfrac{x}{100} \times 6 = 2.35 \times 10^4$

よって，$x = \underline{50〔\%〕}$

※1　﹛CH$_2$–CHOCOCH$_3$﹜$_n$ 　けん化→　﹛CH$_2$–CHOH﹜$_n$
　　　（分子量$86n$）　　　　　　　　　（分子量$44n$）

　　　アセタール化→ ビニロン

アセタール化すると，1つの–OHあたりC原子半分（式量6）だけ増える。

　–CH$_2$–CH–CH$_2$–CH–
　　　　｜　　　　｜
　　　　OH　　　　OH

　HCHO→ –CH$_2$–CH–CH$_2$–CH–
　　　　　　　｜　　　　｜
　　　　　　　O–CH$_2$–O

**232** 問1　274g　　問2　2R–SO$_3$H + CaCl$_2$ ⟶ (R–SO$_3$)$_2$Ca + 2HCl
　　　問3　20.0mL

**解説**　問1　スチレンの分子量 = 104，$p$-ジビニルベンゼンの分子量 = 130

スチレン：$p$-ジビニルベンゼンの物質量比が 9：1 なので，$p$-ジビニルベンゼンの質量を$x$〔g〕とおくと，

$\dfrac{180 〔g〕}{104〔g/mol〕} : \dfrac{x 〔g〕}{130〔g/mol〕} = 9 : 1$　　よって，$x = 25〔g〕$

···–CH–CH$_2$–···　　　　　···–CH–CH$_2$–···
　　｜　　　　　　スルホン化　　　｜
　　⬡　　　　　→　　　　　　　⬡
　　｜　　　+80g/mol　　　　　｜
　　H　　　　　　　　　　　　　SO$_3$H

ポリスチレンの50%がスルホン化されると，1ヶ所につき式量が80増える。スルホン化によって増えた分の質量は，

$\dfrac{180 〔g〕}{104〔g/mol〕} \times \dfrac{50}{100} \times 80〔g/mol〕 = 69.2\cdots〔g〕$

②スチレン単位〔mol〕　50%スチレン単位〔mol〕

以上より，ポリスチレンスルホン酸樹脂の質量は，

$$\underset{\substack{\text{スチレン}}}{\underline{180}} + \underset{\substack{p\text{-ジビニル}\\\text{ベンゼン}}}{\underline{25}} + \underset{\substack{\text{スルホン化}\\\text{された分の}\\\text{増加量}}}{\underline{69.2}} ≒ \underline{274}〔g〕$$

問3　$2R\text{-}SO_3H + Ca^{2+} \longrightarrow (R\text{-}SO_3)_2Ca + 2H^+$

加える水酸化ナトリウム水溶液を$y$〔mL〕とおくと，

$$0.100〔mol/L〕×\underset{\substack{\text{mol}(CaCl_2)\\=\text{mol}(Ca^{2+})}}{\underline{\frac{10.0}{1000}〔L〕}} ×\underset{\substack{\text{mol}(H^+)}}{\underline{2}} = 0.100〔mol/L〕×\underset{\substack{\text{mol}(NaOH)\\=\text{mol}(OH^-)}}{\underline{\frac{y}{1000}〔L〕}}$$

よって，$y = \underline{20.0〔mL〕}$

**233** 問1　ア：電離　イ：大きく（高く）　ウ：浸透圧　エ：ナトリウムイオン
　　オ：水和　カ：反発
　　問2　共重合

**解説**　問1　吸水すると分子内の$-COONa$の部分が$-COO^-$と$Na^+$に電離してイオンの濃度が大きくなるので，内側の溶液の浸透圧が高くなり▶理P.264，外の水を吸収する。

　　吸収された水は$-COO^-$や$Na^+$の水和水として内側に閉じ込められる。また，$-COO^-$どうしの電気的な反発によって網目の隙間が広がるため，ポリマーは多くの水を保持できる。

問2　2種類以上の単量体を用いた重合を共重合という。

**234** 問1　56L　問2　⑤

**解説**　問1　ポリ乳酸の構造式は右のとおり。

$$\begin{bmatrix} C\text{-}CH\text{-}O \\ \| \quad | \\ O \quad CH_3 \end{bmatrix}_n$$

$C_3H_4O_2$（式量72）

　　ポリ乳酸1molに$3n$〔mol〕の炭素原子が含まれるので，ポリ乳酸1molが分解されると最終的に$3n$〔mol〕の$CO_2$が生じる。

$$\underset{\substack{\text{mol}(ポリ乳酸)}}{\underline{\frac{60〔g〕}{72n〔g/mol〕}}} ×\underset{\substack{\text{mol}(CO_2)}}{\underline{3n}} ×\underset{\substack{L(CO_2)}}{\underline{22.4〔L/mol〕}} = 56〔L〕$$

問2　ポリ乳酸のエステル結合を加水分解すると乳酸が生じる。

**235** マテリアルリサイクル：加熱して融かし，成形し直して再利用する。
　　サーマルリサイクル：燃料に用いて，発生する熱エネルギーを利用する。
　　ケミカルリサイクル：熱分解して生じる単量体やその他の分子量の小さな物質を回収
　　　　　　　　　　　　し，利用する。

**解説**　マテリアル（material）："材料，生地"のような元になる物質を意味する。
　　サーマル（thermal）："therm"は"熱"を意味する。
　　ケミカル（chemical）："化学"は英語で"chemistry"だから，化学的処理を行うリ
　　　　　　　　　　　　サイクルを指すととらえるとよい。